数控车床编程与操作

（工 作 页）

目 录

项目 1 认识数控车床

任务 1.1 认识数控车床

一、课前准备

1. 世界上第一台数控机床是(　　)年研制出来的。

A. 1942　　B. 1948　　C. 1952　　D. 1958

2. 下列关于数控车床组成的描述正确的是(　　)。

A. 数控车床通常由控制装置、数控系统、机床本体组成

B. 数控车床通常由控制装置、数控装置、伺服系统、测量反馈装置、辅助控制装置和机床组成

C. 数控车床通常由控制装置、数控系统、伺服系统、机床组成

D. 数控车床通常由键盘、数控装置、伺服系统、测量反馈装置和机床组成

3. 闭环控制系统的反馈装置装在(　　)上。

A. 传动丝杠　　B. 电机轴

C. 机床工作台　　D. 减速器

4. 利用计算机辅助设计与制造技术进行产品的设计和制造,可以提高产品质量,缩短产品研制周期,又称(　　)。

A. CD/CM　　B. CAD/COM

C. CAD/CAM　　D. CAD/CM

5. 数控装置将所得到的信号进行一系列处理后,再将其处理结果以(　　)形式向伺服系统发出执行命令。

A. 输入信号　　B. 位移信号

C. 反馈信号　　D. 脉冲信号

二、信息、决策与计划

分析任务信息,归纳、总结相关知识,完善表 1.1 任务信息内容。

表 1.1　任务信息内容

信息内容	说明下图所示数控车床由哪几部分组成,并简述各组成部分的作用 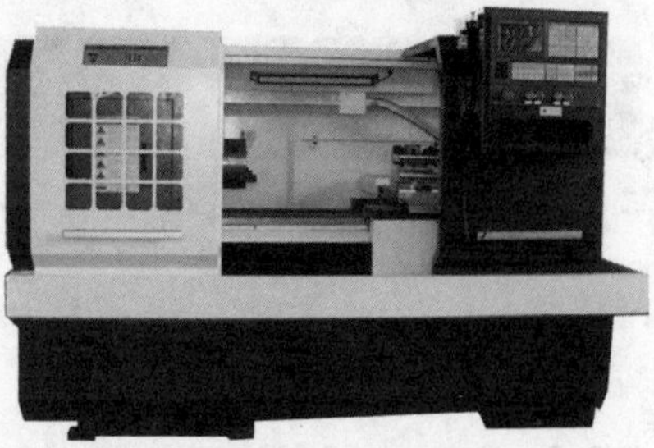
信息的处理及决策	查询图片中数控车床的生产厂家
	从图片中找出数控车床的型号,并上网查询型号命名的由来

三、任务实施

1. 指出图 1.1 数控车床实物图中各序号结构的名称。

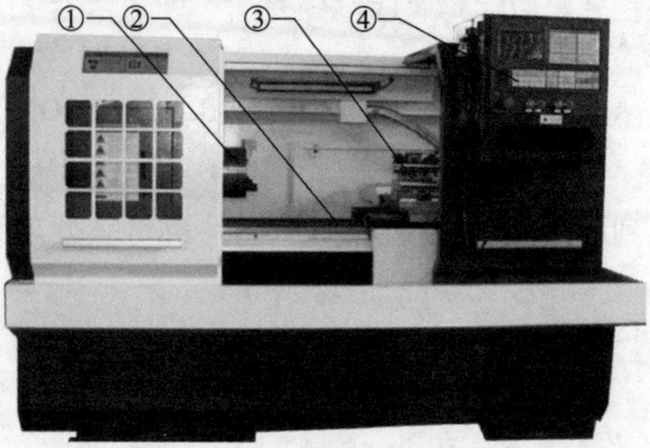

图 1.1　数控车床实物图

①______________　②______________　③______________　④______________

2. 说出图1.2所示数控车床主轴传动的方式,并阐述其工作原理。

图1.2 数控车床主轴传动

3. 图1.3所示丝杠螺母副安装在数控车床的哪个位置?数控车床中有几组,主要起到什么作用?

图1.3 丝杠螺母副

4. 说明尾座在数控车床的安装位置,主要起到什么作用?

四、检查与评价

填写评价表见表1.2。

表1.2　评价表

<table>
<tr><td colspan="2">任务名称</td><td colspan="2"></td><td>操作人员</td><td colspan="2"></td><td colspan="2">完成工时</td></tr>
<tr><td>序号</td><td colspan="2">鉴定项目</td><td>配分</td><td>评价标准(扣完为止)</td><td>小组自评</td><td>得分</td><td>教师点评</td><td>得分</td></tr>
<tr><td>1</td><td rowspan="3">任务实施</td><td>数控车床基本组成及作用</td><td>30</td><td>1. 对数控车床的整体认识达到教学要求,酌情扣分;
2. 对机械部件的认识达到教学要求,酌情扣分;
3. 对数控车床电气部分的认识达到教学要求,酌情扣分;
4. 对数控车床分类情况的认识达到教学要求,酌情扣分</td><td></td><td></td><td></td><td></td></tr>
<tr><td>2</td><td>数控车床工作流程</td><td>10</td><td>能正确阐述数控车床的工作流程,根据回答,酌情扣分</td><td></td><td></td><td></td><td></td></tr>
<tr><td>3</td><td>数控车床配置形式</td><td>20</td><td>对数控车床配置形式的认识达到教学要求,酌情扣分</td><td></td><td></td><td></td><td></td></tr>
<tr><td>4</td><td>知识应用</td><td>任务单题量完成情况</td><td>40</td><td>错1题扣8分,扣完为止</td><td></td><td></td><td></td><td></td></tr>
<tr><td colspan="3">合计</td><td colspan="6">100</td></tr>
</table>

五、思考与拓展

查询资料描述数控车床的工作流程(结合数控车床的组成及作用阐述零件是如何实现加工的)。

任务1.2 数控车床安全操作

一、课前准备

1. 判断题

(1)操作车床时,可暂时离开岗位,只要及时回来就可以。 ( )

(2)在车削时,车刀出现溅火星属正常现象,可以继续车削。 ( )

(3)凡装卸工件、更换刀具、测量加工表面以及变换速度时,必须先停车。 ( )

(4)为了使用方便,主轴箱盖上可以放置任何物品。 ( )

(5)操作中若出现异常现象,应及时停车检查;出现故障、事故应立即切断电源,由操作者进行维修。 ( )

(6)使用数控车床时,操作者不得随意修改数控车床的各类参数。 ( )

2. 填空题

(1)进入数控车间实习必须穿好________、安全鞋,扎紧袖口,长头发同学应戴________,辫子应套入帽内,戴好防护镜,严禁穿拖鞋、戴手套操作机床。

(2)在实习工厂内禁止________、闲谈、睡觉和随意离开岗位,禁止吸烟,杜绝酗酒和疲劳操作。

(3)参加实习的学生必须________指导老师的安排。任何人使用机床时,必须遵守该机床操作规则。禁止从事一些未经指导人员同意的工作,不得随意触摸、启动各种开关。

(4)多人共用一台机床时,严禁________同时操作,只能________人操作。

(5)在运行数控程序之前,皆应________,设置好刀补,并使刀具处于远离工件200 mm以上的安全位置。

二、信息、决策与计划

分析任务信息,归纳、总结相关知识,完善表1.3任务信息内容。

表1.3 任务信息内容

信息内容	数控车间现有数控车床18台(见下图),为保证人机安全,操作者应如何安全正确地操作数控车床?请例举违反操作规程的行为与情境,分析相关危险因素,并制定防范措施,避免不必要的损失 

续上表

信息的处理及决策	想一想数控车床属于哪一类机床？有什么危险源？
	上网查找数控加工操作中的安全事故,看后有何启示？
	如何避免安全事故？

三、任务实施

1. 使用数控车床的操作流程。

本岗位操作流程是：佩戴好________→检查机床各部分是否完好→机床试回参考点→正确审图,合理选择刀具和加工方法→________→加工→关闭电源,把刀具、工具收好→清理现场,摆放好加工件。

2. 在上述数控车床流程进行之前,操作者需要遵守哪些安全操作规程,尽量多地例举出来。

3. 指出图 1.4 中违反操作规程的情境与行为。

图 1.4 操作场景

四、检查与评价

填写评价表见表 1.4。

表 1.4 评价表

任务名称				操作人员		完成工时		
序号	鉴定项目		配分	评价标准(扣完为止)	小组自评	得分	教师点评	得分
1		了解数控车床安全文明生产规程情况	10	根据数控车床安全文明生产的情况,酌情扣分				
2	任务实施	现实生产中落实数控车床安全生产规程情况	30	1. 生产或实习前准备情况,如衣着、鞋帽、证件佩戴及情绪符合生产要求,酌情扣分; 2. 实习操作时对于安全生产规程的落实程度符合安全技术要求,酌情扣分; 3. 工量具的合理放置,酌情扣分; 4. 服从车间实习老师的安排,酌情扣分; 5. 是否有正常事病假情况; 6. 生产实习结束后,做好对于场地与数控车床的后续工作,如断电、清扫等				
3		数控车床的操作流程及注意事项	30	1. 数控车床操作流程符合操作规范,酌情扣分; 2. 数控车床的操作注意事项掌握程度及落实情况,酌情扣分				

续上表

4	知识应用	任务单题量完成情况	30	错1题扣5分,扣完为止				
合计			100					

五、思考与拓展

在学习数控车工安全操作知识后,你有何感想?

项目 2 数控车床编程

任务 2.1 判定数控车床坐标系

一、课前准备

1. 选择题

(1)数控车床的控制核心是(　　)。

A. 主轴箱　　B. 伺服系统　　C. 数控系统　　D. 辅助装置

(2)数控车床常用两个坐标轴是(　　)轴。

A. x 和 y　　B. x 和 z　　C. y 和 z　　D. a 和 b

(3)在数控车床上加工的零件,工件坐标系+z 方向(　　)。

A. 指向尾架　　B. 指向主轴箱　　C. 指向操作者　　D. 背离操作者

2. 填空题

(1)数控车床坐标系一般规定________相对于________运动的原则。

(2)数控车床坐标系采用右手________坐标系。

(3)数控车床工件坐标系 x 轴原点应选择在工件________。

(4)数控车床一般以____________点作为车刀换刀位置点。

(5)编程过程中用到的刀具号必须与该刀具装夹在刀架上的位置号________。

3. 判断题

(1)数控车削加工时,工件坐标系原点常使用工件左端面中心点。　　(　　)

(2)刀具换刀点理论上可以任意选择,但必须保证换刀过程中刀具不能碰到工件、机床。　　(　　)

(3)数控车床回参考点的目的是建立机床坐标系。　　(　　)

二、信息、决策与计划

分析任务信息,归纳、总结相关知识,完善表 2.1 任务信息内容。

表 2.1　任务信息内容

信息内容	阐述数控车床(见下图)的运动由哪几部分组成,并标注出数控车床的坐标系及其正方向 
信息的处理及决策	该机床是前置刀架还是后置刀架?
	提供主切削动力的轴在哪里?刀具进给运动是如何实现的?

三、任务实施

1. 分析数控车床的运动过程

该数控车床是45°斜床身________(前置/后置)刀架数控车床,工件(零件)装夹在卡盘上,切削刀具装夹在刀架上。零件的加工通过工件的________运动与切削刀具的________运动完成。工件的旋转运动由________实现,它是传递切削动力的主要来源,而切削刀具装夹到________上,它的移动是由一个做________进给控制的伺服电动机和一个做纵向进给控制的伺服电动机联动实现的。从上述分析可知该数控车床是典型两坐标轴联动的数控车床。

2. 先确定 z 坐标

根据"z 坐标的运动方向是由传递切削动力的________所决定的,即________于主轴轴线的坐标轴(或垂直于工件装夹平面的主轴方向)为 z 坐标方向,z 坐标的正向为________规定"可知,该数控车床 z 坐标平行于主轴轴线,正向为刀具________工件的方向。

3. 再确定 x 坐标轴

x 坐标________于工件的装夹平面,由于该车床是45°斜床身,故与水平面内夹角为45°,刀具________工件的方向为 x 坐标的正方向。

4. 在图 2.1 中标注出 x、z 坐标轴，并用箭头标注出正方向。

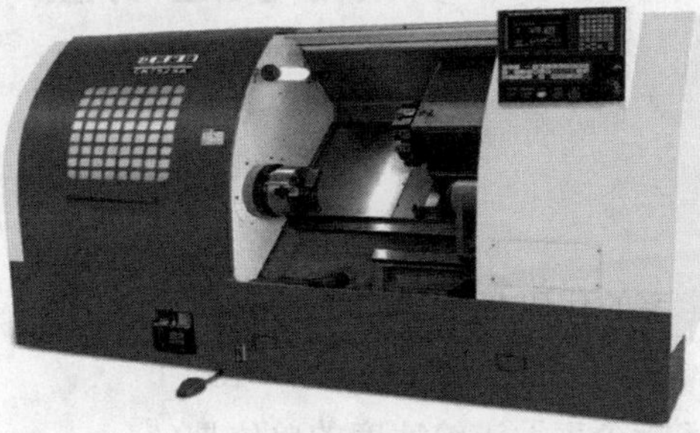

图 2.1 数控车床的坐标系

四、检查与评价

填写评价表 2.2。

表 2.2 评价表

任务名称				操作人员	完成工时			
序号		鉴定项目	配分	评价标准（扣完为止）	小组自评	得分	教师点评	得分
1	任务实施	机床运动分析	20	工作台带动刀具作横向和纵向进给运动，主轴箱带动工件作旋转运动，错误不得分				
2	任务实施	z 轴确定	20	平行于主轴，刀具离开工件的方向为正，错误不得分				
3	任务实施	x 轴确定	20	x 坐标轴与 z 坐标垂直，且刀具作旋转运动，错误不得分				
4	知识应用	任务单题量完成情况	40	错 1 题扣 5 分，扣完为止				
		合计		100				

五、思考与拓展

1. 什么是机床原点？

2. 什么是刀具刀位点？有何作用？

任务 2.2　精车轨迹编程

一、课前准备

1. 选择题

(1)下列表示尺寸功能字的代码是(　　)。

A. X　　B. S　　C. T　　D. F

(2)西门子系统中 G95 指令表示进给速度的单位是(　　)。

A. mm/r　　B. r/min　　C. mm/min　　D. m/s

(3)以下表示进给速度大小的代码是(　　)。

A. M　　B. S　　C. X　　D. F

(4)车 60 mm 外圆,主轴转速选取 1 000 r/min,则刀刃切削速度为(　　)。

A. 3.14 m/s　　B. 100 m/s　　C. 60 m/min　　D. 157 m/min

(5)西门子系统中米制单位设定指令是(　　)。

A. G20　　B. G21　　C. G70　　D. G71

(6)西门子系统程序"G96 S500 LIMS-2000 F0.2"中恒定切削速度为(　　)。

A. 2 000 r/min　　B. 500 r/min　　C. 500 m/min　　D. 500 m/s

2. 判断题

(1)西门子系统中主程序和子程序命名规则是一样的。　(　　)

(2)西门子系统中可用 M02 指令表示子程序结束。　(　　)

(3)数控车床准备功能指令由 PLC 控制。　(　　)

二、信息、决策与计划

分析任务信息,归纳、总结相关知识,完善表 2.3 图纸信息内容。

表 2.3　图纸信息内容

<table>
<tr><td>信息内容</td><td>观察下图所示零件图,编程原点设定在 A 点,使用 93°外圆偏刀进行精加工轮廓,精加工路径为 A→B→C→D→E,试在精加工编程中选用正确的指令,编制精车轨迹加工程序
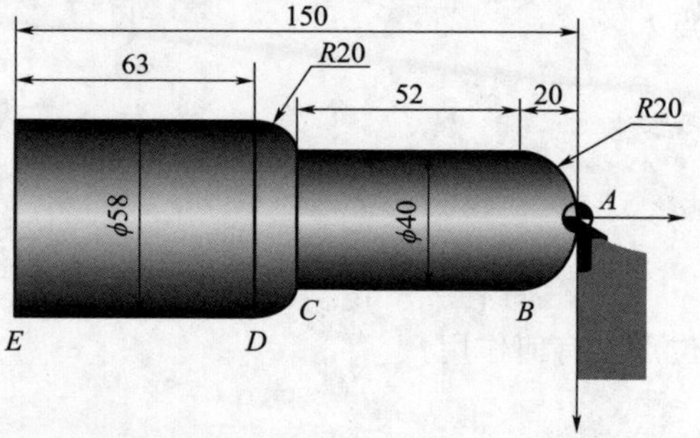
</td></tr>
</table>

续上表

信息的处理及决策	外轮廓由哪些图素组成？
	$A \to B$ 是什么轨迹？是顺圆弧还是逆圆弧？如何判断？
	能否使用快速点定位指令直接到达 A 点，请说明理由

三、任务实施

1. 建立编程坐标系

通过对刀操作，建立________坐标系，编程原点建立在 A 点。

2. 基点计算

填写表 2.4 中各点的坐标值（数控车床编程中采用直径编程）。

表 2.4 坐标计算

坐　　标	A	B	C	D	E
对应直径 x/mm					
对应 z/mm					

3. 判定走刀轨迹

从 A 点到 B 点为______,通过圆弧判定原则,该圆弧为______。

从 B 点到 C 点为______。

从 C 点到 D 点为______,通过圆弧判定原则,该圆弧为______。

从 D 点到 E 点为______。

4. 指令选择

从 A 点到 B 点为______圆弧,且进行切削加工,故选用圆弧插补指令为______。

从 B 点到 C 点为直线,且进行切削加工,故选用直线插补指令为______。

从 C 点到 D 点为______圆弧,且进行切削加工,故选用圆弧插补指令为______。

从 D 点到 E 点为直线,且进行切削加工,故选用直线插补指令为______。

5. 程序编制

编写 $A \to B \to C \to D \to E \to F \to G$ 走刀轨迹,即编写外轮廓精车轨迹,填写表 2.5。

表 2.5　精车轨迹

	A(起始点)
	$A \to B$
	$B \to C$
	$C \to D$
	$D \to E$

四、检查与评价

填写评价表 2.6。

表 2.6　评价表

任务名称			操作人员			完成工时		
序号		鉴定项目	配分	评价标准(扣完为止)	小组自评	得分	教师点评	得分
1	任务实施	坐标系的建立	10	一般建立在工件右端面的中心,错误不得分				
2	任务实施	基点计算	10	一处错误扣 5 分,扣完为止				
3	任务实施	判定走刀轨迹	10	一处错误扣 5 分,扣完为止				
4	任务实施	指令选择及程序编写	30	一处错误扣 5 分,扣完为止。				
5	知识应用	任务单题量完成情况	40	未完成 1 题扣 5 分,扣完为止				
		合计	100					

五、思考与拓展

根据精车轨迹程序，在表2.7中画出零件图，并标注尺寸。

表2.7　根据轨迹图画零件图

精车轨迹	零件图
G00 X0 G01 Z0 F0.1 X12 Z-6 X14 Z-10 G02 X24 Z-15 R5 G01 Z-20 X26 X28 Z-21 Z-30	

项目 3 FANUC 系统数控车床操作

任务 3.1 认识 FANUC 数控系统面板和操作面板

一、课前准备

1. 简述数控车床操作面板上的六种工作方式。

2. 数控车床的"回零"操作是指刀架回到(　　)。

A. 对刀点　　B. 换刀点

C. 机床零点　　D. 编程零点

3. 数控车床的开机操作步骤应是(　　)。

A. 开电源,开急停开关,开 CNC 系统电源

B. 开电源,开 CNC 系统电源,开急停开关

C. 开 CNC 系统电源,开电源,开急停开关

D. 均不正确

二、信息、决策与计划

分析任务信息,归纳、总结相关知识,完善表 3.1 任务信息内容。

表 3.1　任务信息内容

<table>
<tr><td>信息内容</td><td>下图所示为 FANUC 0i Mate-TC 系统数控车床系统面板和机床操作面板，阐述各按键的含义，并对该系统车床完成回零、MDI、JOG、程序编辑输入等操作
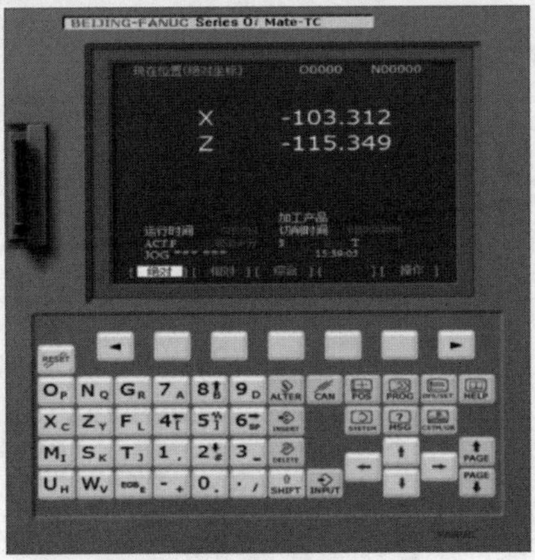

</td></tr>
<tr><td rowspan="2">信息的处理及决策</td><td>查询图片中数控系统的型号</td></tr>
<tr><td>从图片中找出紧急、开机、关机按键的位置</td></tr>
</table>

三、任务实施

1. 写出下列各按键的功能与含义。

____

____

____

____

2. 在数控车床建立一程序名为 O1234 的程序,并在机床中输入如下指令。

```
M03 S500 T0101 F0.2
G00 X32 Z2
G71 U2 R1
G71 P1 Q2 U0.5
N1 G00 X0
G1 Z0
X15 Z-5
Z-10
X20
X21 W-1
Z-20
N2 G00 X32
G70 P1 Q2
G0 X100 Z100
M5
M2
```

3. 写出数控车床开机的步骤。

4. 为什么有的机床需要回参考点，有的机床则不需要？

5. 写出手轮方式的操作步骤。

四、检查与评价

填写评价表 3.2。

表 3.2　评价表

任务名称			操作人员		完成工时			
序号	鉴定项目		配分	评价标准（扣完为止）	小组自评	得分	教师点评	得分
1	任务实施	机床的开关机	10	正确进行机床的开关机步骤，错误不得分				
2		各按键的名称及功能作用	20	错一个扣 2 分，扣完为止				
3		手摇轮、方向键的操作	20	根据要求操作，一处错误扣 4 分，扣完为止				
4		程序的编辑	20	根据老师给定的程序进行程序的编辑，错一处扣 5 分				
5		安全文明操作	10	违反安全文明操作规程酌情扣分				
6	知识应用	任务单题量完成情况	20	错 1 题扣 4 分，扣完为止				
合计			100					

五、思考与拓展

结合实操过程，总结手轮方式和手动方式进行试切工件时的注意事项。

任务 3.2　FANUC 数控车床对刀操作

一、课前准备

1. 对刀操作的目的是什么？

2. 外圆车刀的刀位点在(　　)。

A. 刀尖点　　B. 刀杆中心　　C. 刀片中心　　D. 刀架旋转中心

3. x 方向对刀时，为了方便测量，可以 x 方向退出，将此时试切外圆的直径输入对应刀具补偿中，即完成 x 方向对刀。　(　　)

二、信息、决策与计划

分析任务信息，归纳、总结相关知识，完善表 3.3 任务信息内容。

表 3.3　任务信息内容

<table>
<tr><td>信息内容</td><td>如下图所示，在 FANUC 数据车床系统中完成 93°外圆偏刀的对刀，把 O 点定为编程原点
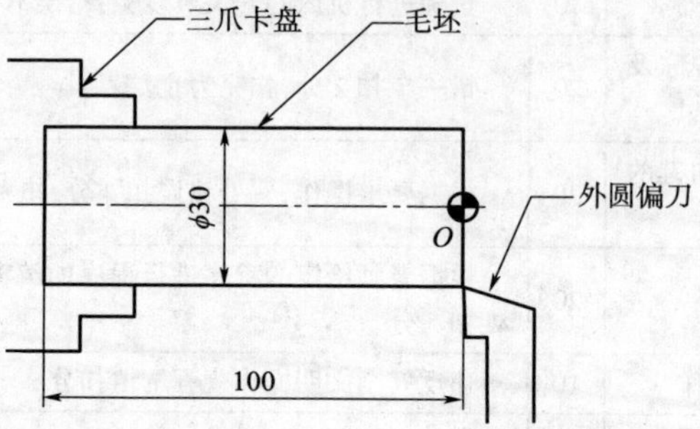
</td></tr>
<tr><td rowspan="3">信息的处理及决策</td><td>对于轴类零件，编程原点一般设定在哪里？</td></tr>
<tr><td>为什么要进行对刀操作？</td></tr>
<tr><td>93°外圆偏刀的刀位点在哪里？选择对刀点、换刀点时，要考虑哪些因素？</td></tr>
</table>

三、任务实施

1. 在图 3.1 中标出工件原点，并标出 x 轴、z 轴及其正方向（刀架为前置刀架）。

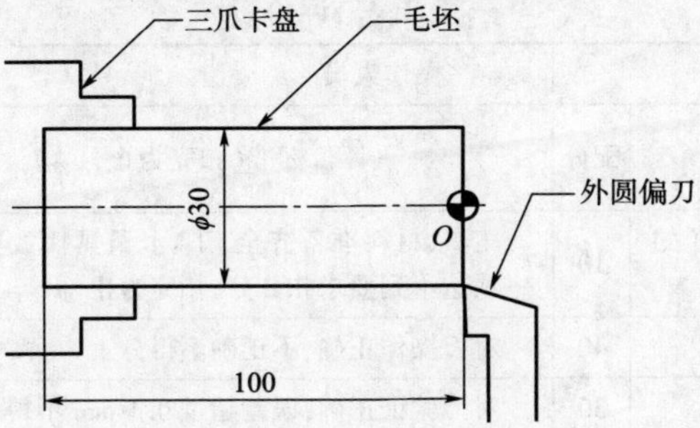

图 3.1　工作坐标系设定

2. 在对刀之前需要做哪些准备工作？

3. 写出 93°外圆偏刀的对刀步骤。

四、检查与评价

填写评价表 3.4。

表 3.4 评价表

零件名称				操作人员		完成工时			
序号	鉴定项目		配分	评价标准(扣完为止)		小组自评	得分	教师点评	得分
1	任务实施	刀具对刀前的准备	10	工具、材料准备齐全,工、卡量具摆放整齐,一项达不到要求扣 2 分,扣完为止					
2		对刀过程	40	对刀操作正确,不正确不得分					
3		质量检验	30	对刀验证正确,误差超过 0.1 mm 不得分					
4		安全文明操作	10	违反安全文明操作规程酌情扣分					
5	知识应用	任务单题量完成情况	10	错一题扣 4 分,扣完为止					
合计			100						

五、思考与拓展

试想一下,对刀操作时是先对 z 轴还是先对 x 轴？哪一种更高效？

项目 4 西门子系统数控车床操作

任务 4.1　认识西门子 802D 数控系统面板和操作面板

一、课前准备

1. 简述数控车床 JOG、MDA、AUTO 工作方式。

2. 数控车床的“回零”操作是指刀架回到(　　)。

A. 对刀点　　B. 换刀点

C. 机床零点　　D. 编程零点

3. 数控车床的开机操作步骤应该是(　　)。

A. 开电源,开急停开关,开 CNC 系统电源

B. 开电源,开 CNC 系统电源,开急停开关

C. 开 CNC 系统电源,开电源,开急停开关

D. 都不正确

二、信息、决策与计划

分析任务信息,归纳、总结相关知识,完善表 4.1 任务信息内容。

表 4.1　任务信息内容

信息内容	下图所示为西门子 802D 系统数控车床系统面板及操作面板,说出各按键的含义,并对该系统车床进行 MDA、手动、手摇、程序建立与编辑等基本操作 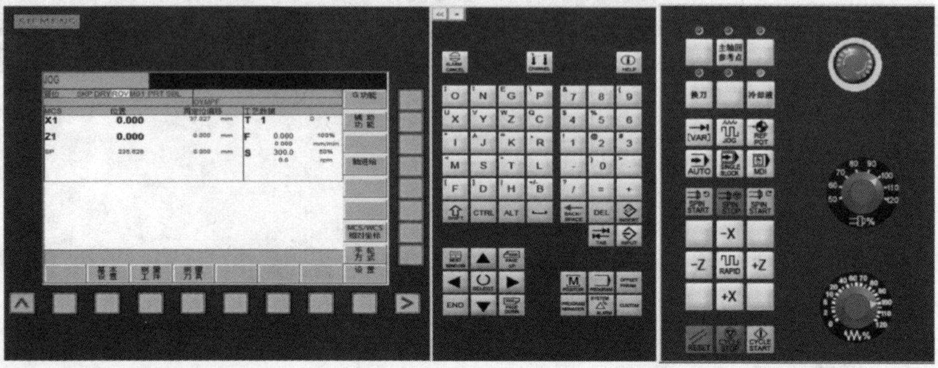
信息的处理及决策	查询图中数控系统的型号
	从 CRT 显示器中能否看出该数控系统处于何种状态?

三、任务实施

1. 写出下列各按键的功能与含义。

______

______

______

______

______

2. 写出建立新程序的步骤。

3. 在数控车床建立一程序名为 XFZ. SPF 的程序，并在系统中输入如下指令。

```
G00 X0
G1Z0
X15 Z-5
Z-10
X20
X21 Z-11
Z-20
G00 X32
M17
```

4. 写出数控车床开机的步骤。

5. 请写出手轮方式操作的步骤。

四、检查与评价

填写评价表 4.2。

表 4.2　评价表

<table>
<tr><td colspan="2">任务名称</td><td colspan="2"></td><td>操作人员</td><td colspan="2"></td><td colspan="2">完成工时</td></tr>
<tr><td>序号</td><td colspan="2">鉴定项目</td><td>配分</td><td>评价标准(扣完为止)</td><td>小组自评</td><td>得分</td><td>教师点评</td><td>得分</td></tr>
<tr><td>1</td><td rowspan="5">任务实施</td><td>机床的开关机</td><td>10</td><td>正确进行机床的开关机步骤,错误不得分</td><td></td><td></td><td></td><td></td></tr>
<tr><td>2</td><td>各按键的名称及功能作用</td><td>20</td><td>错一个扣 2 分,扣完为止</td><td></td><td></td><td></td><td></td></tr>
<tr><td>3</td><td>手摇轮、方向键的操作</td><td>20</td><td>根据要求操作,一处错误扣 4 分,扣完为止</td><td></td><td></td><td></td><td></td></tr>
<tr><td>4</td><td>程序的编辑</td><td>20</td><td>根据老师给定的程序进行程序的编辑,错一处扣 5 分</td><td></td><td></td><td></td><td></td></tr>
<tr><td>5</td><td>安全文明操作</td><td>10</td><td>违反安全文明操作规程酌情扣分</td><td></td><td></td><td></td><td></td></tr>
<tr><td>6</td><td>知识应用</td><td>任务单题量完成情况</td><td>20</td><td>错 1 题扣 7 分,扣完为止</td><td></td><td></td><td></td><td></td></tr>
<tr><td colspan="3">合计</td><td colspan="6">100</td></tr>
</table>

五、思考与拓展

结合实操过程,总结手轮方式和手动方式进行试切工件时的注意事项。

任务 4.2　西门子 802D 数控车床对刀操作

一、课前准备

1. 通常所说的对刀指(　　)。

A. 测量工件　　B. 测量刀具　　C. 定位　　D. 端面车削

2. 数控车床手动进给时,模式选择(　　)。

A. JOG　　B. MDA　　C. AUTO　　D. 回参考点

3. 选择程序控制方式时,ROV 表示(　　)。

A. 所有到进给轴和主轴的给定值被禁止输出

B. 按快速修调键,修调开关对于快速进给也生效

C. 当运行到前面有斜线标志的程序段时,程序跳过不执行

D. 采用空运行进给速度快速模拟刀具运动轨迹

4. 在数控车床上加工的零件,工件坐标系 $+z$ 方向(　　)。

A. 指向尾架　　B. 指向主轴箱

C. 指向操作者　　D. 背离操作者

5. 工件坐标系原点通常设置在(　　)。

A. 机床原点　　B. 机械原点

C. 参考点　　D. 工件右端面中心点

二、信息、决策与计划

分析任务信息,归纳、总结相关知识,完善表 4.3 任务信息内容。

表 4.3　任务信息内容

信息内容	如下图所示,在西门子 802D 数控车床系统中完成 93°外圆偏刀的对刀,把 O 点设定为编程原点 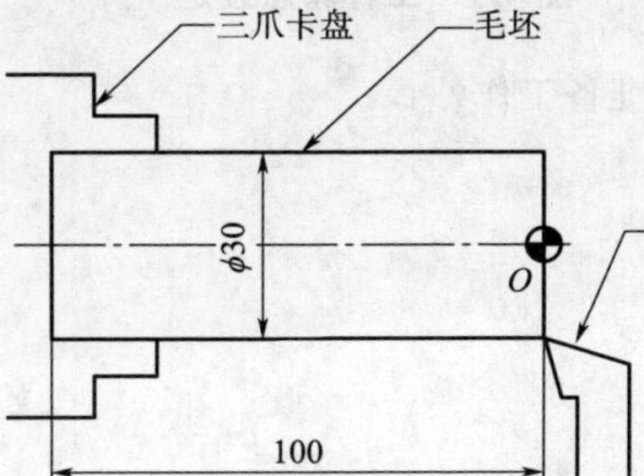

续上表

信息的处理及决策	对于轴类零件,编程原点一般设定在哪里?
	为什么要进行对刀操作?
	93°外圆偏刀的刀位点在哪里?选择对刀点、换刀点时,要考虑哪些因素?

三、任务实施

1. 在图4.1中标出工件原点,并标出 x 轴、z 轴及其正方向(刀架为前置刀架)。

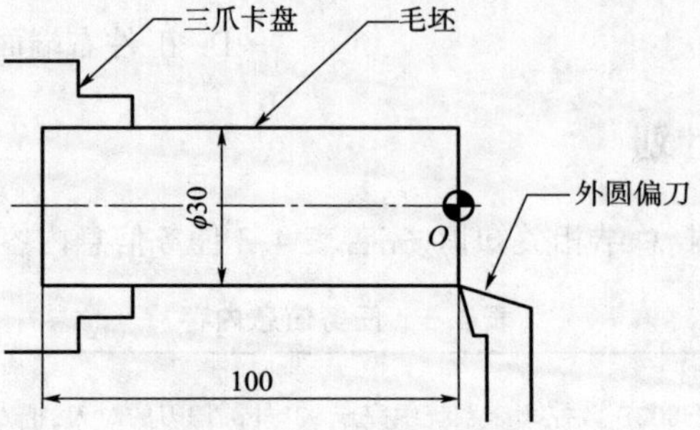

图4.1 工件原点设定

2. 在对刀之前需要做哪些准备工作?

3. 写出93°外圆偏刀的对刀步骤。

四、检查与评价

填写评价表4.4。

表4.4　评价表

零件名称				操作人员		完成工时			
序号	鉴定项目		配分	评价标准(扣完为止)		小组自评	得分	教师点评	得分
1	任务实施	刀具对刀前的准备	10	工具、材料准备齐全,工、卡量具摆放整齐,一项达不到要求扣2分,扣完为止					
2	任务实施	对刀过程	40	对刀操作正确,不正确不得分					
3	任务实施	质量检验	30	对刀验证正确,误差超过0.1 mm不得分					
4		安全文明操作	10	违反安全文明操作规程酌情扣分					
5	知识应用	任务单题量完成情况	10	错一题扣4分,扣完为止					
	合计		100						

五、思考与拓展

试想一下,对刀操作时是先对 z 轴还是先对 x 轴?

项目 5　阶梯轴、锥面轴零件编程与加工

任务 5.1　阶梯轴零件编程与加工

一、课前准备

1. 对刀具寿命影响最大的是（　　）。

A. 背吃刀量　　B. 进给速度　　C. 切削速度　　D. 切削液

2. 数控车床回零时，要（　　）。

A. x、z 同时　　B. 先刀架　　C. 先 z、后 x　　D. 先 x、后 z

3. 粗加工时切削速度的选择，主要取决于（　　）。

A. 工件余量　　B. 刀具材料　　C. 刀具耐用度　　D. 工件材料

4. 在 FANUC 系统中，G90 是（　　）切削循环指令。

A. 钻孔　　B. 端面　　C. 外圆　　D. 复合

5. 程序段"G90 X52 Z-100 R-10 F0.3"中，"R-10"的含义是（　　）。

A. 进刀量　　B. 圆锥大、小端的直径差

C. 圆锥大、小端的直径差的一半　　D. 退刀量

6. 图 5.1 中外径千分尺的读数是（　　）。

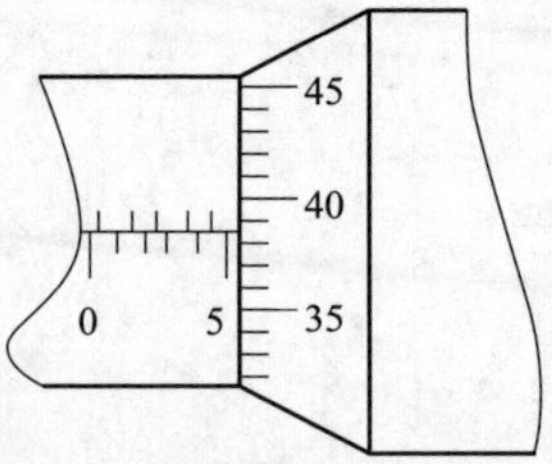

图 5.1　外径千分尺的读数

A. 5.386 mm　　B. 5.556 mm　　C. 5.356 mm　　D. 5.456 mm

7. 数控加工工艺文件是编程人员在编制加工程序单时做出的与程序单相关的技术文件，主要包括（　　）。（多选题）

A. 数控加工工序卡片　　　　B. 数控加工刀具卡

C. 数控加工程序单　　　　D. 加工图纸

二、信息、决策与计划

分析零件的图纸及工艺信息，归纳、总结相关知识，完善表5.1任务信息内容。

表5.1　任务信息内容

<table>
<tr><td>信息内容</td><td>完成下图所示阶梯轴的工艺分析，编制工艺卡片，并完成零件的加工，毛坯尺寸为 $\phi30\times100$，材料为45号钢
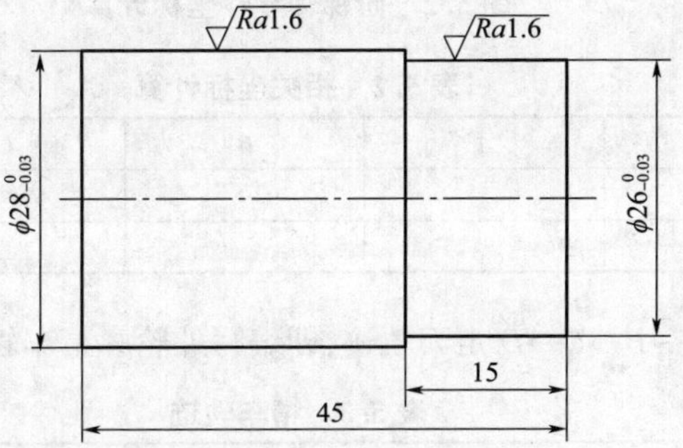</td></tr>
<tr><td rowspan="3">信息的处理及决策</td><td>该零件由哪些图素组成？</td></tr>
<tr><td>解释 $Ra1.6$ 的含义</td></tr>
<tr><td>$\phi26_{-0.03}^{\ 0}$ 的上偏差和下偏差各是多少？</td></tr>
</table>

三、任务实施

1. 加工前，确定编程原点，并计算各基点坐标。根据图5.2所示的图纸，完成表5.2的填写。

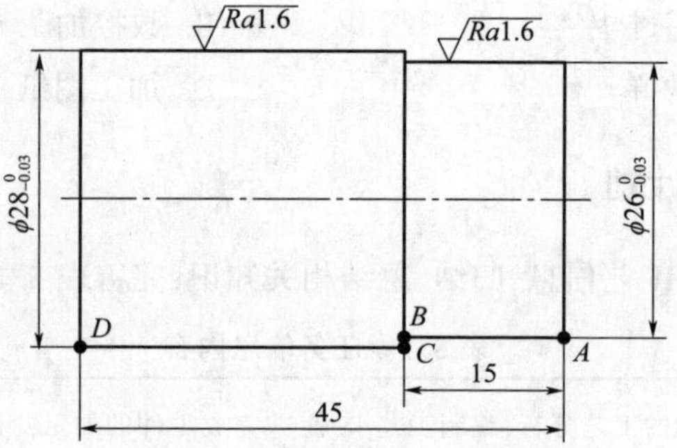

图 5.2 阶梯轴零件坐标计算

表 5.2 相关坐标计算

坐　　标	A	B	C	D
对应直径 x/mm				
对应 z/mm				

2. 表述刀位点 $A \to B \to C \to D$ 走刀轨迹,即编写外轮廓精车轨迹,填写表 5.3。

表 5.3 精车轨迹

	A(起始点)
	$A \to B$
	$B \to C$
	$C \to D$

3. 完成表 5.4 刀具卡片、表 5.5 工序卡及表 5.6 程序清单的填写。

表 5.4 数控加工刀具卡片

序　号	刀 位 号	刀 补 号	刀 具 名 称	刀 具 说 明	备　注

表 5.5 数控加工工序卡

工 步 号	工 艺 内 容	刀 具 号	切 削 用 量		
			S/(r/min)	F/(mm/r)	α_p/mm

表 5.6　程序清单

程序内容	程序说明

四、检查与评价

填写评价表 5.7。

表 5.7　评价表

任务名称					操作人员		完成工时		
序号	鉴定项目			配分	评价标准(扣完为止)	自检结果	得分	互检结果	得分
1	任务实施	工件安装		5	装夹方法不正确不得分				
2		刀具安装		5	刀具选择不正确不得分				
3		程序编写		20	程序编写错一处扣 5 分				
4		程序录入		5	程序输入不正确或未完成,每处扣 1 分				
5		对刀操作		10	刀补不正确,每步骤扣 2 分				
6		量具使用		5	量具使用不正确,每次扣 1 分				
7		完成工时		5	每超时 5 min 扣 1 分				
8		安全文明		5	撞刀、未清理和保养机床不得分				
9	工件质量	外圆	$\phi28_{-0.03}^{0}$	10	超差 0.1 不得分				
			$\phi26_{-0.03}^{0}$	10	超差 0.1 不得分				
		长度	15	5	超差 0.1 不得分				
			45	5	超差 0.1 不得分				
10	知识应用	任务单题量完成情况		10	错 1 题扣 2 分,扣完为止				
	合计			100					

五、思考与拓展

分别使用基本指令和 G90 指令完成图 5.3 所示零件的编程与加工,毛坯为 $\phi30\times80$ 的棒料。

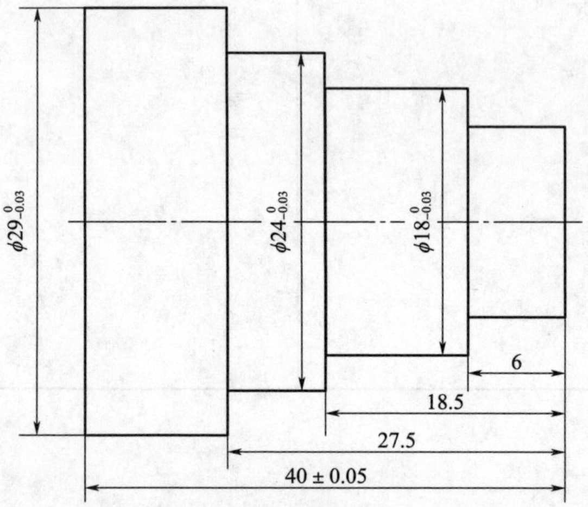

图 5.3　零件图

任务5.2 锥面轴零件编程与加工

一、课前准备

1. 圆锥大端直径为100 mm,长度为60 mm,锥度$C=1/4$,则圆锥小端直径为(　　)。

A. 40 mm　　B. 60 mm　　C. 65 mm　　D. 85 mm

2. 西门子系统程序为“G91 G01 X0 Z40.0 F0.2”,则刀具移动的距离为(　　)。

A. 30 mm　　B. 40 mm　　C. 50 mm　　D. 70 mm

3. FANUC系统程序为“G01 U30 W40 F0.2”,则刀具移动的距离为(　　)。

A. 30 mm　　B. 40 mm　　C. 50 mm　　D. 70 mm

4. 快速点定位指令为(　　)。

A. G00　　B. G01　　C. G02　　D. G03

5. 直线插补指令为(　　)。

A. G00　　B. G01　　C. G02　　D. G03

二、信息、决策与计划

分析零件的图纸及工艺信息,归纳、总结相关知识,完善表5.8任务信息内容。

表5.8　任务信息内容

信息内容	加工含有锥面的阶梯轴(见下图),该零件只需加工端面、外圆面和外圆锥面,粗糙度要求不高,其中外圆尺寸精度要求较高,同时要测量锥度 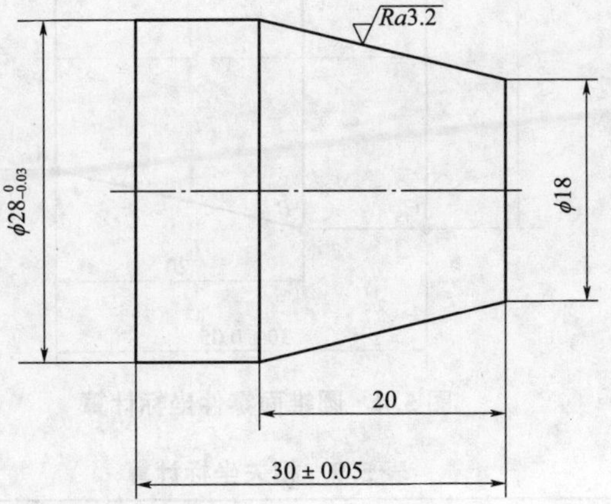

续上表

<table>
<tr><td rowspan="5">信息的处理及决策</td><td>该零件由哪些图素组成?</td></tr>
<tr><td>计算锥度</td></tr>
<tr><td>$\phi28_{-0.03}^{\ 0}$ 的上偏差和下偏差各是多少?</td></tr>
<tr><td>加工时需要哪些刀具?</td></tr>
<tr><td>编程需要使用哪些指令?</td></tr>
</table>

三、任务实施

1. 加工前,确定编程原点,并计算各基点坐标。根据图 5.4 所示的图纸,完成表 5.9 的填写。

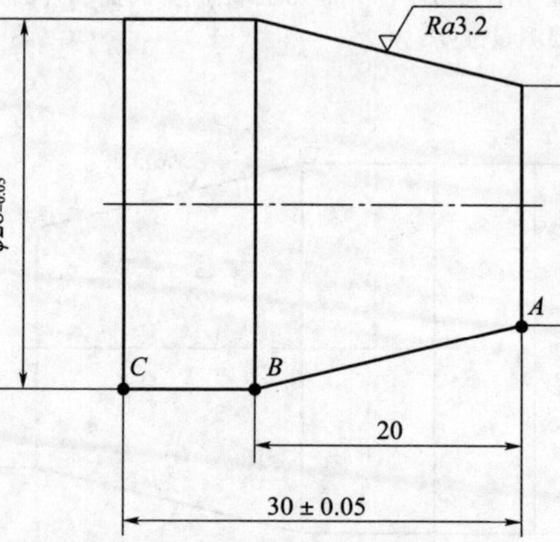

图 5.4 圆锥面零件坐标计算

表 5.9 相关坐标计算

坐 标	A	B	C
对应直径 x/mm			
对应 z/mm			

2. 表述刀位点 $A \to B \to C$ 走刀轨迹，即编写外轮廓精车轨迹，填写表5.10。

表5.10　精车轨迹

	A(起始点)
	A→B
	B→C

3. 完成表5.11刀具卡片、表5.12工序卡及表5.13程序清单的填写。

表5.11　数控加工刀具卡片

序　号	刀　位　号	刀　补　号	刀具名称	刀具说明	备　注

表5.12　数控加工工序卡

工　步　号	工　艺　内　容	刀　具　号	切削用量		
			S/(r/min)	F/(mm/r)	α_p/mm

表5.13　程序清单

程序内容	程序说明

四、检查与评价

填写评价表 5.14。

表 5.14　评价表

任务名称					操作人员		完成工时		
序号	鉴定项目			配分	评价标准(扣完为止)	自检结果	得分	互检结果	得分
1	任务实施	工件安装		5	装夹方法不正确不得分				
2		刀具安装		5	刀具选择不正确不得分				
3		程序编写		20	程序编写错一处扣 5 分				
4		程序录入		5	程序输入不正确或未完成,每处扣 1 分				
5		对刀操作		10	刀补不正确,每步骤扣 2 分				
6		量具使用		5	量具使用不正确,每次扣 1 分				
7		完成工时		5	每超时 5 min 扣 1 分				
8		安全文明		5	撞刀、未清理和保养机床扣 5 分				
9	工件质量	外圆	$\phi28_{-0.03}^{\ 0}$	10	超差不得分				
		长度	20	10	超差 0.1 不得分				
			30	10	超差 0.1 不得分				
10	知识应用	任务单题量完成情况		10	错 1 题扣 2 分,扣完为止				
合计					100				

五、思考与拓展

完成图 5.5 所示零件的编程与加工,毛坯为 $\phi85\times100$ 的棒料。

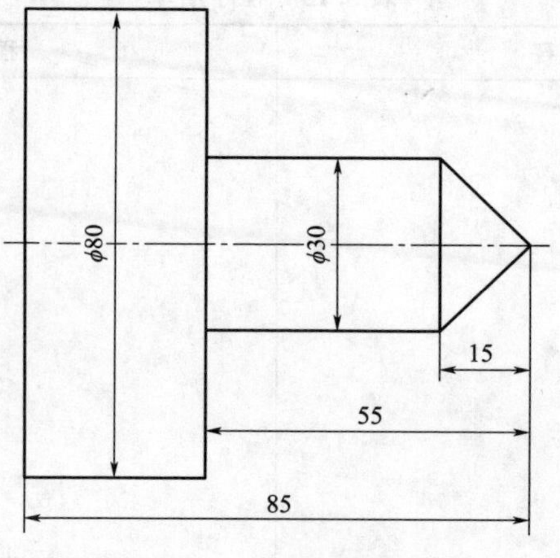

图 5.5　零件图

项目 6 成型面零件编程与加工

任务 6.1 子弹工艺品编程与加工

一、课前准备

1. 选择题

(1)在 FANUC 数控系统中,适合粗加工铸造、锻造类毛坯的指令是(   )。

A. G71　　B. G70　　C. G73　　D. G72

(2)若待加工零件具有凹圆弧时,应选择(   )指令完成粗车循环。

A. G71　　B. G70　　C. G72　　D. G73

(3)在西门子系统中,刀具起点在(0,0),执行指令 G03 X40 Z-20 CR=20 F0.2 加工圆弧,若用“终点坐标+圆心坐标”表示,则 I 值为(   )。

A. 0　　B. 40　　C. -20　　D. 20

(4)FANUC 系统调用 G71 复合循环,刀具应处于(   )。

A. 刀具移至循环起点不发生撞刀的任意点

B. 机床原点

C. 工件原点

D. 换刀点

(5)机床坐标系正方向指(   )。

A. 刀具接近工件方向　　B. 刀具远离工件方向

C. 刀具接近或远离工件方向　　D. 需要确定的正方向

(6)G71 复合循环中,轮廓精车子程序 ns 与 nf 中的 f、s 指(   )。

A. 粗车用量　　B. 精车用量

C. 粗车和精车用量　　D. 粗车或精车用量

(7)G71 复合循环中的 Δw 是指(   )。

A. *x* 方向精车余量　　B. *z* 方向精车余量

C. 退刀量　　D. 背吃刀量

(8)调用 G71 复合循环,零件应(　　)。

A. 轴向尺寸单向递增　　B. 径向尺寸单向递增或递减

C. 轴向尺寸单向递减　　D. 没有轴向、径向尺寸要求

(9)数控车床对刀的目的是(　　)。

A. 建立机床坐标系　　B. 回机床参考点

C. 建立工件(编程)坐标系　　D. 使工件在机床坐标系中运行

(10)逆时针圆弧插补指令是(　　)。

A. G01　　B. G02　　C. G03　　D. G04

(11)在程序段 G73 UΔi WΔk Rd 中,d 表示(　　)。

A. 切深　　B. 循环次数

C. x 方向的精加工余量　　D. z 方向的精加工余量

2. 判断题

(1)西门子系统子程序调用指令是 M98。　　(　　)

(2)粗车凹圆弧路径中,车同心圆形式编程的计算较为简单。　　(　　)

(3)西门子系统 CYCLE95 循环不能用于粗车带圆弧的内轮廓表面。　　(　　)

(4)数控车床使用圆弧插补指令时常指定 G19 平面。　　(　　)

(5)用尖头车刀车凸圆弧一般不易产生主切削刃干涉。　　(　　)

二、信息、决策与计划

分析零件的图纸及工艺信息,归纳、总结相关知识,完善表 6.1 任务信息内容。

表 6.1　任务信息内容

信息内容	完成子弹工艺品(见下图)的编程及加工,已知毛坯尺寸为 $\phi12\times80$,材料为黄铜 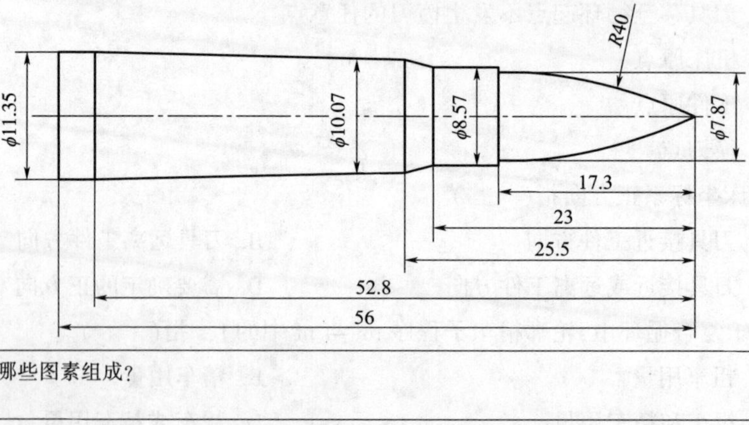
信息的处理及决策	该零件由哪些图素组成?
	该零件的 $R40$ 圆弧在编程中是顺圆弧还是逆圆弧?应采用哪个指令编程?
	观察零件外轮廓轨迹的单调性,是递增还是递减?

三、任务实施

1. 加工前,确定编程原点,并计算各基点坐标。根据图6.1所示的图纸,完成表6.2的填写。

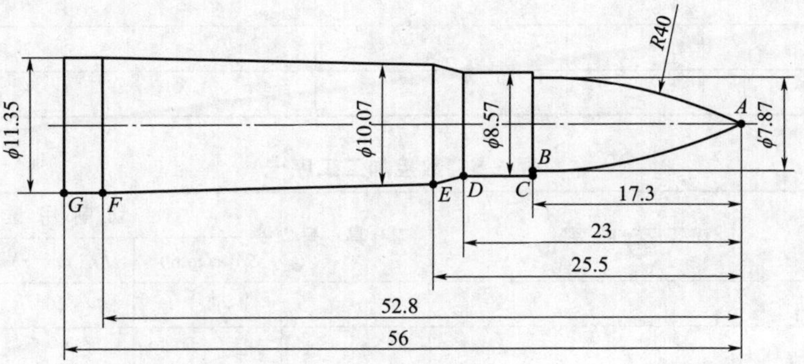

图6.1　子弹工艺品坐标计算

表6.2　相关坐标计算

坐　标	*A*	*B*	*C*	*D*	*E*	*F*	*G*
对应直径 *x*/mm							
对应 *z*/mm							

2. 表述刀位点 $A \to B \to C \to D \to E \to F \to G$ 走刀轨迹,即编写外轮廓精车轨迹,填写表6.3。

表6.3　精车轨迹

	A(起始点)
	$A \to B$
	$B \to C$
	$C \to D$
	$D \to E$
	$E \to F$
	$F \to G$

3. 完成表 6.4 刀具卡片、表 6.5 工序卡及表 6.6 程序清单的填写。

表 6.4 数控加工刀具卡

序号	刀位号	刀补号	刀具名称	刀具说明	备注

表 6.5 数控加工工序卡

工步号	工艺内容	刀具号	切削用量		
			S/(r/min)	F/(mm/r)	α_p/mm

表 6.6 程序清单

程序内容	程序说明

四、检查与评价

填写评价表 6.7。

表 6.7　评价表

<table>
<tr><td colspan="2">任务名称</td><td colspan="3"></td><td>操作人员</td><td colspan="3">完成工时</td><td></td></tr>
<tr><td>序号</td><td colspan="3">鉴定项目</td><td>配分</td><td>评价标准（扣完为止）</td><td>自检结果</td><td>得分</td><td>互检结果</td><td>得分</td></tr>
<tr><td>1</td><td rowspan="8">任务实施</td><td colspan="2">工件安装</td><td>5</td><td>装夹方法不正确不得分</td><td></td><td></td><td></td><td></td></tr>
<tr><td>2</td><td colspan="2">刀具安装</td><td>5</td><td>刀具选择不正确不得分</td><td></td><td></td><td></td><td></td></tr>
<tr><td>3</td><td colspan="2">程序编写</td><td>20</td><td>程序编写错一处扣 5 分</td><td></td><td></td><td></td><td></td></tr>
<tr><td>4</td><td colspan="2">程序录入</td><td>5</td><td>程序输入不正确或未完成，每处扣 1 分</td><td></td><td></td><td></td><td></td></tr>
<tr><td>5</td><td colspan="2">对刀操作</td><td>10</td><td>刀补不正确，每步骤扣 2 分</td><td></td><td></td><td></td><td></td></tr>
<tr><td>6</td><td colspan="2">量具使用</td><td>5</td><td>量具使用不正确，每次扣 1 分</td><td></td><td></td><td></td><td></td></tr>
<tr><td>7</td><td colspan="2">完成工时</td><td>5</td><td>每超时 5 min 扣 1 分</td><td></td><td></td><td></td><td></td></tr>
<tr><td>8</td><td colspan="2">安全文明</td><td>5</td><td>撞刀、未清理和保养机床不得分</td><td></td><td></td><td></td><td></td></tr>
<tr><td rowspan="9">9</td><td rowspan="9">工件质量</td><td rowspan="4">外圆</td><td>ϕ7.87</td><td>3</td><td>超差 0.1 不得分</td><td></td><td></td><td></td><td></td></tr>
<tr><td>ϕ8.57</td><td>2</td><td>超差 0.1 不得分</td><td></td><td></td><td></td><td></td></tr>
<tr><td>ϕ10.07</td><td>3</td><td>超差 0.1 不得分</td><td></td><td></td><td></td><td></td></tr>
<tr><td>ϕ11.35</td><td>2</td><td>超差 0.1 不得分</td><td></td><td></td><td></td><td></td></tr>
<tr><td rowspan="4">长度</td><td>17.3</td><td>3</td><td>超差 0.1 不得分</td><td></td><td></td><td></td><td></td></tr>
<tr><td>23</td><td>2</td><td>超差 0.1 不得分</td><td></td><td></td><td></td><td></td></tr>
<tr><td>25.5</td><td>3</td><td>超差 0.1 不得分</td><td></td><td></td><td></td><td></td></tr>
<tr><td>56</td><td>2</td><td>超差 0.1 不得分</td><td></td><td></td><td></td><td></td></tr>
<tr><td>圆弧</td><td>R40</td><td>10</td><td>超差不得分</td><td></td><td></td><td></td><td></td></tr>
<tr><td>10</td><td>知识应用</td><td colspan="2">任务单题量完成情况</td><td>10</td><td>错 1 题扣 2 分，扣完为止</td><td></td><td></td><td></td><td></td></tr>
<tr><td colspan="4">合计</td><td colspan="6">100</td></tr>
</table>

五、思考与拓展

完成图 6.2 所示零件的编程与加工，毛坯为 $\phi30\times80$ 的棒料。

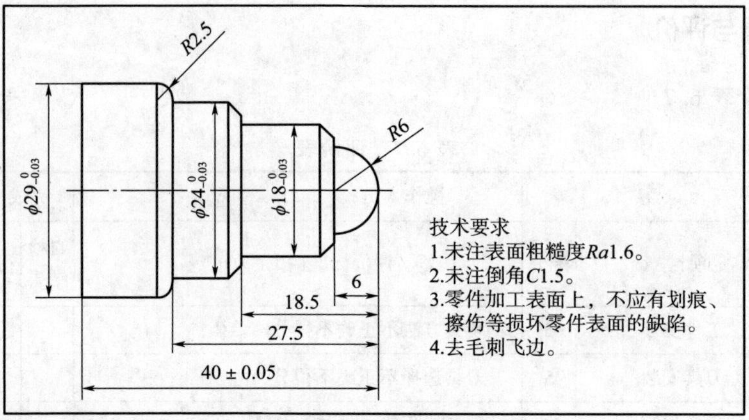
R2.5
R6
$\phi 29_{-0.03}^{\ 0}$
$\phi 24_{-0.03}^{\ 0}$
$\phi 18_{-0.03}^{\ 0}$
6
18.5
27.5
40 ± 0.05
技术要求
1.未注表面粗糙度*Ra*1.6。
2.未注倒角*C*1.5。
3.零件加工表面上，不应有划痕、擦伤等损坏零件表面的缺陷。
4.去毛刺飞边。

图 6.2 零件图

任务 6.2　印章手柄零件编程与加工

一、课前准备

1. 选择题

(1) 西门子系统数控车床程序中 T3D3 调用的刀具补偿号是(　　)。

A. 00　　B. 01　　C. 02　　D. 03

(2) 顺时针圆弧插补指令是(　　)。

A. G01　　B. G02　　C. G03　　D. G04

(3) 西门子系统圆弧插补指令 G02 X_Z_CR=F 中，X、Z 表示以下(　　)坐标。

A. 圆弧圆心　　B. 圆弧起点　　C. 圆弧终点　　D. 机床参考点

2. 判断题

(1) 在程序段 G73 Pns Qnf UΔu WΔw F_S_T_中，Δu 表示 x 方向的精加工余量，半径值编程。(　　)

(2) G71、G72、G73 指令都属于粗加工复合固定循环指令。(　　)

(3) 使用 G71 和 G72 指令时，零件沿 x 轴的外形必须是单调递增或单调递减的。(　　)

(4) 使用 G73 指令时，零件沿 x 轴的外形必须是单调递增或单调递减的。(　　)

(5) 使用 CYCLE95 指令循环进行粗精车加工时，子程序轮廓轨迹必须是单调递增或单调递减的。(　　)

二、信息、决策与计划

分析零件的图纸及工艺信息，归纳、总结相关知识，完善表 6.8 任务信息内容。

表 6.8　任务信息内容

信息内容	下图所示为印章手柄零件图，毛坯尺寸为 $\phi30\times67$，材料为 45 号钢，编写其加工程序 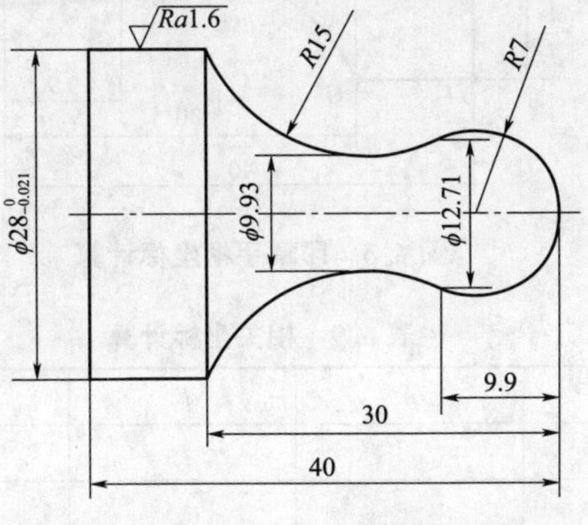

续上表

信息的处理及决策	解释图纸中 *Ra*1.6 标注的含义
	该零件由哪些图素组成?
	该零件的 *R*15 圆弧在编程中是顺圆弧还是逆圆弧?采用哪个指令编程?
	观察零件外轮廓轨迹的单调性,是递增还是递减?
	对外成型面进行加工,选用刀具有什么要求?

三、任务实施

1. 加工前,确定编程原点,并计算各基点坐标,根据图 6.3 所示的图纸,完成表 6.9 的填写。

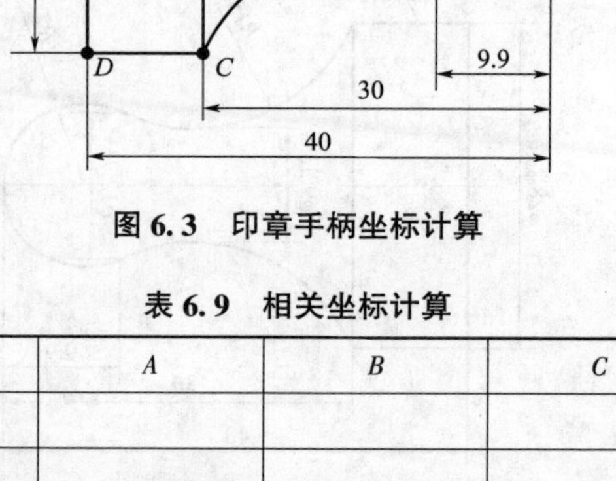

图 6.3 印章手柄坐标计算

表 6.9 相关坐标计算

坐　标	*A*	*B*	*C*	*D*
对应直径 *x*/mm				
对应 *z*/mm				

2. 表述刀位点 $A \to B \to C \to D$ 走刀轨迹，即编写外轮廓精车轨迹，填写表6.10。

表6.10　精车轨迹

	A(起始点)
	$A \to B$
	$B \to C$
	$C \to D$

3. 完成表6.11刀具卡片、表6.12工序卡及表6.13程序清单的填写。

表6.11　数控加工刀具卡片

序　号	刀位号	刀补号	刀具名称	刀具说明	备　注

表6.12　数控加工工序卡

工步号	工艺内容	刀具号	切削用量		
			S/(r/min)	F/(mm/r)	α_p/mm

表6.13　程序清单

程序内容	程序说明

四、检查与评价

填写评价表 6. 14。

表 6. 14 评价表

任务名称					操作人员			完成工时	
序号	鉴定项目			配分	评价标准(扣完为止)	自检结果	得分	互检结果	得分
1	任务实施	工件安装		5	装夹方法不正确不得分				
2		刀具安装		5	刀具选择不正确不得分				
3		程序编写		20	程序编写错一处扣 5 分				
4		程序录入		5	程序输入不正确或未完成,每处扣 1 分				
5		对刀操作		10	刀补不正确,每步骤扣 2 分				
6		量具使用		5	量具使用不正确,每次扣 1 分				
7		完成工时		5	每超时 5 min 扣 1 分				
8		安全文明		5	撞刀、未清理和保养机床不得分				
9	工件质量	外圆	$\phi 28_{-0.03}^{0}$	10	超差不得分				
		长度	9. 9	5	超差 0. 1 不得分				
			30	2	超差 0. 1 不得分				
			40	3	超差 0. 1 不得分				
		圆弧	$R7$	5	超差不得分				
			$R15$	5	超差不得分				
10	知识应用	任务单题量完成情况		10	未完成 1 题扣 2 分,扣完为止				
合计				100					

五、思考与拓展

1. 完成图 6. 4 所示葫芦零件的编程与加工,毛坯为 $\phi 30\times 80$ 的棒料。

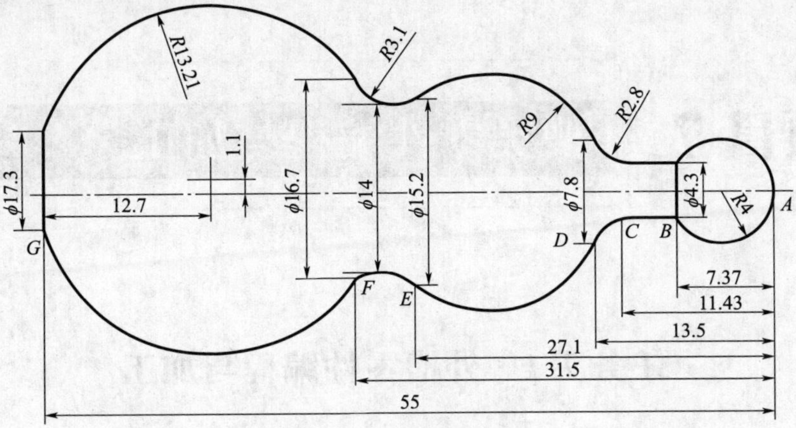

图 6.4　葫芦零件图

2. 完成图 6.5 所示酒杯零件的编程与加工，毛坯为 $\phi30\times80$ 的棒料。

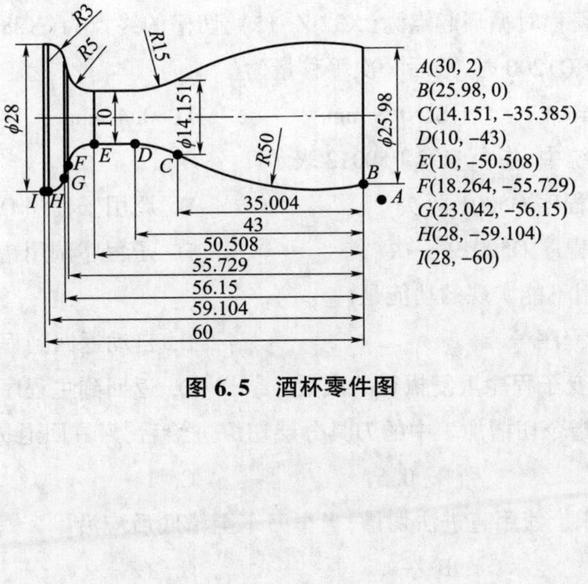

图 6.5　酒杯零件图

项目7 槽类零件编程与加工

任务7.1 外槽零件编程与加工

一、课前准备

1. 选择题

(1)采用G75编程时循环起点为(X32 Z-15),切槽的终点为(X28 Z-20),则G75指令中参数QΔk指定为Q1200时,最后一次平移量为(　　)。

A. 1.2 mm　　B. 0.8 mm　　C. 0.4 mm　　D. 0.2 mm

(2)FANUC系统中,指令M98 P50012表示(　　)。

A. 调用子程序O5001两次　　B. 调用子程序O12五次

C. 调用子程序O50012一次　　D. 子程序调用错误格式

(3)子程序调用不能实现的功能是(　　)。

A. 调用主程序　　B. 自动返回到程序开始段

C. 强制改变子程序重复执行的次数　　D. 返回到主程序中的某一程序段

(4)CYCLE93指令切槽加工中的刀具分层切深进给后,刀具回退量为(　　)mm。

A. 0　　B. 0.5　　C. 1　　D. 1.5

(5)在数控车床上使用直进法切槽,当车刀车至槽底后应沿(　　)方向退出刀具。

A. $-z$　　B. $-x$　　C. $+z$　　D. $+x$

(6)外槽槽底直径尺寸可选用(　　)测量。

A. 钢尺　　B. 样板　　C. 游标卡尺　　D. 内径千分尺

(7)西门子系统中G04 F4.0表示暂停时间为(　　)。

A. 4 μs　　B. 4 ms　　C. 4 s　　D. 40 s

(8)西门子系统中N100 L0113 P3调用的子程序名是(　　)。

A. L3011 P3　　B. L0113　　C. O0113　　D. P3

(9)西门子系统中,车较宽的内沟槽可用的循环指令是(　　)。

A. CYCLE90　　B. CYCLE93　　C. CYCLE95　　D. CYCLE97

(10) 西门子系统 CYCLE93 循环指令中 SFD、SPL 是(　　)的坐标。

A. 刀具起点　　B. 循环起点　　C. 槽底终点　　D. 槽底起点

2. 填空题

(1) 切窄直槽可以采用________指令切入。

(2) FANUC 系统子程序调用指令是________。

(3) 加工宽直槽，切槽刀应采用多次________切削法加工，并在________槽侧留精车余量。

(4) 西门子系统 G04 F4 中 G04 的含义是________，F4 的含义是________。

(5) 外切槽刀对刀时常选________作为刀位点。

二、信息、决策与计划

分析零件的图纸及工艺信息，归纳、总结相关知识，完善表 7.1 任务信息内容。

表 7.1　任务信息内容

信息内容	外槽零件图及三维效果图如下图所示，毛坯尺寸为 $\phi50\times100$，材料为 45 号钢，分析其加工工艺，编写加工程序并在数控车床上加工 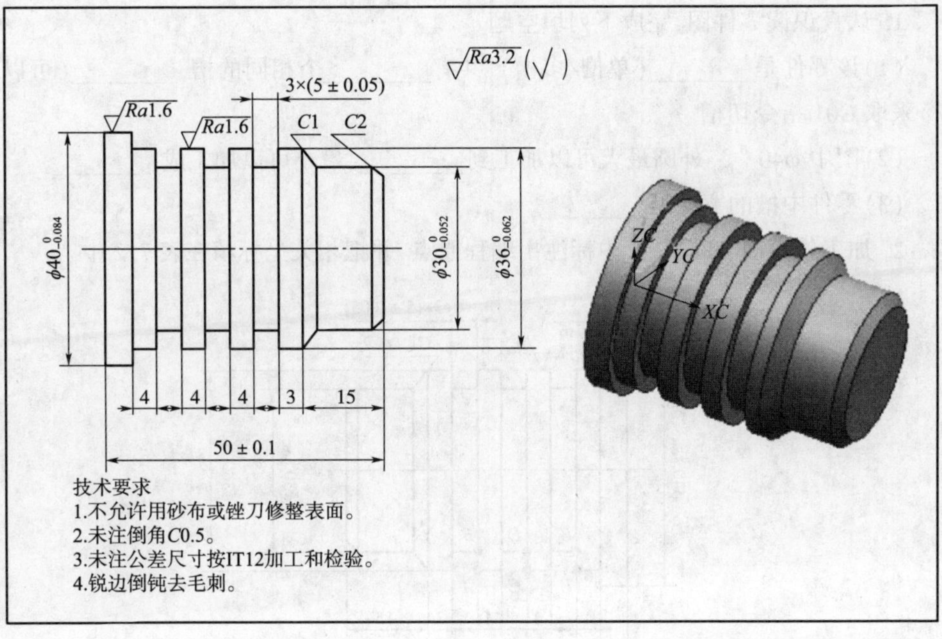

续上表

信息的处理及决策	解释图纸中 $Ra1.6$ 标注的含义
	如果要对该外槽进行测量,其量具如何选择?
	请分析该槽的作用是什么?
	分析加工工艺,切槽是否需要区分粗精车?说出理由
	切槽时,三个外槽的槽底直径是多少?

三、任务实施

1. 认真识读零件图,完成下列填空题。

(1)该零件是________(单槽/多槽),共有________个相同的槽,________(可以/不可以)采取 G01 指令切槽。

(2)图中 $\phi40_{-0.084}^{\ 0}$ 外圆最大可以加工到________,最小可以加工成________。

(3)零件中槽的宽度是________。

2. 加工外槽前,在图 7.1 中标注出编程原点,并把相关坐标填在表 7.2 中。

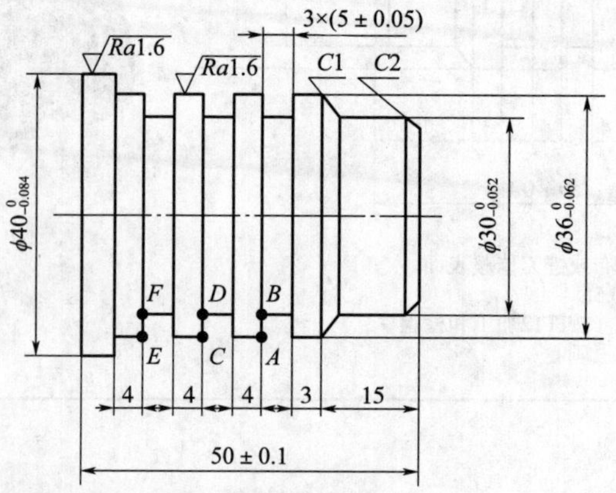

图 7.1　外槽零件相关计算

表 7.2　外槽相关坐标表

走刀路径轨迹点坐标	*A*	*B*	*C*	*D*	*E*	*F*
对应直径 *x*/mm						
对应 *z*/mm						

3. 完成表 7.3 刀具卡片、表 7.4 工序卡及表 7.5 程序清单的填写。

表 7.3　数控加工刀具卡片

序　号	刀 位 号	刀 补 号	刀 具 名 称	刀 具 说 明	备　注

表 7.4　数控加工工序卡

工 步 号	工 艺 内 容	刀 具 号	切 削 用 量		
			S/(r/min)	*F*/(mm/r)	α_p/mm

表 7.5　程序清单

程 序 内 容	程 序 说 明

四、检查与评价

填写评价表 7.6。

表 7.6　评价表

任务名称					操作人员		完成工时		
序号	鉴定项目			配分	评价标准(扣完为止)	自检结果	得分	互检结果	得分
1	任务实施	工件安装		5	装夹方法不正确不得分				
2	任务实施	刀具安装		5	刀具选择不正确不得分				
3	任务实施	程序编写		20	程序编写错一处扣 5 分				
4	任务实施	程序录入		5	程序输入不正确或未完成,每处扣 1 分				
5	任务实施	对刀操作		10	刀补不正确,每步骤扣 2 分				
6	任务实施	量具使用		5	量具使用不正确,每次扣 1 分				
7	任务实施	完成工时		5	每超时 5 min 扣 1 分				
8	任务实施	安全文明		5	撞刀、未清理和保养机床扣 5 分				
9	工件质量	外圆	$\phi30_{-0.052}^{0}$	2	超差不得分				
9	工件质量	外圆	$\phi36_{-0.062}^{0}$	3	超差不得分				
9	工件质量	外圆	$\phi40_{-0.084}^{0}$	2	超差不得分				
9	工件质量	长度	3	3	超差不得分				
9	工件质量	长度	15	2	超差不得分				
9	工件质量	长度	4(3 处)	3	超差不得分				
9	工件质量	长度	50	3	超差不得分				
9	工件质量	槽	5±0.05(3 处)	12	超差不得分				
10	知识应用	任务单题量完成情况		10	错 1 题扣 2 分,扣完为止				
	合计			100					

五、思考与拓展

1. 切槽加工的难点是什么？如何克服？

2. 切槽加工时的进刀方式有哪几种？各适合什么零件？

任务7.2　内槽零件编程与加工

一、课前准备

1. 车床装配后，进行切槽试验的目的是考核车床主轴系统及刀架的（　　）性能。
   A. 抗振　　B. 负荷　　C. 切削　　D. 车削
2. 车削加工时切槽需要保证的尺寸不包括（　　）。
   A. 槽宽　　B. 槽底直径
   C. 槽前端外圆直径　　D. 槽与基面的距离
3. FANUC 系统外径（内径）切槽复合循环指令是（　　）。
   A. G72　　B. G73　　C. G74　　D. G75
4. 切槽刀安装时要保证主刀刃与工件的轴线（　　）。
   A. 平行　　B. 垂直　　C. 相交　　D. 交叉
5. 切槽加工时，切刀进给量 F 选用如果（　　）反而会引起振动。
   A. 过小　　B. 适中　　C. 过大　　D. 无要求
6. 切槽刀刀头面积小，散热条件（　　）。
   A. 差　　B. 较好　　C. 好　　D. 很好

二、信息、决策与计划

分析零件的图纸及工艺信息，归纳、总结相关知识，完善表 7.7 任务信息内容。

表 7.7　任务信息内容

信息内容	内槽零件图及三维效果图如下图所示，毛坯尺寸为 $\phi50\times100$，材料为 45 号钢，分析其加工工艺，编写加工程序并在数控车床上加工 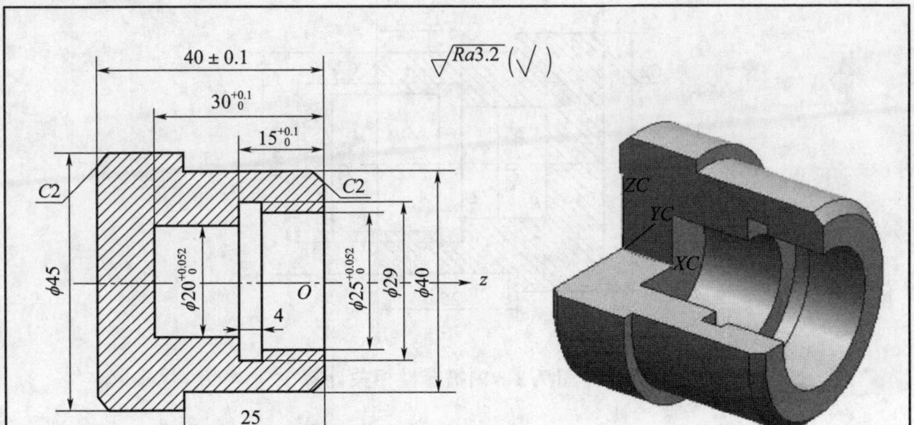 技术要求 1.未注公差尺寸按GB/T 1804。 2.锐边倒钝去毛刺。

续上表

信息的处理及决策	解释图纸中 $C2$ 标注的含义
	应使用何种型号的刀具完成内槽的加工?
	如果要对该内槽进行综合测量,其量具如何选择?
	分析该零件的加工工艺,如何有效保证内孔精度?
	试说明如何正确安装内沟槽刀

三、任务实施

1. 加工内槽前,在图 7.2 中标注出编程原点,并标识出 $A \to E$ 的坐标点值,填写在表 7.8 中。

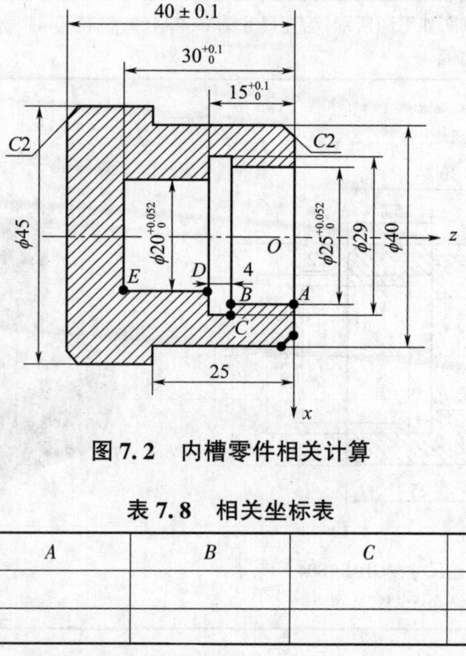

图 7.2　内槽零件相关计算

表 7.8　相关坐标表

坐　标　值	A	B	C	D	E
对应直径 x/mm					
对应 z/mm					

2. 完成表7.9刀具卡片、表7.10工序卡及表7.11程序清单的填写。

表7.9　数控加工刀具卡片

序　号	刀位号	刀补号	刀具名称	刀具说明	备　注

表7.10　数控加工工序卡

工步号	工艺内容	刀具号	切削用量		
			S/(r/min)	F/(mm/r)	α_p/mm

表7.11　程序清单

程序内容	程序说明

四、检查与评价

填写评价表 7.12。

表 7.12　评价表

任务名称					操作人员		完成工时		
序号	鉴定项目			配分	评价标准(扣完为止)	自检结果	得分	互检结果	得分
1	任务实施	工件安装		5	装夹方法不正确不得分				
2		刀具安装		5	刀具选择不正确不得分				
3		程序编写		20	程序编写错一处扣 5 分				
4		程序录入		5	程序输入不正确或未完成,每处扣 1 分				
5		对刀操作		10	刀补不正确,每步骤扣 2 分				
6		量具使用		5	量具使用不正确,每次扣 1 分				
7		完成工时		5	每超时 5 min 扣 1 分				
8		安全文明		5	撞刀、未清理和保养机床扣 5 分				
9	工件质量	倒角	$C2$	2	超差不得分				
		外圆	$\phi45$	2	超差 0.1 不得分				
			$\phi40$	2	超差 0.1 不得分				
		长度	40 ± 0.1	2	超差不得分				
			$30^{+0.1}_{0}$	2	超差不得分				
			$15^{+0.1}_{0}$	3	超差不得分				
		内槽	$\phi29/4$	10	超差不得分				
		内孔	$\phi25^{0}_{-0.052}$	2	超差不得分				
			$\phi20^{0}_{-0.052}$	5	超差不得分				
10	知识应用	任务单题量完成情况		10	错 1 题扣 2 分,扣完为止				
合计				100					

五、思考与拓展

探讨切槽过程中遇到的棘手问题,如排屑困难、表面划伤等,有没有更好的解决方案?

项目 8 螺纹类零件编程与加工

任务 8.1 外螺纹零件编程与加工

一、课前准备

1. 选择题

(1)在 FANUC 控制系统中公制螺纹的切削指令是(　　)。

A. G00　　B. G01　　C. G33　　D. G40

(2)在 M20-6H/6g 中,6H 表示内螺纹公差代号,6g 表示(　　)公差带代号。

A. 大径　　B. 小径　　C. 中径　　D. 外螺纹

(3)计算 M24×2 螺纹牙型各部分尺寸时,应以(　　)代入计算。

A. 螺距　　B. 导程　　C. 线数　　D. 中径

(4)普通螺纹的牙顶应为(　　)形。

A. 圆弧　　B. 尖　　C. 削平　　D. 凹面

(5)梯形螺纹测量一般是用三针测量法测量螺纹的(　　)。

A. 大径　　B. 中径　　C. 底径　　D. 小径

(6)在西门子循环指令中,下面为螺纹加工指令的是(　　)。

A. CYCLE93　　B. CYCLE95　　C. CYCLE96　　D. CYCLE97

(7)在 G 功能代码中,(　　)是螺纹切削指令。

A. G32　　B. G40　　C. G96　　D. G02

2. 判断题

(1)加工螺纹时,只要保证中径和牙型角正确即可。(　　)

(2)内螺纹的大径一般由刀具保证,加工时只需规定最小值即可。(　　)

(3)统一螺纹可以和 ISO 米制螺纹互换。(　　)

(4)普通外螺纹 6g 比 6e 的公差大。(　　)

(5)不同精度等级的统一螺纹,公差值随着等级数的增加而减小。(　　)

二、信息、决策与计划

分析零件的图纸及工艺信息,归纳、总结相关知识,完善表 8.1 任务信息内容。

表 8.1　任务信息内容

<table>
<tr><td>信息内容</td><td>假如你为 A 机械厂的一名员工,A 机械厂接到 B 企业的一批圆柱外三角螺纹零件加工订单,零件图样如下图所示,毛坯尺寸为 $\phi35\times85$,材料为 45 号钢,现车间主任安排你在一小时之内制定出该零件的加工工艺,编写数控加工程序,并完成首次试切
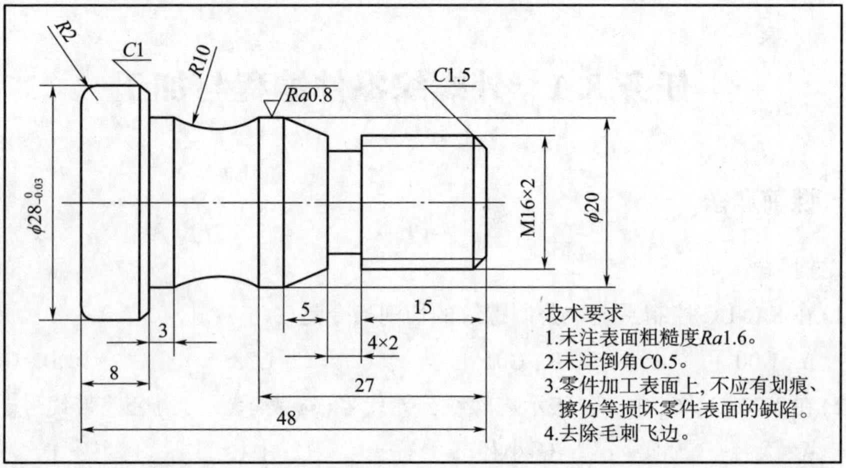
</td></tr>
<tr><td rowspan="6">信息的处理及决策</td><td>解释图纸中 M16×2 标注的含义</td></tr>
<tr><td>该螺纹的牙型角是多少?属于哪类螺纹?螺纹大径、小径、牙型高各是多少?</td></tr>
<tr><td>如果要对该外螺纹进行综合测量,其量具如何选择?</td></tr>
<tr><td>螺纹左端槽宽度为多少?分析该槽的作用</td></tr>
<tr><td>分析螺纹轴的加工工艺,螺纹加工前,大径尺寸精车到多少比较合适?</td></tr>
<tr><td>说明如何正确安装螺纹刀</td></tr>
</table>

三、任务实施

1. 加工螺纹前,确定编程原点,完成螺纹轴相关坐标计算,并填写在表8.2中。

表8.2　螺纹相关坐标表

确定螺纹轴的坐标原点:							
加工螺纹时,到路径轨迹点坐标:							
切削螺纹走刀次数	1	2	3	4	5	6	7
对应直径 x/mm							

2. 完成表8.3刀具卡片、表8.4工序卡及表8.5程序清单的填写。

表8.3　数控加工刀具卡片

序　　号	刀　位　号	刀　补　号	刀　具　名　称	刀　具　说　明	备　　注

表8.4　数控加工工序卡

工　步　号	工　艺　内　容	刀　具　号	切　削　用　量		
			S/(r/min)	F/(mm/r)	α_p/mm

表8.5　程序清单

程　序　内　容	程　序　说　明

四、检查与评价

填写评价表 8.6。

表 8.6 评价表

任务名称					操作人员			完成工时	
序号	鉴定项目			配分	评价标准(扣完为止)	自检结果	得分	互检结果	得分
1	任务实施	工件安装		3	装夹方法不正确不得分				
2		刀具安装		2	刀具选择不正确不得分				
3		程序编写		15	程序编写错一处扣 5 分				
4		程序录入		3	程序输入不正确或未完成,每处扣 1 分				
5		对刀操作		10	不正确不得分				
6		量具使用		2	量具使用不正确,每次扣 1 分				
7		完成工时		3	每超时 5 min 扣 1 分				
8		安全文明		2	撞刀、未清理和保养机床扣 5 分				
9	工件质量	外圆	$\phi28_{-0.03}^{0}$	5	超差不得分				
			$\phi20$	5	超差不得分				
		长度	15	5	超差 0.1 不得分				
			48	5	超差 0.1 不得分				
		螺纹	M16×2	10	超差不得分				
		切槽	4	5	超差 0.1 不得分				
			$\phi12$	5	超差不得分				
		圆弧	$R15$	10	超差不得分				
10	知识应用	任务单题量完成情况		10	错 1 题扣 1 分,扣完为止				
合计				100					

五、思考与拓展

1. 螺纹加工时为何要设置引入距离和超越距离?

2. 螺纹加工时的进刀方式有哪几种?各适合什么零件?

任务 8.2　内螺纹零件编程与加工

一、课前准备

1. 选择题

(1) 车削内螺纹的指令代码为(　　)。

A. G92　　B. G90

C. G00　　D. G01

(2) 普通内螺纹 M28×2 的螺纹大径为(　　)。

A. 30　　B. 28

C. 26　　D. 25.4

(3) 车削内螺纹程序 G92 X28 Z-30 F1.5 中，Z-30 表示(　　)。

A. 内螺纹长度 30 mm　　B. 内螺纹直径 30 mm

C. 背吃刀量 30 mm　　D. 定点直径 30 mm

(4) 螺纹 M30×1.5 的螺距为(　　)。

A. 30　　B. 15

C. 28.05　　D. 1.5

(5) 在数控车床上加工内螺纹时，以下切削刀具使用恰当的是(　　)。

A. 丝锥　　B. 内孔螺纹铣刀

C. 内孔螺纹车刀　　D. 铰刀

2. 判断题

(1) 车削内螺纹时，为了保证牙型正确，对装夹刀具有严格的要求。装刀时刀尖高低应对准工件轴线，并且要求车刀刀尖的中心线必须与工件轴线保持垂直。(　　)

(2) G92 为模态指令。(　　)

(3) G92 指令的编程格式为：G92 X(U)_Z(W) F_。(　　)

(4) 在检测内螺纹时，用螺纹环规进行检测。(　　)

(5) 在使用塑性材料车削内螺纹时，螺纹小径的计算公式为：$d=D-1.3P$。(　　)

二、信息、决策与计划

分析零件的图纸及工艺信息，归纳、总结相关知识，完善表 8.7 任务信息内容。

表 8.7　任务信息内容

信息内容	某机械加工厂机加工车间接到一批加工任务,如下图所示,毛坯尺寸为 $\phi40\times85$,材料为 45 号钢,要求使用数控车床完成零件的加工 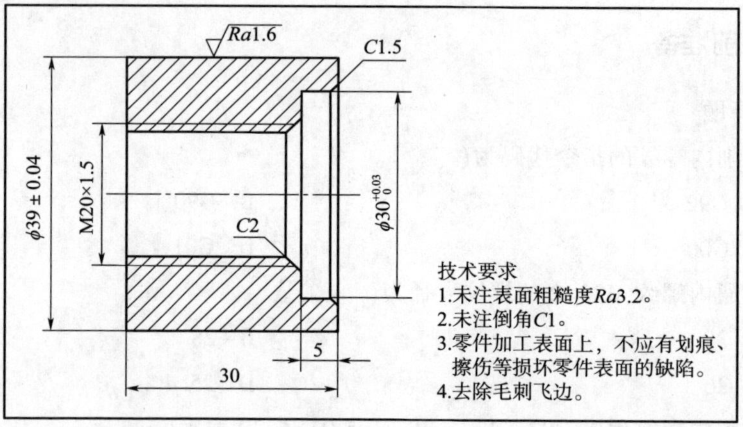
信息的处理及决策	解释图纸中 M20×1.5 标注的含义
	该螺纹的牙型角是多少？属于哪类螺纹？螺纹大径、小径、牙型高各是多少？
	如果要对该内螺纹进行综合测量,其量具如何选择？
	分析螺纹轴的加工工艺,螺纹加工前内孔直径尺寸精车到多少比较合适？
	如何正确安装螺纹刀？

三、任务实施

1. 加工螺纹前,确定编程原点,完成螺纹轴相关坐标计算,并填写在表 8.8 中。

表 8.8　螺纹相关坐标表

加工螺纹前,螺纹孔径的尺寸:							
加工螺纹时,到路径轨迹点坐标:							
切削螺纹走刀次数	1	2	3	4	5	6	7
对应直径 x/mm							

2. 完成表 8.9 刀具卡片、表 8.10 工序卡及表 8.11 程序清单的填写。

表 8.9　数控加工刀具卡

序　号	刀 位 号	刀 补 号	刀具名称	刀具说明	备　注

表 8.10　数控加工工序卡

工 步 号	工 艺 内 容	刀 具 号	切削用量		
			S/(r/min)	F/(mm/r)	α_p/mm

表 8.11　程序清单

程序内容	程序说明

四、检查与评价

填写评价表 8.12。

表 8.12　评价表

任务名称					操作人员		完成工时		
序号	鉴定项目			配分	评价标准(扣完为止)	自检结果	得分	互检结果	得分
1	任务实施	工件安装		5	装夹方法不正确不得分				
2		刀具安装		5	刀具选择不正确不得分				
3		程序编写		20	程序编写错一处扣 5 分				
4		程序录入		5	程序输入不正确或未完成,每处扣 1 分				
5		对刀操作		10	刀补不正确,每步骤扣 2 分				
6		量具使用		5	量具使用不正确,每次扣 1 分				
7		完成工时		5	每超时 5 min 扣 1 分				
8		安全文明		5	撞刀、未清理和保养机床扣 5 分				
9	工件质量	外圆	$\phi39\pm0.04$	5	超差不得分				
		长度	5	2	超差 0.1 不得分				
			30	3	超差 0.1 不得分				
		螺纹	M20×1.5	10	超差不得分				
		内孔	$\phi30^{+0.03}_{0}$	5	超差不得分				
		其他	倒角 *C*2	2	超差不得分				
			倒角 *C*1	3	超差不得分				
10	知识应用	任务单题量完成情况		10	错 1 题扣 2 分,扣完为止				
合计				100					

五、思考与拓展

1. 比较在 FANUC 系统中螺纹加工指令 G32、G92、G76 的参数,归纳总结它们在螺纹编程中的使用技巧。

2. 使用 CK6150 数控车床加工图 8. 1 所示内螺纹零件，使之满足图样要求，毛坯为 $\phi 46 \times 45$ 的硬铝合金。

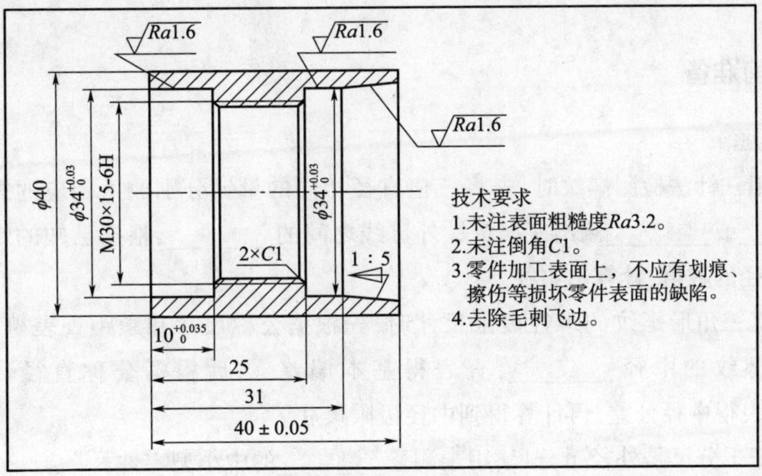

图 8. 1　内螺纹零件

任务 8.3　螺纹检测

一、课前准备

1. 填空题

(1)使用三针法检测螺纹时,先将三根直径相同的量针分别放入相应的螺纹沟槽内,再用________或________测出三根量针外母线之间的________,根据已知的螺距、牙型半角及量针直径的数值,计算出中径。

(2)计算三角形螺纹的中径极限尺寸时,先根据公称尺寸和螺距查表得中径基本尺寸,再根据螺纹的中径________,查表得基本偏差,然后根据公称直径、________和________查表得中径公差,再计算得到中径极限尺寸。

(3)杠杆千分尺是外径千分尺,用于测量________的中小型零件。

(4)三针量法又称________,是测量外螺纹中径比较精密的________的测量方法。

(5)梯形螺纹主要检测中径尺寸,常用的方法是用________及________,采用________测量。

(6)公法线千分尺主要用于测量________,也可用于精度要求较高的________。

(7)常用的螺纹千分尺分为________和________两种。

2. 选择题

(1)下面字母中表示螺纹中等旋合长度的是(　　)。

A. L　　B. S　　C. N　　D. M

(2)检测螺纹 M36×2 的外径时,应选用外径千分尺的量程为(　　)。

A. 0~25 mm　　B. 25~50 mm

C. 50~75 mm　　D. 75~100 mm

(3)使用三针测量法判断外螺纹中径是否合格,下列参数中需要进行计算的是(　　)。

A. 螺距　　B. 量针外母线的跨距

C. 螺纹中径极限尺寸　　D. 量针直径

(4)不能用于检测外螺纹中径的量具是(　　)。

A. 内径量表　　B. 公法线千分尺

C. 杠杆千分尺　　D. 螺纹千分尺

(5)不能对三角形外螺纹进行定量检测的方法是(　　)。

A. 螺纹环规测量法　　B. 三针测量法

C. 投影仪测量法　　D. 螺纹千分尺测量法

(6)下列关于螺纹 M24×2LH-5g6g 说法错误的是(　　)。

A. 螺纹大径为 24 mm　　B. 长旋合长度

C. 中径和顶径公差带代号为 5g 和 6g　　D. 左旋螺纹

(7)为了获得准确的 M 值,应在(　　)测量。

A. 同一截面相互垂直的两个方向　　B. 不同截面相互垂直的两个方向

C. 同一截面相互平行的两个方向　　D. 不同截面相互平行的两个方向

(8)最适合检测精密梯形螺纹的是(　　)。

A. 杠杆千分尺和量针　　B. 公法线千分尺和量针

C. 螺纹千分尺　　D. 螺旋千分尺

(9)使用三针测量法检测螺纹时,三根量针的放置位置为(　　)。

A. 相邻两根,相对任意位置一根　　B. 相对三根

C. 相邻两根,相对任意位置一根　　D. 相邻三根

(10)计算普通三角形螺纹 M20-5e 的中径尺寸时,可根据公差等级、公称直径和螺距 F 查表得该螺纹的(　　)。

A. 上偏差　　B. 中径尺寸

C. 螺距　　D. 中径公差

二、信息、决策与计划

分析零件的图纸及工艺信息,归纳、总结相关知识,完善表 8.13 任务信息内容。

表 8.13　任务信息内容

<table>
<tr><td>信息内容</td><td>质检科收到一批内螺纹和外螺纹零件需要检测,如下图所示,现需要在最短时间内完成零件的检测,并做好相应的检验记录,统计出这批零件的合格率
</td></tr>
</table>

续上表

信息的处理及决策	图中的零件有什么特征?
	如果需要对其质量检验,需要哪些量具?
	详细阐述各种量具的使用步骤
	在进行螺纹检测时,如何判断加工的螺纹是否为合格品?判断的依据是什么?

三、任务实施

1. 分析测量内容和选用检测量具。

(1)螺纹测量的主要内容包括:________、________、螺纹中径。

(2)测量工具有:________、________、螺纹环规。

(3)大径的测量:可用________或千分尺测量。大径测量结果:________。

(4)螺距的测量方法有直接测量法、间接测量法、影像测量法、三针法。直接测量法使用卡尺或________等测量工具,直接测量螺旋线上相邻两牙在中径线上对应两点间的轴向距离。间接测量法通过测量螺旋线的直径和螺旋角,计算出螺距,具体方法是先测量螺旋线的直径,然后通过三角函数计算出螺旋角,最后利用公式计算出螺距。影像测量法使用投影仪或显微镜等设备,将螺旋线的影像放大后进行测量,这种方法适用于高精度的螺距测量。三针法是将三根直径相等的针放在螺旋线上,使它们的顶点接触螺旋线的牙顶,然后测量三根针之间的距离,再通过计算得到螺距。现场实际测量的螺纹的螺距为________。

(5)中径的测量:精度较高的三角形螺纹,可用________测量,测量螺纹中径为________。

(6)综合测量:用螺纹环规综合检查,通规________、止规________为合格,其次检查表面粗糙度 Ra。

2. 根据检测结果统计出零件的合格率。

3. 根据检测结果对零件进行质量分析,并完成质量分析报告。

四、检查与评价

填写评价表8.14。

表8.14 评价表

任务名称				操作人员		完成工时			
序号		鉴定项目	配分	评价标准(扣完为止)		小组自评	得分	教师点评	得分
1	任务实施	量具的选用	10	能够正确选择螺纹的量具,选对得分,少选扣5分,扣完为止					
2		螺纹顶径的测量	10	能够正确选用量具测量螺纹顶径,测量正确得分,不准确不得分					
3		牙型角的测量	15	能够正确选用量具测量螺纹牙型角,测量正确得分,不准确不得分					
4		螺纹中径的测量	15	能够正确选用量具测量螺纹中径,测量正确得分,不准确不得分					
5		螺纹精度分析	20	能够正确分析出零件精度不达标的原因,找不出原因不得分					
6		量具维护保养	10	能够正确进行量具的维护与保养,否则不得分					
7		安全文明	10	撞刀、未清理和保养机床扣5分					
8	知识应用	任务单题量完成情况	10	错1题扣1分,扣完为止					
		合计	100						

五、思考与拓展

1. 如果加工出的螺纹如图 8.2 所示,是什么原因造成的?如何解决?

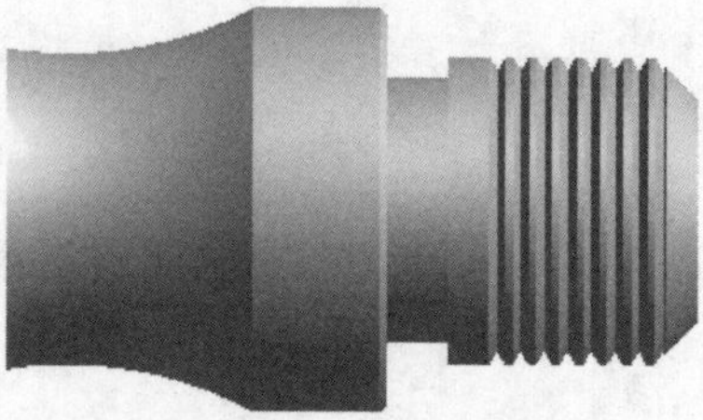

图 8.2　螺纹加工

2. 如何利用磨耗修正通规、止规都不通过的螺纹?还有别的办法吗?

项目 9　非圆曲线零件编程与加工

任务 9.1　认识宏程序

一、课前准备

1. 职业道德的实质内容是(　　)。

A. 树立新的世界观　　B. 树立新的就业观念

C. 增强竞争意识　　D. 树立全新的社会主义劳动态度

2. 现有如下程序：

```
#1=30
#2=COS[#1+15]
G01 X[#2]
```

其中 X 的值为(　　)。

A. 1　　B. 0.707　　C. 2　　D. 0.5

3. 以下(　　)是指数函数表达式。

A. #i=LN[#j]　　B. #1=LN[#2]　　C. #i=EXP[#j]　　D. #1=SIN[#2]

4. 假设#1=1.2,则#2=FIX[#1]的值是(　　)。

A. 1.0　　B. 2.0　　C. −1.0　　D. −2.0

5. 现有如下程序：

```
#1=10
#1LE#2
```

其中#2 的值可以为(　　)。

A. 9　　B. 10　　C. 8　　D. 6

6. 在西门子数控参数编程运算中(　　)的优先级最高。

A. 加　　B. 乘　　C. 除　　D. 函数

7. 运行下列程序：

```
#1=2
WHILE[#1LE10]DO 1
#1=#1+2
G00 X#1Y#1
END 1
M99
```

当#1 小于或等于(　　)时,执行循环程序,反之结束循环返回主程序。

A. 2　　B. 3　　C. 5　　D. 10

8. 在西门子数控系统中,R1=1,R2=-2,则下列关系中正确的是(　　)。

A. ABS(R1)<ABS(R2)　　B. R1<R2

C. SIN(R1)<SIN(R2)　　D. LN(R1)<LN(R2)

二、信息、决策与计划

分析宏程序相关知识点,完善表 9.1 任务信息内容。

表 9.1　任务信息内容

信息内容	已知:椭圆公式$\frac{x^2}{16}+\frac{z^2}{25}=1$,假设用#1 表示 z,#2 表示 x。 1. 试用宏程序格式描述此公式。 2. 通过公式变换,用#1 表达#2,并按宏程序格式书写此变换格式。 3. 在公式中,当#2=5,#1 等于多少？当#2=4 时,#1 等于多少？当#1=3 时,#2 等于多少？当#1=2 时,#2 等于多少？当#1=1 时,#2 等于多少？当#1=0 时,#2 等于多少？
信息的处理及决策	宏程序的概念是什么？
	宏程序编程在实际生产中的意义有哪些？
	什么是拟合处理？
	程序跳转的意义是什么？
	简述宏程序的编制步骤

三、任务实施

1. 写出变量的四种类型及其功能，填入表9.2中。

表9.2　变量的四种类型

变量号	变量类型	功能
#0		
#1~#33		
#100~#199		
#10~#9999		

2. 总结常用函数运算式的格式，填入表9.3中。

表9.3　常用函数运算式

函数	格式	备注
赋值		
求和 求差 乘积 求商		
正弦 余弦 正切 反正切		
平方根 绝对值 四舍五入 向下取整 向上取整		
或 异或 与		
十-二进制转换 二-十进制转换		

3. 总结常用算术运算符的指令符号，填入表9.4中。

表9.4　常用算术运算符

(=)等于________	(≠)不等于________	(>)大于________
(≥)大于或等于________	(<)小于________	(≤)小于或等于________
(与)________	(或)________	(非)________

4. 分析下列表达式的含义并回答问题,填入表 9.5 中。

表 9.5　认识宏程序

表 达 式	含 义
1. 如果 88-#1=66,那么式中的#1 代表什么?	
2. 在宏程序表达式中 9 的开方应该如何表达?	
3. 如果 SIN#6=1,那么式中的#6 代表什么?	
4. 43 大于 34,在宏程序表达式中应该如何表示?	
5. 如果#22×16=80,那么式中的#22 代表什么?	
6. 如果#1=5,那么#1+#1×#1 等于多少?	
7. 宏程序中 66 的绝对值如何表达?	
8. 角度 60°的余切在宏程序中如何表达?	
9. 如果 2#16+23=55,那么#16 等于多少?	

5. 在椭圆公式$\frac{x^2}{16}+\frac{z^2}{25}=1$中,$x$、$z$ 都是变量,根据宏程序定义,变量可用“#”定义,用#1 表示 z,#2 表示 x,因此采用替换法,用#1、#2 分别替换 z、x,最终椭圆公式替换为______________。

6. 用#1 表达#2,即$\frac{\#2^2}{16}=1-\frac{\#1^2}{25}\rightarrow \#2=\pm 4\sqrt{1-\frac{\#1^2}{25}}$,写成宏程序格式为__________。

7. 利用$\#2=\pm 4\sqrt{1-\frac{\#1^2}{25}}$,根据已知#1 的值,求出对应的#2 值,将计算结果填入表 9.6 中。

表 9.6　运算结果

#1	5	4	3	2	1	0
#2						

四、检查与评价

填写评价表 9.7。

表 9.7　评价表

任务名称			操作人员		完成工时			
序号		鉴定项目	配分	评价标准	小组自评	得分	教师点评	得分
1	任务实施	变量的四种类型	8	错误 1 处扣 2 分,扣完为止				
2		函数运算式	22	错误 1 处扣 2 分,扣完为止				
3		能够正确应用常用算术运算符	10	错误 1 处扣 2 分,扣完为止				
4		能够正确运用宏程序表达式	50	任务实施 4~7 中,错一处扣 5 分,扣完为止				

续上表

5	知识应用	任务单题量完成情况	10	错1题扣1分，扣完为止				
合计			100					

五、思考与拓展

已知：椭圆公式$\frac{x^2}{30}+\frac{z^2}{50}=1$，设用#3表示$z$，#4表示$x$。

1. 试用宏程序格式描述上述公式。

2. 式中的常数有哪些？

3. 通过公式变换，用#3表达#4，并按宏程序格式书写此变换格式。

任务 9.2　椭圆的宏程序编程与加工

一、课前准备

1. (　　)为局部变量,只能在宏程序中存储数据。

A. #1~#33　　B. #100~#199

C. #500~#999　　D. #0

2. 在 LN[#j]中,#j 的取值范围是(　　)。

A. 大于零　　B. 小于零

C. 正负都可以　　D. 必须小于 1

3. 假设#1=1.2,则#2=FUP[#1]的值为(　　)。

A. 1.0　　B. 2.0

C. -1.0　　D. -2.0

4. 在西门子数控系统中,用于绝对跳转的指令是(　　)。

A. IF R1 GOTO F ABC　　B. IF R2 GOTO B ABC

C. GOTO F ABC　　D. IF R1>=R2 GOTO B ABC

5. 具有高度责任心应做到(　　)。

A. 责任心强,不辞辛苦,不怕麻烦　　B. 不徇私情,不谋私利

C. 讲信誉,重形象　　D. 光明磊落,表里如一

6. 违反安全操作规程的是(　　)。

A. 执行国家劳动保护政策　　B. 可使用不熟悉的机床和工具

C. 遵守安全操作规程　　D. 执行国家安全生产的法令、规定

7. 数控车床液压系统中的(　　)是液压系统的执行元件。

A. 液压马达　　B. 溢流阀　　C. 换向阀　　D. 液压泵

8. 球墨铸铁的组织可以是(　　)。

A. 铁素体+团絮状石墨　　B. 铁素体+片状石墨

C. 铁素体+珠光体+球状石墨　　D. 珠光体+团絮状石墨

9. 数控车床的刀架分为(　　)两大类。

A. 排式刀架和刀库式自动换刀装置　　B. 直线式刀库和转塔式刀架

C. 排式刀架和直线式刀库　　D. 排式刀架和转塔式刀架

二、信息、决策与计划

分析零件的图纸及工艺信息,归纳、总结相关知识,完善表 9.8 任务信息内容。

表 9.8　任务信息内容

<table>
<tr><td>信息内容</td><td>某门窗制造企业需要门窗把手 100 个，毛坯和零件图纸由企业提供，如下图所示。此把手图素组成包含外圆、沟槽、螺纹、椭圆部分。精度为 IT10，表面粗糙度 Ra 为 1.6 μm。根据零件的结构特征、加工精度、技术要求以及生产条件，决定由数控车床完成此项加工任务
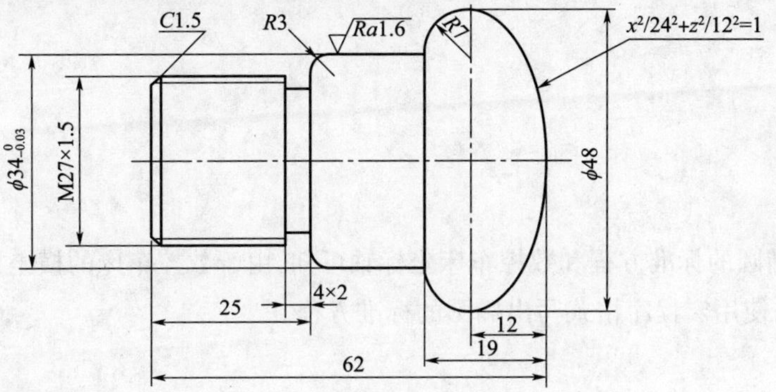
</td></tr>
<tr><td rowspan="4">信息的处理及决策</td><td>写出椭圆的标准方程</td></tr>
<tr><td>根据椭圆的标准方程，将 x 从公式中提取出来（写出提取过程）</td></tr>
<tr><td>读图识图，根据图纸写出椭圆的长轴与短轴各是多少</td></tr>
<tr><td>分析椭圆手柄的加工工艺过程</td></tr>
</table>

三、任务实施

1. 简述椭圆的定义。

2. 椭圆的标准方程。

(1)椭圆的标准方程有几种？不同的标准方程取决于什么？

(2)由椭圆的标准方程和数控车床坐标轴可知，由于数控车床的横坐标轴为 z 轴，纵坐标轴为 x 轴，使用宏程序格式写出椭圆的标准方程。

(3)从椭圆的标准方程中可知，长半轴 a 和短半轴 b 均为常数，那么将 x 作为变量，z 作为自变量，把 x 从椭圆的标准方程中提取出来，将得到什么样的公式呢？试将转换步骤写出来。

(4)同理，将 z 作为变量，x 作为自变量，把 z 从椭圆的标准方程中提取出来，将得到什么样的公式呢？试将转换步骤写出来。

3. 完成表9.9刀具卡片、表9.10工序卡及表9.11程序清单的填写。

表9.9　数控加工刀具卡片

序　号	刀位号	刀补号	刀具名称	刀具说明	备　注

表9.10　数控加工工序卡

工步号	工艺内容	刀具号	切削用量		
			S/(r/min)	F/(mm/r)	α_p/mm

表9.11　程序清单

程序内容	程序说明

四、检查与评价

填写评价表 9.12。

表 9.12 评价表

<table>
<tr><td colspan="2">任务名称</td><td colspan="3"></td><td>操作人员</td><td></td><td colspan="2">完成工时</td><td></td></tr>
<tr><td>序号</td><td colspan="3">鉴定项目</td><td>配分</td><td>评价标准(扣完为止)</td><td>自检结果</td><td>得分</td><td>互检结果</td><td>得分</td></tr>
<tr><td>1</td><td rowspan="8">任务实施</td><td colspan="2">工件安装</td><td>5</td><td>装夹方法不正确不得分</td><td></td><td></td><td></td><td></td></tr>
<tr><td>2</td><td colspan="2">刀具安装</td><td>5</td><td>刀具选择不正确不得分</td><td></td><td></td><td></td><td></td></tr>
<tr><td>3</td><td colspan="2">程序编写</td><td>10</td><td>程序编写错一处扣 2 分</td><td></td><td></td><td></td><td></td></tr>
<tr><td>4</td><td colspan="2">程序录入</td><td>5</td><td>程序输入不正确或未完成,每处扣 1 分</td><td></td><td></td><td></td><td></td></tr>
<tr><td>5</td><td colspan="2">对刀操作</td><td>10</td><td>刀补不正确,每步骤扣 2 分</td><td></td><td></td><td></td><td></td></tr>
<tr><td>6</td><td colspan="2">量具使用</td><td>5</td><td>量具使用不正确,每次扣 1 分</td><td></td><td></td><td></td><td></td></tr>
<tr><td>7</td><td colspan="2">完成工时</td><td>5</td><td>每超时 5 min 扣 1 分</td><td></td><td></td><td></td><td></td></tr>
<tr><td>8</td><td colspan="2">安全文明</td><td>5</td><td>撞刀、未清理和保养机床扣 5 分</td><td></td><td></td><td></td><td></td></tr>
<tr><td rowspan="11">9</td><td rowspan="11">工件质量</td><td>外圆</td><td>$\phi34_{-0.03}^{0}$</td><td>3</td><td>超差不得分</td><td></td><td></td><td></td><td></td></tr>
<tr><td rowspan="3">长度</td><td>18</td><td>2</td><td>超差 0.1 不得分</td><td></td><td></td><td></td><td></td></tr>
<tr><td>25</td><td>3</td><td>超差 0.1 不得分</td><td></td><td></td><td></td><td></td></tr>
<tr><td>62±0.05</td><td>2</td><td>超差不得分</td><td></td><td></td><td></td><td></td></tr>
<tr><td>螺纹</td><td>M27×1.5</td><td>5</td><td>超差不得分</td><td></td><td></td><td></td><td></td></tr>
<tr><td>椭圆</td><td>$a=12,b=24$</td><td>10</td><td>超差不得分</td><td></td><td></td><td></td><td></td></tr>
<tr><td>槽</td><td>4×2</td><td>10</td><td>超差不得分</td><td></td><td></td><td></td><td></td></tr>
<tr><td rowspan="3">其他</td><td>$C1.5$</td><td>2</td><td>超差不得分</td><td></td><td></td><td></td><td></td></tr>
<tr><td>$R3$</td><td>1</td><td>超差不得分</td><td></td><td></td><td></td><td></td></tr>
<tr><td>$R7$</td><td>2</td><td>超差不得分</td><td></td><td></td><td></td><td></td></tr>
<tr><td colspan="8"></td></tr>
<tr><td>10</td><td>知识应用</td><td colspan="2">任务单题量完成情况</td><td>10</td><td>错 1 题扣 2 分,扣完为止</td><td></td><td></td><td></td><td></td></tr>
<tr><td colspan="4">合计</td><td colspan="6">100</td></tr>
</table>

五、思考与拓展

完成图 9.1 所示综合件加工程序的编写。

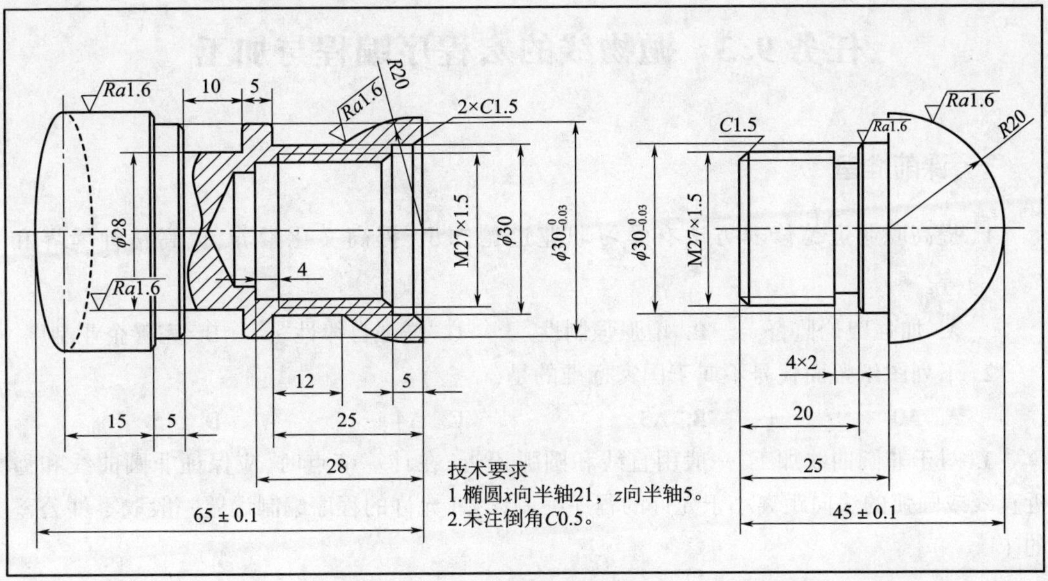
Ra1.6
10
5
R20
Ra1.6
2×C1.5
C1.5
Ra1.6
Ra1.6
R20
φ28
M27×1.5
φ30
φ30-0.03
φ30-0.03
M27×1.5
4
Ra1.6
12
5
4×2
15
5
25
20
28
25
65±0.1
45±0.1
技术要求
1.椭圆x向半轴21，z向半轴5。
2.未注倒角C0.5。

图9.1　综合件零件图

任务 9.3　抛物线的宏程序编程与加工

一、课前准备

1. 提高职业道德修养方法有学习职业道德知识、提高文化素养、提高精神境界和(　　)等。

A. 加强舆论监督　B. 增强强制性　C. 增强自律性　D. 完善企业制度

2. 下列图纸幅面代号不属于国家标准的是(　　)。

A. A0　B. A3　C. A4　D. A5

3. 对于非圆曲线加工,一般用直线和圆弧逼近,在计算节点时,应保证非圆曲线和逼近直线或圆弧的法向距离小于允许的程序编制误差,允许的程序编制误差一般取零件公差的(　　)。

A. 1/2~1/3　B. 1/3~1/5　C. 1/5~1/10　D. 等同值

4. 在平面直角坐标系中,圆的方程是$(x-30)^2+(y-25)^2=152$,则此圆的圆心坐标为(　　)。

A. (30,25)　B. (-30,-25)

C. (900,625)　D. (-900,-625)

5. 由直线和圆弧组成的平面轮廓,编程时数值计算的主要任务是求出各(　　)坐标。

A. 节点　B. 基点　C. 交点　D. 切点

6. 由非圆方程曲线$y=f(x)$组成的平面轮廓,在编程时数值计算的主要任务是求出各(　　)坐标。

A. 节点　B. 基点　C. 交点　D. 切点

7. 在 FANUC 系统的变量赋值方法中,引数(自变量)F 对应的变量是(　　)。

A. #9　B. #51　C. #101　D. #49

8. 在 FANUC 系统的宏程序运算指令中,#i=ABS[#j]的含义是(　　)。

A. 摩擦系数　B. 矩阵　C. 连续　D. 绝对值

9. 在西门子 802D 系统中,将 50 这个常数赋值给变量 10 的语句格式是(　　)。

A. #10=50.0　B. R10=50.0　C. 50.0=#10　D. 50=R10.0

10. GOTO B 表示(　　)。

A. 向前跳转　B. 向后跳转

C. 跳转目标　D. 向程序结束方向跳转

11. WHILE 程序循环表达式由 WHILE 程序循环、NC 程序段、(　　)组成。

A. ENDLOOP　B. ENDIF　C. ENDWHILE　D. ENDFOR

二、信息、决策与计划

分析零件的图纸及工艺信息，归纳、总结相关知识，完善表 9.13 任务信息内容。

表 9.13　任务信息内容

信息内容	某机械加工装配企业现需要油箱端盖堵头 80 个，毛坯和零件图纸由企业提供，如下图所示。此油箱端盖堵头图素组成包含直线、圆弧、抛物线部分。精度为 IT10，表面粗糙度 Ra 为 1.6 μm。根据零件的结构特征、加工精度、技术要求以及生产条件，决定由数控车床完成此项加工任务 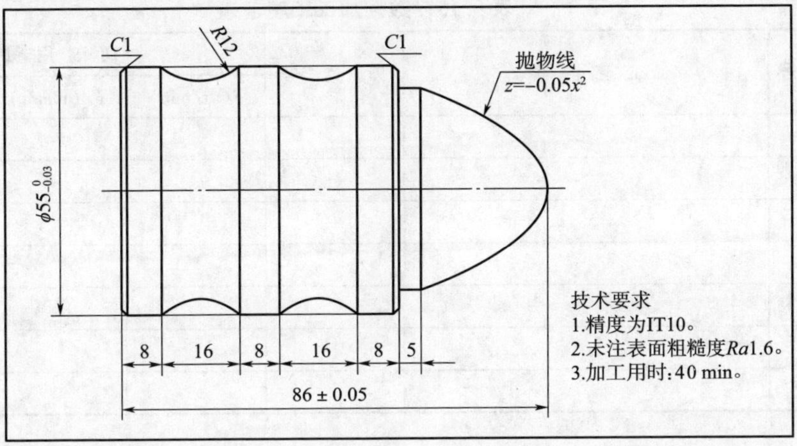
信息的处理及决策	写出抛物线的标准方程
	根据抛物线的标准方程，将 x 从公式中提取出来（写出提取过程）
	读图识图，根据公式，判断抛物线的开口方向
	分析油箱端盖堵头的加工工艺过程

三、任务实施

完成表 9.14 刀具卡片、表 9.15 工序卡及表 9.16 程序清单的填写。

表 9.14　数控加工刀具卡片

序　号	刀 位 号	刀 补 号	刀 具 名 称	刀 具 说 明	备　注

表 9.15　数控加工工序卡

工 步 号	工 艺 内 容	刀 具 号	切 削 用 量		
			S/(r/min)	F/(mm/r)	α_p/mm

表 9.16　程序清单

程 序 内 容	程 序 说 明

四、检查与评价

填写评价表 9.17。

表 9.17　评价表

任务名称				操作人员		完成工时			
序号		鉴定项目		配分	评价标准(扣完为止)	自检结果	得分	互检结果	得分
1	任务实施	工件安装		5	装夹方法不正确不得分				
2		刀具安装		5	刀具选择不正确不得分				
3		程序编写		10	程序编写错一处扣 2 分				
4		程序录入		5	程序输入不正确或未完成,每处扣 1 分				
5		对刀操作		10	刀补不正确,每步骤扣 2 分				
6		量具使用		5	量具使用不正确,每次扣 1 分				
7		完成工时		5	每超时 5 min 扣 1 分				
8		安全文明		5	撞刀、未清理和保养机床扣 5 分				
9	工件质量	外圆	$\phi55_{-0.03}^{0}$	3	超差不得分				
		长度	8(2 处)	2	超差 0.1 不得分				
			16(2 处)	3	超差 0.1 不得分				
			86±0.05	2	超差不得分				
		圆弧	$R12$(2 处)	10	超差不得分				
		抛物线	$z=0.05x^2$	15	超差不得分				
		其他	$C1$	5	超差不得分				
10	知识应用	任务单题量完成情况		10	错 1 题扣 2 分,扣完为止				
合计				100					

五、思考与拓展

完成图 9.2 所示配合件加工程序的编写。

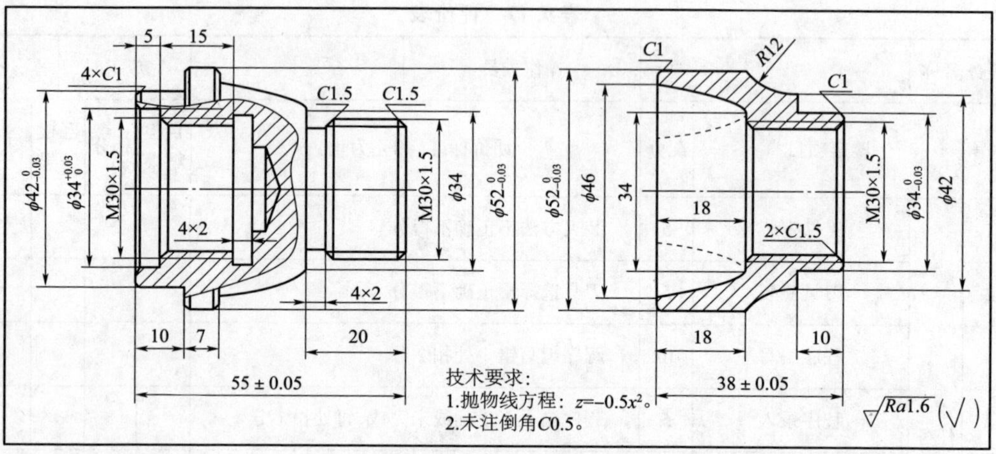

图 9.2　配合件零件图

"十四五"高等职业教育装备制造类新形态系列教材

数控车床编程与操作

席凤征　孟宝星◎主编
孟　维◎主审

配套教学资源

- 微课视频
- 教学课件
- 工作页

中国铁道出版社有限公司
CHINA RAILWAY PUBLISHING HOUSE CO., LTD.

内 容 简 介

本书为“十四五”高等职业教育装备制造类新形态系列教材之一。本书由主教材和工作页两部分组成，将企业真实产品加工过程以“产训”结合的形式与教学有机地结合在一起，在注重数控车床技能训练的同时将职业化的认知与体验融入一体化教学中。通过工作页，让学生在完成主教材学习的同时，将数控加工企业岗位的知识、技能相互融合，渗透到每一个任务中，让学生在“做中学、学中做”，以实现与企业的零距离对接。

本书采用“项目引领、任务驱动”的编写方式，吸收教学改革经验，反映企业生产对教学内容的新要求。本书基于数控车工岗位职业要求，从培养技术应用型人才的目的出发，紧密结合生产实际，选取了9个典型的工作项目，主要介绍认识数控车床、数控车床编程、FANUC与西门子系统数控车床操作等内容，并对阶梯轴零件、锥面轴零件、成型面零件、槽类零件、螺纹类零件、非圆曲线零件等进行了相关工艺制定、程序编制及加工方法的介绍。

本书适合作为高等职业院校机电一体化技术、智能制造技术、机械设计与制造技术等专业的教材，也可供有关专业的师生和从事相关工作的技术人员参考。

图书在版编目（CIP）数据

数控车床编程与操作 / 席凤征，孟宝星主编. -- 北京 ：中国铁道出版社有限公司，2025. 5. --（“十四五”高等职业教育装备制造类新形态系列教材）. -- ISBN 978-7-113-31895-6

Ⅰ. TG519. 1

中国国家版本馆 CIP 数据核字第 2025402GS5 号

书　　名：数控车床编程与操作
作　　者：席凤征　孟宝星

策　　划：张围伟　　　　**编辑部电话：**(010)63551926
责任编辑：曾露平　包　宁
编辑助理：郭馨宇
封面设计：刘　颖
责任校对：刘　畅
责任印制：赵星辰

出版发行：中国铁道出版社有限公司(100054,北京市西城区右安门西街8号)
网　　址：https://www.tdpress.com/51eds
印　　刷：北京联兴盛业印刷股份有限公司
版　　次：2025年5月第1版　2025年5月第1次印刷
开　　本：787 mm×1 092 mm　1/16　**印张：**17　**字数：**381千
书　　号：ISBN 978-7-113-31895-6
定　　价：58.00元(含工作页)

前言

立足新时代、面向新征程，本书以培养技术应用型人才为目标，采用“项目引领、任务驱动”的编写模式，注重专业知识的应用，注重专业技能的强化操作训练。本书通过项目载体设计教学内容，课堂教学在任务驱动的方式下逐步展开与深入，在培养学生专业技能的同时，通过岗位工作的流程化设计，再现岗位技能应用的工作情境，培养学生以“目标—实施—评价”的工作逻辑思路展开技能训练与学习。

本书共分9个项目，围绕数控加工工艺、编程指令、程序编制、零件加工等内容展开介绍，主要包括认识数控车床、数控车床编程、FANUC与西门子系统数控车床操作、阶梯轴和锥面轴零件编程与加工、成型面零件编程与加工、槽类零件编程与加工、螺纹类零件编程与加工、非圆曲线零件编程与加工等内容，每个任务的实施都遵循完整的工作过程与步骤，从完成工作任务深化理论学习的教学目的出发，形成理论、实践一体化的交互式教学体系。本书编写特色如下：

1. 突出理论实践一体化

本书根据数控加工人才的市场需求，从介绍数控车床编程知识和培养数控车床加工能力出发，结合企业生产实际，选用企业或生产中的典型零件加工作为工作任务统领整个教学内容；在学习相关技能的同时，掌握相关知识，做到理论和实践一体化，强化知识技能与专业技能的综合职业性培养，以工作页为引导，在纵向深化专业技能的同时，以职业养成、职业标准建立为横向技能拓展方向，完成技术应用型人才的培养。

2. 基于工作过程，重点培养学生的数控车床加工能力

本书以培养数控车床加工能力为主线，共分为20个任务进行数控编程与加工方法的介绍，每个任务按典型零件的加工过程进行编写，内容由浅入深、循序渐进，旨在培养学生的数控车床加工能力。

3. 遵从教学与认知规律，可操作性强

本书由主教材和工作页两部分构成，主教材方便教师教授及学生查找专业知识；而工作页则引导学生的任务实施，进行数控车削加工操作。目的是把抽象而枯燥的理论知识科学、有效地转化到生动而有趣的实践过程中去，在实践中加以验证，使学生从实践中得到感性认识，并将感性认识潜移默化地上升为理性认识，开发学生的思维能力，锻炼学生的动手能力，有效地将课堂和实践结合起来，将技能实践融入课堂教学，让学生直接在课堂上学到今后就业所需的操作技能，变被动学习为主动参与，调动学生学习的积极性与主

动性，增强学生的实践能力。

本书由徐州工业职业技术学院席凤征、孟宝星任主编，徐州工业职业技术学院徐昆鹏、孙彭涛、汪明具，江苏省徐州技师学院宋亮参与编写。其中，席凤征编写项目1、项目2、项目8，孟宝星编写项目3、项目4，徐昆鹏编写项目5，汪明具编写项目6，孙彭涛编写项目7，宋亮编写项目9。全书由徐工集团大国工匠孟维主审。

在本书编写过程中编者得到徐州工业职业技术学院各级领导和广大教师的大力支持，在此一并表示感谢。另外，在编写本书的过程中，编者参考了大量图书，在此对图书的各位编者一并表示感谢。

由于时间仓促，加之编者水平有限，书中难免存在疏漏和不妥之处，敬请各位专家和广大读者批评指正(编者邮箱:xifengzheng@163.com)。

编　者

2024年12月

目录

项目1 认识数控车床

项目描述

数控车床是一种自动化程度高、结构复杂且较为昂贵的先进加工设备，主要用于加工轴类、盘类的回转体零件，能够车削内外圆柱面、圆锥面、圆弧面和各种成型回转表面、螺纹。通过本项目的学习，了解数控机床的发展史，掌握数控车床的基本构成及各部分的作用，掌握数控车床的安全操作规程，确保人机安全。

项目学习目标

知识目标

1. 掌握数控车床的基本构成及各部分的作用；
2. 掌握数控车床的安全操作规程。

能力目标

1. 能描述数控车床的基本构成及各部件功能；
2. 能查找出数控车床的危险源，阐述数控车床的安全操作规程；
3. 会辨识操作数控车床可能出现的风险，并掌握对应防范措施。

素养目标

1. 培养学生树立工匠精神；
2. 通过分组实操训练，培养学生的团队精神；
3. 培养学生自觉遵守安全操作规程，培养安全意识；
4. 通过课内5S管理，培养学生的职业精神。

任务1.1 认识数控车床

任务描述

说明图1.1所示的数控车床由哪几部分组成，并简述各组成部分的作用。

知识目标

1. 了解数控机床的发展史；

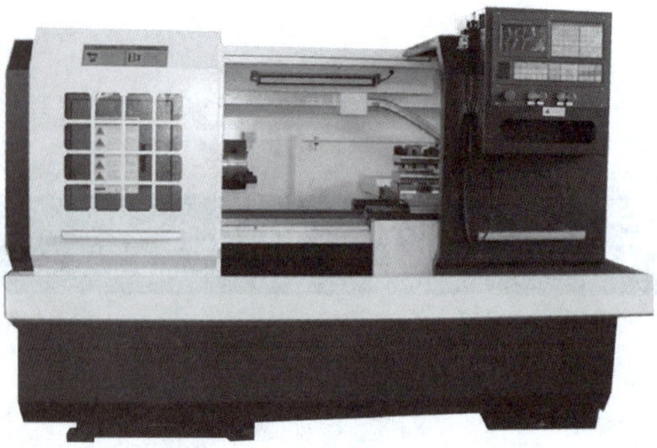

图 1.1　典型数控车床

2. 掌握数控车床的基本构成与各部分的作用。

能力目标

1. 能简述数控机床的发展历程；
2. 能简述数控车床的基本构成与各部件的功能。

素养目标

1. 培养学生良好的道德修养、乐观向上的人生价值观和工匠精神；
2. 培养学生自觉遵守安全及技能操作规程的工作习惯；
3. 加强表达和沟通能力，培养学生的团队合作精神。

相关知识

一、数控技术的发展

1. 数控机床的发展历程

数控机床(numerical control machine tools)指用数字代码形式的信息(程序指令)控制刀具按给定的工作程序、运动速度和轨迹进行自动加工的机床，简称数控机床。

数控机床是在机械制造技术和控制技术的基础上发展起来的，其发展过程大致如下：

1948 年，美国帕森斯公司接受美国空军委托，研制直升机螺旋桨叶片轮廓检验用样板的加工设备。由于样板形状复杂多样，精度要求高，一般加工设备难以适应，于是提出采用数字脉冲控制机床的设想。

1949 年，该公司与美国麻省理工学院(MIT)开始共同研究，并于 1952 年试制成功第一台三坐标数控铣床，当时的第一代数控装置采用电子管元件。

1959 年，数控装置采用了晶体管元件和印制电路板，出现带自动换刀装置的数控车床，称为加工中心(machining center，MC)，使数控装置进入了第二代。

1965 年，出现第三代集成电路数控装置，不仅体积小、功耗低，且可靠性提高，价格进一步下降，促进了数控机床品种和产量的发展。

20 世纪 60 年代末，先后出现了由一台计算机直接控制多台机床的直接数控系统(DNC)，又称群控系统，以及采用小型计算机控制的计算机数控系统(CNC)，使数控装置进入了以小型计算机化为特征的第四代。

1974 年，成功研制使用微处理器和半导体存储器的微型计算机数控装置（MNC），即第五代数控系统。

20 世纪 80 年代初，随着计算机软、硬件技术的发展，出现了能进行人机对话式自动编制程序的数控装置，数控装置愈趋小型化，可以直接安装在机床上。数控机床的自动化程度进一步提高，具有自动监控刀具破损和自动检测工件等功能。

20 世纪 90 年代后期，出现了计算机+CNC 智能数控系统，即以计算机为控制系统的硬件部分，在计算机上安装 NC 软件系统，此种方式系统维护方便，易于实现智能化、网络化制造。

2. 我国数控技术的发展现状

我国数控技术的发展起步于 20 世纪 50 年代，通过“六五”期间引进数控技术，“七五”期间组织消化吸收并进行科技攻关，我国数控技术和数控产业取得了相当好的成绩。

《“十四五”智能制造发展规划》提出，研发智能立/卧式五轴加工中心、车铣复合加工中心、高精度数控磨床等工业母机。到 2025 年，规模以上制造业企业大部分实现数字化、网络化，重点行业骨干企业初步应用智能化；到 2035 年，规模以上制造业企业全面普及数字化、网络化，重点行业骨干企业基本实现智能化。

近年来，我国数控机床国产品牌崛起，市场需求巨大，吸引了大批国际品牌数控车床企业入驻抢占中国市场。国产数控产业经过几十年的发展，不断自主研发并汲取国外经验，涌现出一批具有核心设计技术和制造工艺，能够针对自身专注的应用领域和产品类型提供高性能、高品质的高度定制化产品，具有广泛市场影响力和较高品牌价值，发展迅速，具有活力的新型中高端机床厂商。这些新兴厂商借助我国制造业转型、中高端数控机床需求上升、进口替代空间巨大等有利市场条件，努力发展自身产品和技术水平，实现了显著的发展，市场份额迅速提升，促进我国数控技术行业发展。

二、数控车床的基本结构及作用

如图 1.2 所示，数控车床一般由机床本体、CNC 装置（又称 CNC 单元）、输入输出设备、伺服单元、驱动装置（又称执行机构）、可编程控制器、电气控制装置、辅助装置及测量反馈装置组成。数控车床组成框图如图 1.3 所示。

1. 机床本体

数控车床的机床本体与传统车床相似，由主轴传动装置、进给传动装置、床身、工作台以及辅助运动装置、液压气动系统、润滑系统、冷却装置等组成。随着科技发展，数控车床在整体布局、外观造型、传动系统、刀具系统的结构以及操作机构等方面都已发生了很大的变化，这种变化的目的是满足数控车床的使用要求且能够充分发挥数控车床的特点。

视频

数控车床的基本结构

2. CNC 单元

CNC 单元是数控车床的核心，由信息的输入、处理和输出三部分组成。CNC 单元接收数字化信息，经过数控装置的控制软件及逻辑电路进行译码、插补、逻辑处理后，将各种指令信息输出给伺服系统，再由伺服系统驱动执行部件作进给运动。

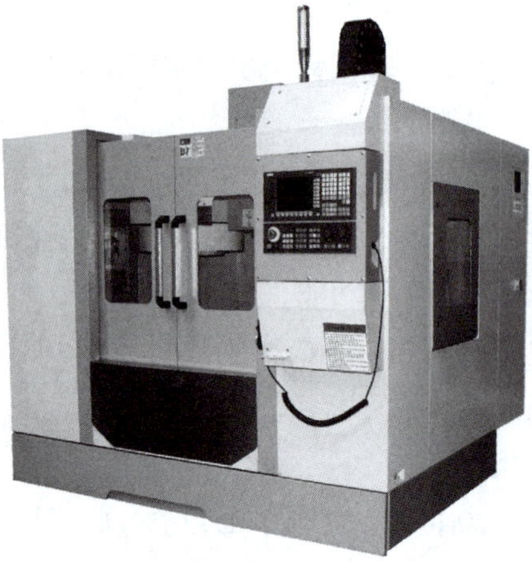

图 1.2　数控车床

视频

数控车床的组成

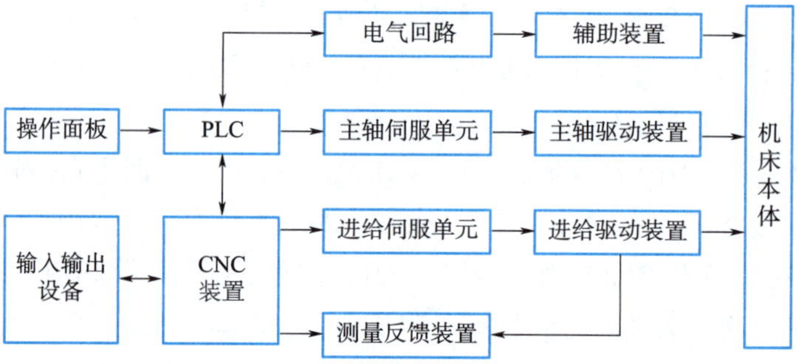

图 1.3　数控车床组成框图

3. 输入输出设备

输入装置将各种加工信息传递给计算机的外围设备。在数控车床产生初期，输入装置为穿孔纸带，现已淘汰，后发展为盒式磁带，再发展为键盘、磁盘等便携式硬件，极大地方便了信息输入工作，当前通用 DNC 网络以串行通信的方式输入。

输出是输出内部工作参数（包含机床正常、理想工作状态下的原始参数及故障诊断参数等），一般在机床刚开始工作时需输出这些参数作为记录保存，待工作一段时间后，再将输出与原始资料作比较、对照，可帮助判断车床工作是否维持正常。

4. 伺服单元

伺服单元由驱动器、驱动电动机组成，并与机床上的执行部件和机械传动部件组成数控车床的进给系统，作用是将来自数控装置的脉冲信号转换成机床移动部件的运动。对于电动机来说，每一个脉冲信号使电动机转过一个角度，进而带动车床移动部件移动一个微小距离。每个进给运动的执行部件都有相应的伺服驱动系统，整个车床的性能主要取决于伺服系统。

5. 驱动装置

驱动装置把经过放大的指令信号变为机械运动，通过简单的机械连接部件驱动车床，使工作台精确定位或按规定的轨迹作严格的相对运动，最后加工出图纸所要求的零件。与伺服单元相对应，驱动装置包括步进电动机、直流伺服电动机和交流伺服电动机等。

伺服单元和驱动装置可合称为伺服驱动系统，是车床工作的动力装置，CNC装置的指令要靠伺服驱动系统付诸实施，因此，伺服驱动系统是数控车床的重要组成部分。

6. 可编程控制器

可编程控制器（programmable controller，PC）是一种以微处理器为基础的通用型自动控制装置，专为在工业环境下应用而设计。由于最初研制这种装置的目的是解决生产设备的逻辑及开关控制，故将其称为可编程逻辑控制器（programmable logic controller，PLC）。当PLC用于控制车床顺序动作时，也可称为编程机床控制器（programmable machine controller，PMC）。PLC已成为数控车床不可缺少的控制装置，CNC和PLC协调配合，共同完成对数控车床的控制。

7. 测量反馈装置

测量装置又称反馈元件，包括光栅、旋转编码器、激光测距仪、磁栅等。测量装置通常安装在车床的工作台或丝杠上，它把车床工作台的实际位移转变成电信号反馈给CNC装置，供CNC装置与指令值比较产生误差信号，以控制车床向消除该误差的方向移动。

视频

数控车床的布局

三、数控车床床身的布局形式

床身和导轨的布局形式对车床性能的影响很大。床身是车床的主要承载部件，是车床的主体。按照床身导轨面与水平面的相对位置，床身的布局形式有水平床身配置水平滑板、倾斜床身配置倾斜滑板、水平床身配置倾斜滑板以及直立床身配置直立滑板等多种形式，如图1.4所示。

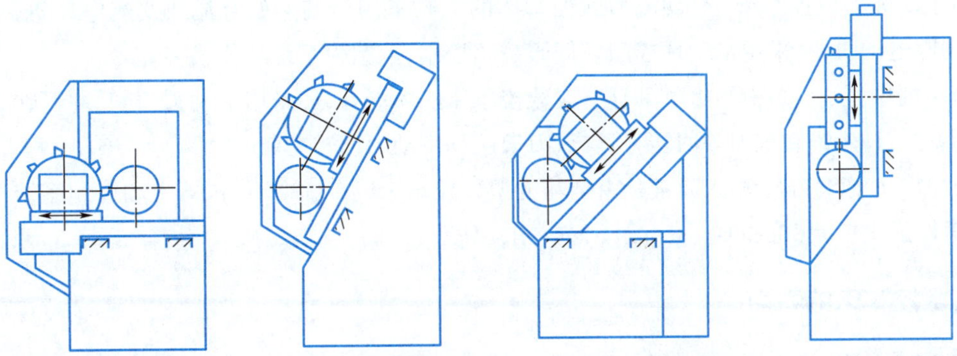

（a）水平床身配置水平滑板　（b）倾斜床身配置倾斜滑板　（c）水平床身配置倾斜滑板　（d）直立床身配置直立滑板

图1.4 数控车床的布局形式

1. 水平床身配置水平滑板

如图1.4（a）所示，水平床身的工艺性好，便于导轨面的加工。水平床身配上水平放置的刀架可提高刀架的运动精度，一般用于大型数控车床或小型精密数控车床的布局。但是水平床身由于下部空间小，故排屑困难。从结构尺寸来看，刀架水平放置使得滑板横向尺寸较大，从而加大了机床宽度方向的结构尺寸。

2. 倾斜床身配置倾斜滑板

如图1.4（b）所示，这种结构的导轨倾斜角度分别为30°、45°、60°、75°和90°，其中90°的滑板结构称为直立床身，如图1.4（d）所示。倾斜角度小，排屑不便；倾斜角度大，导轨的导向性及受力情况差。导轨倾斜角度的大小还直接影响机床外形尺寸及高度和宽度的比例。综合考虑上述各因素,中小规格数控车床床身的倾斜度以 60°为宜。

3. 水平床身配置倾斜滑板

这种结构通常配置有倾斜式的导轨防护罩,如图 1.4(c)所示。这种布局形式一方面具有水平床身工艺性好的特点,另一方面机床宽度方向的尺寸较水平配置滑板更小,且排屑方便。

水平床身配置倾斜滑板和倾斜床身配置倾斜滑板布局形式被中小型数控车床普遍采用。这是由于这两种布局形式排屑容易,热切屑不会堆积在导轨上,也便于安装自动排屑装置;操作方便,易于安装机械手,以实现单机自动化;车床占地面积小,外形美观,容易实现封闭式防护。

视频

数控车床的分类

四、数控车床的分类

1. 按主轴的配置形式分类

(1)卧式数控车床。其主轴的轴线处于水平位置,床身和导轨分为多种布局形式,是目前应用最为广泛的一类数控车床。

(2)立式数控车床。其主轴的轴线处于垂直位置,并有一个直径很大的圆形工作台用于装夹工件。

2. 按数控系统功能分类

(1)经济型数控车床。经济型数控车床以配置经济型的数控系统为主要特征,常采用开环或半闭环伺服系统进行控制。

(2)全功能型数控车床。全功能型数控车床的主轴采用能调速的直流或交流电动机驱动,进给采用伺服电动机,常采用半闭环或闭环伺服系统控制,且数控系统功能较多。

(3)车削中心。车削中心除了具有一般数控车床的功能外,还采用了动力刀架,并可在刀架上安装钻头、铰刀、丝锥和铣刀等回转刀具,该刀架还具备动力回转功能。

(4)FMC 车床。FMC 车床通常是由全功能型数控车床或车削中心、机器人和控制系统等构成的一个柔性加工单元(flexible manufacturing cell,FMC)。

五、数控车床的特点

视频

数控车床的特点

与普通车床相比,数控车床具有以下特点:

1. 适应性强

因数控车床能实现多个坐标的联动,使其可以加工形状复杂的零件,特别是对于可用数学方程式和坐标点表示的零件,加工非常方便。更换加工零件时,数控车床只需更换零件加工的 NC 程序即可。

2. 加工质量稳定

对于同一批零件,由于使用同一机床、刀具及同一加工程序,刀具的运动轨迹完全相同,这保证了零件加工的一致性,且质量稳定。

3. 效率高

数控车床的主轴转速及进给范围比普通机床大。目前数控车床最高进给速度可达到 100 m/min,最小分辨率达 0.01 μm。一般来说,数控车床的生产能力约为普通车床的 3 倍甚至更高。数控车床的时间利用率高达90%,而普通车床仅为30%~50%。

4. 精度高

数控车床有较高的加工精度,范围一般为0.005~0.1 mm。数控车床的加工精度不受零件复杂程度的影响,机床传动链的反向齿轮间隙和丝杠的螺距误差等都可以通过数控装置自动进行补偿。因此,数控车床的定位精度比较高。

5. 减轻劳动强度

在输入程序并启动后,数控车床即可自动地连续加工,直至加工完毕。这样简化了工人的操作,使劳动强度大大降低。

此外,数控车床还具有实现复杂的运动、产生良好的经济效益、利于生产管理现代化等特点。

任务1.2　数控车床安全操作

任务描述

数控车间现有数控车床18台(见图1.5),为保证人机安全,操作者应如何安全正确操作数控车床?请例举违反操作规程的行为与情境,分析相关危险因素,并制定防范措施,避免不必要的损失。

图1.5　数控车间

知识目标

1. 了解安全文明生产的重要性;
2. 掌握数控车床的安全操作规程;
3. 熟悉安全隐患因素构成。

能力目标

1. 能安全操作数控车床;
2. 会辨识操作数控车床可能出现的风险与对应防范措施。

素质目标

1. 培养学生良好的道德修养、乐观向上的人生价值观和工匠精神;
2. 培养学生自觉遵守安全及技能操作规程的工作习惯;
3. 加强表达和沟通能力,培养学生的团队合作精神。

相关知识

一、数控车床的安全操作

1. 安全生产含义

视频

安全生产

安全生产是指在劳动过程中,应努力改善劳动条件,克服不安全因素,防止伤亡事故的发生,是在保护操作者的人身健康安全和设备安全的前提下进行的生产活动。

2. 安全生产的意义

(1)安全生产是国家和政府赋予学校、企业的责任,是社会和员工的要求,是生产经营的准入条件,是市场竞争的要素,是持续发展的基础。

(2)安全生产是个人、家庭、企业和国家的基本要求。

(3)安全是人的基本需要之一。

(4)保障自己在劳动中的安全,是每个员工应自觉做到的行动。

3. 数控车床安全生产规程的概念

在使用数控车床前、中、后,为确保操作者人身安全与健康及数控车床能正常运行所必须遵守的系统性生产规定与流程。

视频

数控车床安全生产操作规程 1

4. 数控车床安全生产操作规程

(1)操作机床前,必须紧束工作服,长发人员必须戴好工作帽,严禁戴手套操作数控车床。

(2)数控车床通电后,检查电压、油压是否正常,润滑系统是否正常工作,各开关、按钮等是否正常、灵活,机床有无异常。

(3)程序应严格认真检查,确保语法、语意和数据正确。

(4)安排程序空运行以测试程序,检验刀具、夹具安装是否合理可靠,车床有无超程等。

(5)手动对刀时,应注意选择合适的进给速度,手动换刀时,刀架距工件要有足够的转位距离,不至于发生碰撞。

(6)刀具要垫好、放正、夹牢;安装的工件要校正、夹紧,安装完毕应取出卡盘扳手。

(7)换刀时,刀架应远离卡盘、工件和尾架;在手动移动拖板或对刀过程中,在刀尖接近工件时,进给速度要小,移位键不能按错,且一定注意按移位键时不要误按换刀键。

(8)自动加工之前,程序必须通过模拟或经过检查,正确的程序才能自动运行、加工工件。

(9)自动加工之前,确认起刀点的坐标无误;加工时要关闭车床的防护门,加工过程中不能随意打开。

(10)数控车床的加工虽属自动进行,但仍需要人工监控,因此不允许操作者随意离开岗位。

(11)操作中出现工件跳动、打抖、异响、刀具破损等异常情况,必须立即停车处理。

(12)若遇碰卡盘等紧急事故时,应立即按下急停按钮,并及时报告以便分析原因。

(13)不得随意删除机内的程序,也不能随意调出机内程序进行自动加工。

(14)不能更改机床参数设置。

(15)不要用手清除切屑,可用钩子清理,发现铁屑缠绕工件时,应停车清理;机床面上不准放置物品。

(16)机床只能单人操作,加工时,绝不能把头伸向刀架附近观察,以防发生事故。

(17)工件转动时,严禁测量工件、清洗机床、用手触摸工件,更不能用手制动主轴头。

(18)关机之前,应将滑板停在 x 轴、z 轴中央区域。

(19)关机时,先按下急停开关,再关闭机床面板电源开关,最后断开机床电源。

(20)使用期间,数控车床一定要专人负责,严禁其他人随意动用设备。

视频

数控车床安全生产操作规程 2

二、安全隐患因素构成

1. 人的因素

(1)安全意识:安全就是效益,就是发展,就是自身利益。

(2)安全技能:“三不”即不伤自己、不伤害机器、不被别人伤害。

(3)责任心和责任感:变“要我安全”为“我要安全”,实行责任奖惩制。

(4)不安全行为:工作中或业余时间打闹,不戴劳保用品,无故离开机床岗位。

(5)学习能力程度:学习能力越高,意识与技能及责任心、责任感越强。

2. 机器因素

机器即机械设备。实践证明,没有良好的机械设备,安全工作就失去了根基,也就不会产生效益。

(1)日常保养不到位。设备的日常保养能及时发现和消除设备运行过程中的故障和隐患,防止设备故障或隐患进一步扩大,是以小的投入获得更多更大收益的有效手段。

(2)操作不当。麻痹思想、侥幸心理、操作不当、判断失误等不良思想和行为。

(3)操作者缺乏责任心。设备有其自身运动规律,但它没有思想、没有感情、更没有语言表达,需要操作者精心呵护,没有一批懂技术、责任心强的数控车床操作者,很难保证设备良好的工作状态。

(4)忽视现场管理的重要性。数控车床运行状态现场管理,包括轮流值班巡视、观察、检查、眼看、记录。忽视现场管理,就是放任管理作业中的数控车床,一旦发生事故后果不堪设想。加强现场管理能及时发现和消除设备故障,防止事态扩大,真正做到大事化小,小事化无。

3. 方法不当

(1)规章制度不健全、随意性大。企业与学校应健全安全生产管理办法和各项规章制度,严禁各种违章行为。

(2)操作方法不当 。每台设备都有其科学、合理的操作方法,如果不严格遵守操作规程,怕费事、嫌麻烦、随意操作,必将造成机损等各类安全事故。

4. 环境的因素

(1)作业环境。作业环境是影响安全的直接环境因素,做好各种工作环境下的安全防范、消除环境影响因素具有非常重要的意义。

(2)家庭环境。家庭环境决定操作者的工作情绪和精力。家庭和睦,夫妻子女、兄弟姐妹关系融洽,职工工作情绪高涨,精力集中,工作质量、安全质量、服务质量高,反之亦然。

(3)社会环境。社会环境是大环境,包括政治、经济、文化、治安、交通等秩序。

三、数控车床的相关危险因素及防范措施

1. 危险因素

铁屑飞溅伤人,机床丝杠绞衣角、长发伤人,工件甩出伤人和设备,戴手套绞手伤人,闲谈误操作伤人和设备。

2. 防范措施

(1)衣角袖口要扎紧,不能披散长发、穿裙子工作,避免绞进丝杠或主轴。

(2)戴好护目镜,避免铁屑溅伤眼睛。

(3)在机床上,不能戴手套、穿凉鞋作业。

(4)加强对机床电气设备的维护,确保无漏电情况发生。

(5)要按规定检查车床的润滑系统与操作手柄,确保二者灵敏、准确。

项目小结

通过项目1的学习,可以了解到数控车床是一种综合应用计算机技术、自动控制技术、传感技术和精密机械设计及制造等先进技术的高新技术产物,是技术密集度及自动化程度都很高的、典型的机电一体化产品。作为操作者应当清醒地认识到,数控车床加工的零件能否达到精度高、提高生产效率的目的,不仅取决于机床本身的精度和性能,而且在很大程度上也与操作者在生产中能否正确对数控车床进行维护保养和安全使用密切相关。操作者只有充分了解数控车床的性能,在操作中严格遵守数控车床的安全操作规程,才能使这一高精设备为实习与生产提供更好的服务。

复习与思考

一、选择题

1. 立式车床结构布局上的主要特点是主轴竖直布置,有一个(　　)较大的圆形工作台呈水平布置,供装夹工件用。

A. 直径　　B. 长度　　C. 角度　　D. 内径

2. 数控车床由机械部分、数控装置、(　　)驱动系统、辅助装置组成。

A. 电动机　　B. 进给　　C. 主轴　　D. 伺服

3. 立式车床用于加工径向尺寸较大,轴向尺寸相对较小,且形状比较(　　)的大型和重型零件,如各种盘、轮和壳体类零件。

A. 复杂　　B. 简单　　C. 单一　　D. 规则

4. CA6140 型车床尾座锁紧装置有(　　)和位置紧固装置。

A. 压板锁紧装置　B. 偏心锁紧装置　C. 套筒锁紧装置　D. 螺纹锁紧装置

5. 数控车床具有自动(　　)功能,可根据报警信息迅速查找机床事故,而普通车床则不具备上述功能。

A. 报警　B. 控制　C. 加工　D. 定位

6. 单柱立式车床加工直径较小,一般不超过(　　)mm。

A. 700　B. 1 000　C. 800　D. 1 600

7. 单柱立式车床由于工件及工作台的重力由机床(　　)或推力轴承承担,大大减小了立柱及主轴轴承的负载,因而能长期保证机床精度。

A. 主轴　B. 导轨　C. 夹具　D. 附件

8. 车床主轴的工作性能包括(　　)、刚度、热变性、抗振性等。

A. 回转精度　B. 硬度　C. 强度　D. 塑性

9. 数控车床采用(　　)电动机经滚珠丝杠带动滑板和刀架,控制刀具实现纵向(z 向)和横向(x 向)进给运动。

A. 交流　B. 伺服　C. 异步　D. 同步

10. 数控车床以(　　)轴线方向为 z 轴方向,刀具远离工件的方向为 z 轴的正方向。

A. 滑板　B. 床身　C. 光杆　D. 主轴

11. 数控车床安全文明生产要求在交接班时,按照规定保养机床,认真做好(　　)工作,对机床参数修改、程序执行情况做好文字记录。

A. 交接班　B. 卫生　C. 机床保养　D. 润滑

12. 数控车床抗干扰能力是有限的,数控车床应远离(　　)等强电磁干扰。

A. 电焊机　B. 电话机　C. 打印机　D. 计算机

13. 通过提高液压元件、管道系统、密封件的安装质量,定期检查更换密封件,可以减少液压系统的(　　),保证液压系统正常工作。

A. 温度　B. 振动　C. 噪声　D. 泄漏

14. (　　)是操作工人应每天对设备进行的检查,其目的是及时发现不正常的情况,并加以消除。

A. 日常检查　B. 定期检查　C. 机能检查　D. 精度检查

15. 数控车床应(　　)检查切削液、润滑油的油量是否充足。

A. 每日　B. 每周　C. 每月　D. 每年

二、判断题

1. 使用的刀具应与机床允许的规格相符,有严重破损的刀具要及时更换。(　　)

2. 在程序运行中须暂停测量工件尺寸时,要待机床完全停止、主轴停转后方可进行测量,以免发生人身事故。(　　)

3. 可以用手或其他任何方式接触正在旋转的主轴、工件或其他运动部位。(　　)

4. 禁止在加工过程中测量工件,不能用棉丝擦拭工件,更不能清扫机床。(　　)

5. 车床运转中,操作者不得离开岗位,机床发现异常现象,应立即停车。(　　)

6. 经常检查轴承温度,过高时应找有关人员进行检查。 ( )

7. 车床工作时,操作者不能离开车床。当程序出错或车床性能不稳定时,应立即关机,清除故障后方可重新开机操作。 ( )

8. 开动车床应关闭保护罩,以免发生意外事故。主轴未完全停止前,禁止触摸工件、刀具或主轴。触摸工件、刀具或主轴时要注意是否烫手,小心灼伤。 ( )

9. 任何人在使用设备后,都应把刀具、工具、量具、材料等物品整理好,并做好设备清洁和日常维护工作。 ( )

10. 做到文明生产,加工操作结束后,必须打扫干净工作场地、擦拭干净车床,并且切断系统电源后才能离开。 ( )

11. 在操作范围内,应把刀具、工具、量具、材料等物品放在工作台上,车床上不应放置任何杂物。 ( )

12. 不要在车床周围放置障碍物,工作空间应足够大。 ( )

13. 不要移动或损坏安装在车床上的警告标牌。 ( )

14. 调整刀具所用工具不要遗忘在车床内。 ( )

15. 车床周围的工具要摆放整齐,便于拿放。 ( )

16. 在进行零件加工时,工作台上不能有工具或任何异物。 ( )

17. 在接入电源时,应当先接通车床主电源,再接通 CNC 电源;但切断电源时按相反顺序操作。 ( )

18. 关机时要等主轴停转 1 min 后方可关机,开机后要等 3 min 后方可关机。 ( )

19. 操作前必须检查车床是否处于复位状态,并低速运转 1~2 min,方可使用。 ( )

三、简答题

1. 简述我国数控技术的发展现状。

2. 数控车床的组成部分和各部分的基本功能是什么?

3. 简述数控车床安全操作规程。

项目 2　数控车床编程

项目描述

数控车床是一种高效的自动化加工设备，之所以能加工出不同形状、不同尺寸和精度的零件，是因为有编程人员为它编制不同的加工程序，数控加工程序的编制工作是数控车床加工中最重要的一环。本项目使学生了解数控车床编程的基本知识，从机床坐标系的判定到基本指令的选用两个任务入手，逐渐培养数控编程及加工的兴趣，掌握数据车床编程的基础知识。

项目学习目标

知识目标

1. 掌握坐标判定原则；
2. 理解机床坐标系、工件坐标系的概念；
3. 理解数控编程的基本概念；
4. 掌握数控程序编制的内容及步骤；
5. 理解数控编程的方法及特点；
6. 熟悉常用 G、M、F、S、T 指令的格式及应用。

能力目标

1. 能判定数控车床的坐标系；
2. 会设定数控加工编程原点；
3. 能够运用所学知识分析数控车床运动系统的组成，并建立正确的机床坐标系；
4. 能够对简单零件图纸选择正确的指令；
5. 能读懂常用简单程序。

素养目标

1. 培养学生树立工匠精神；
2. 通过分组实操训练，培养学生的团队精神；
3. 培养学生自觉遵守安全及技能操作规程的工作习惯；
4. 通过课内 5S 管理，培养学生的职业精神。

任务 2.1 判定数控车床坐标系

任务描述

阐述数控车床(见图 2.1)的运动由哪几部分组成,并标注出数控车床的坐标系及其正方向。

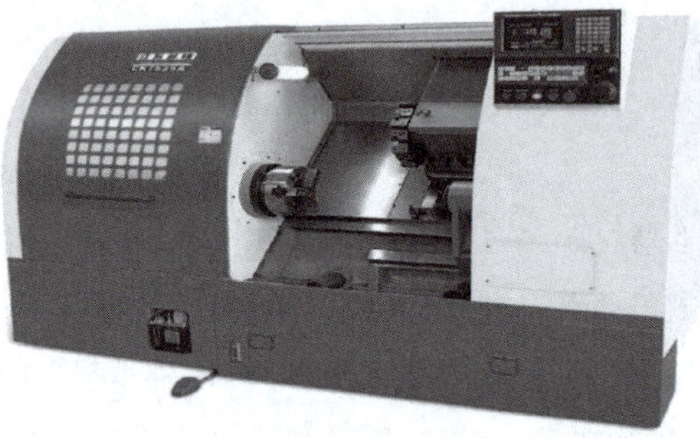

图 2.1 数控车床

知识目标

1. 掌握坐标判定原则;
2. 理解机床坐标系、工件坐标系的概念;
3. 掌握建立工件坐标系的原则。

能力目标

1. 能确定数控车床的坐标系;
2. 会设定数控加工编程原点;
3. 能够运用所学知识分析数控车床运动系统的组成,并建立正确的机床坐标系。

素养目标

1. 培养学生良好的道德修养、乐观向上的人生价值观和工匠精神;
2. 培养学生自觉遵守安全及技能操作规程的工作习惯;
3. 加强表达和沟通能力,培养学生的团队合作精神。

视频

数控车床坐标系

相关知识

一、坐标系的确定

为了保证数控车床的正确运动,避免工作的不一致性,ISO(国际标准化组织)和我国都统一规定了数控车床坐标轴的代码及其运动的正、负方向,这给数控系统和机床的设计、使用和维修带来了极大的方便。

1. 规定原则

(1)机床相对运动的规定。在机床上,可始终认为工件静止,而刀具是运动的。

(2)机床坐标系的规定。标准机床坐标系中 x、y、z 坐标轴的相互关系用右手笛卡儿直角坐标系决定,如图 2.2 所示。

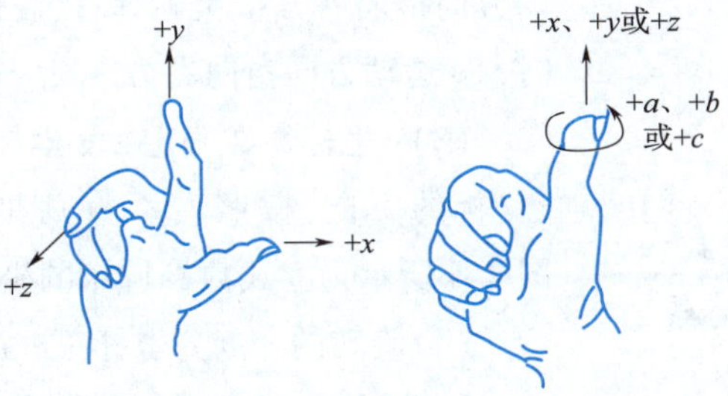

图 2.2 直角坐标系

右手笛卡儿直角坐标系判定方法:

①伸出右手的大拇指、食指和中指,并互为 90°,则大拇指代表 x 坐标,食指代表 y 坐标,中指代表 z 坐标。

②大拇指的指向为 x 坐标的正方向,食指的指向为 y 坐标的正方向,中指的指向为 z 坐标的正方向。

③围绕 x、y、z 坐标轴旋转的旋转坐标分别用 a、b、c 表示,根据右手螺旋定则,大拇指的指向为 x、y、z 坐标中任意轴的正向,则其余四指的旋转方向即为旋转坐标 a、b、c 的正向。

(3)运动方向的规定。增大刀具与工件距离的方向即为各坐标轴的正方向,图 2.3 所示为数控车床上三个运动的正方向。

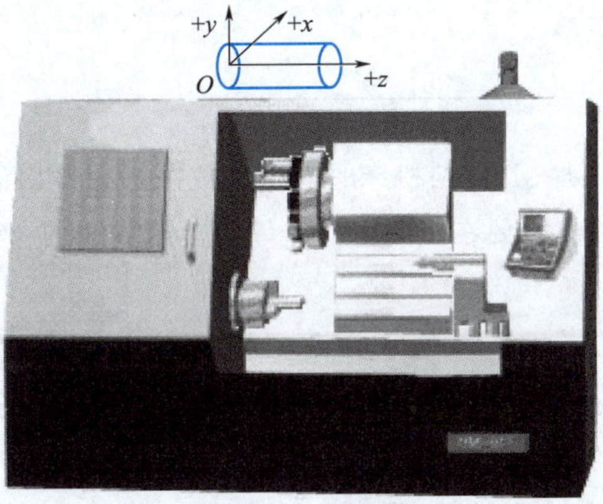

图 2.3 数控车床的运动正方向

2. 坐标轴确定的方法及步骤

(1)z 坐标。z 坐标的运动方向由传递切削动力的主轴决定,即平行于主轴轴线的坐标轴(或垂直于工件装夹平面的主轴方向)为 z 坐标方向,z 坐标的正向为刀具离开工件的方向。

如果机床上有多个主轴,则选一个垂直于工件装夹平面的主轴方向为 z 坐标方向;如果主轴能够摆动或机床无主轴,则选择垂直于工件装夹平面的方向为 z 坐标方向。

(2)x 坐标。x 坐标平行于工件的装夹平面,一般在水平面内。确定 x 轴的方向时,要考虑以下两种情况:

①如果工件作旋转运动,则刀具离开工件的方向为 x 坐标的正方向。

②如果刀具作旋转运动,则分为两种情况:z 坐标水平,观察者沿刀具主轴向工件看时,$+x$ 运动方向指向右方;z 坐标垂直,观察者面对刀具主轴向立柱看时,$+x$ 运动方向指向右方。

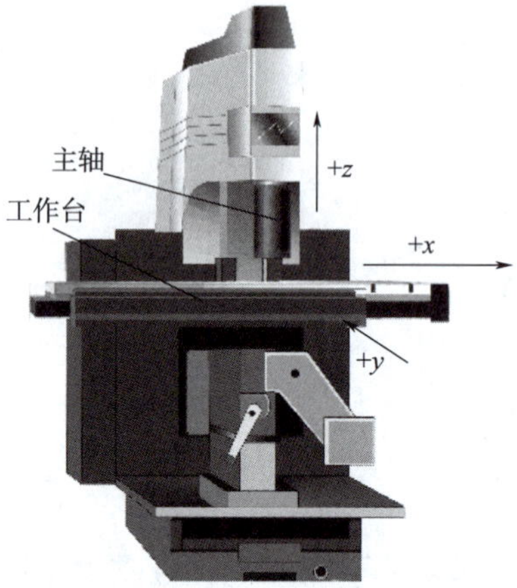

图 2.4 立式数控铣床的坐标系

(3) y 坐标。在确定 x、z 坐标的正方向后,可以根据 x 和 z 坐标的方向,按照右手直角坐标系确定 y 坐标的方向。图 2.4 所示为立式数控铣床的坐标系。

(4)旋转的 a、b、c 坐标。a、b、c 分别表示其轴线平行于 x、y、z 坐标的旋转运动。正向的 a、b、c 坐标相应地表示在 x、y、z 坐标正方向上按照右螺纹前进的方向(又称右手螺旋定则)。

(5)附加坐标。为了编程和加工的方便,有时还要设置附加坐标系。对于直线运动,通常建立的附加坐标系有:

①指定平行于 x、y、z 的坐标轴。可以采用的附加坐标系:第二组 u、v、w 坐标,第三组 p、q、r 坐标。

②指定不平行于 x、y、z 的坐标轴。可以采用的附加坐标系:第二组 u、v、w 坐标,第三组 p、q、r 坐标。

(6)主轴旋转运动的方向。主轴的顺时针旋转运动方向为右旋螺纹进入工件的方向时,称为正转;反之,称为反转。

二、数控车床中的坐标系

1. 机床坐标系

(1)定义。在数控车床上加工零件,机床的动作由数控系统发出的指令进行控制。为了确定机床的运动方向和移动的距离,需要在机床上建立一个坐标系,这个坐标系称为机床坐标系,又称标准坐标系。

(2)机床坐标系原点。机床坐标系的原点又称机床原点或机械原点。机床原点指在机床上设置的一个固定点,即机床坐标系的原点。它在机床装配、调试时就已确定下来,一般情况下不允许用户进行更改,是一个固定的点。机床原点也是数控车床加工或位移的基准点。对于机床原点,有一些数控车床将其设在卡盘中心处,如图 2.5 所示,数控车床的机床原点取在卡盘端面与主轴中心线的交点处。

(3)机床参考点。机床参考点是数控车床上的一个特殊位置点。通常,数控车床的第一参考点一般位于刀架正向移动的极限点位置,并由机械挡块确定其具体位置。机床参考点与机床原点的距离由系统参数设定,如果其值为零则表示机床参考点和机床零点重合。

对于大多数数控车床,开机第一步总是先使机床返回参考点(即机床回零)。当机床处于参考点位置时,系统显示屏上的机床坐标系显示系统参数中设定的数值(即参考点与机床原点的距离值)。

提示:开机回参考点的目的就是建立机床坐标系,即通过参考点的当前位置和系统参数中设定的参考点与机床原点的距离值反推出机床原点位置。

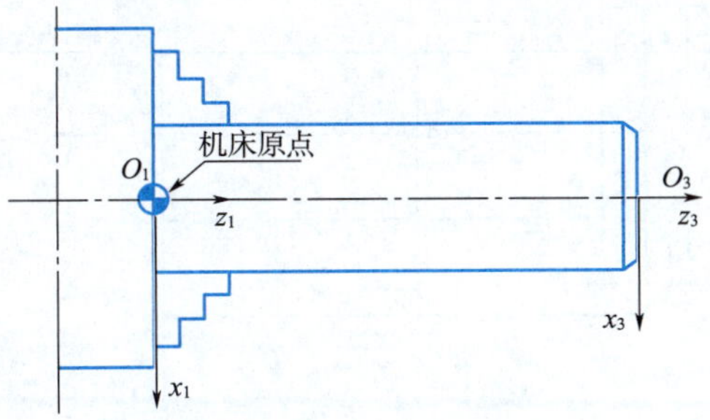

图 2.5 数控车床的机床原点

通常在数控车床上机床参考点是离机床原点最远的极限点。图 2.6 所示为数控车床的参考点与机床原点。

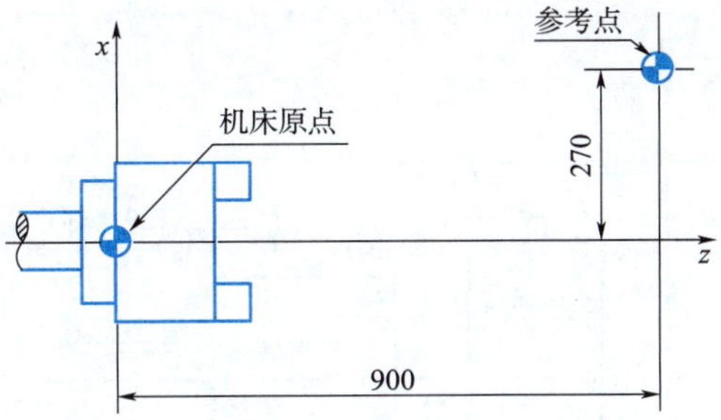

图 2.6 数控车床的参考点与机床原点

数控车床开机时,必须先确定机床原点,而确定机床原点的运动即为刀架返回参考点的操作,这样通过确认参考点,即可确定机床原点。只有机床参考点被确认后,刀具(或工作台)的移动才有基准。

2. 工件坐标系(编程坐标系)

在数控车床的范畴内,工件坐标系和编程坐标系实际上是同一个概念,并没有本质上的区别。

(1)定义。机床坐标系的建立保证了刀具在机床上的正确运动。但是,加工程序的编制通常是针对某一工件并根据零件图样进行的。为了便于尺寸计算与检查,加工程序的坐标原点一般都尽量与零件图样的尺寸基准相一致。这种针对某一工件并根据零件图样建立的坐标系称为工件坐标系(又称编程坐标系)。

(2)工件坐标系原点。工件坐标系原点又称编程原点,该点是指工件装夹完成后,选择工件上的某一点作为编程或工件加工的基准点,是根据加工零件图样及加工工艺要求选定的工件坐标系的原点。

选择工件坐标系原点应注意以下几点:

①原点应尽量选择在零件的设计基准或工艺基准上。图 2.7 所示为车削零件的工件(编程)原点。

②原点应尽量选在精度较高的工件表面,以提高被加工零件的加工精度。

③对于对称的零件,原点应设在对称中心上。

④对于一般零件,零件原点应设在零件外轮廓的某一角上。

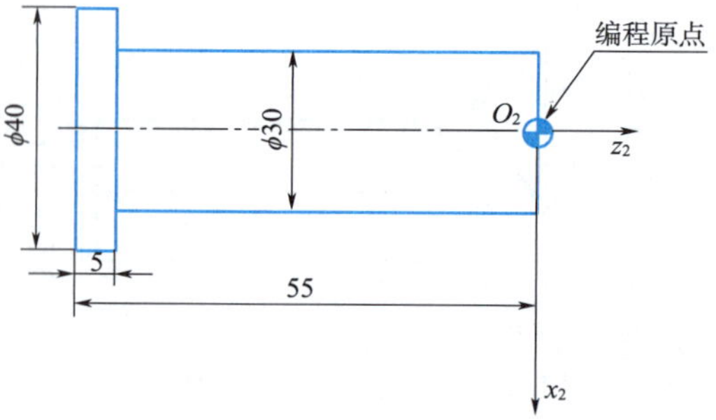

图 2.7 车削零件的工件(编程)原点

⑤z 轴方向上的零件原点,一般设在零件表面上。

⑥工件(编程)坐标系中各轴的方向应与所使用的数控车床相应的坐标轴方向一致,如图 2.8 所示。

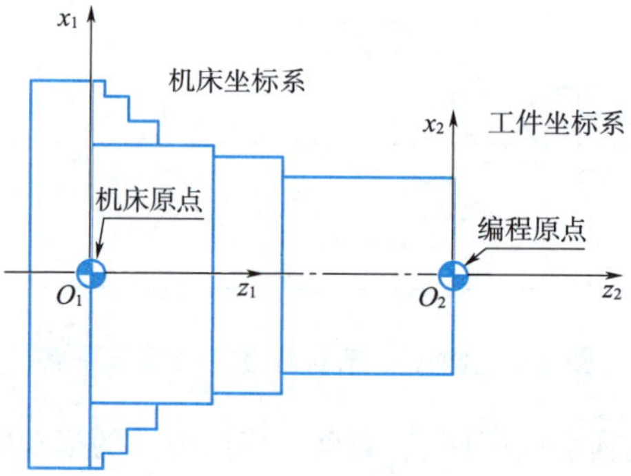

图 2.8 确定坐标系的各轴方向

任务 2.2 精车轨迹编程

任务描述

观察图 2.9 所示零件图,编程原点设定在 A 点,使用 93°外圆偏刀进行精加工轮廓,精加工路径为 $A \to B \to C \to D \to E$,试在精加工编程中选用正确的指令,编制精车轨迹加工程序。

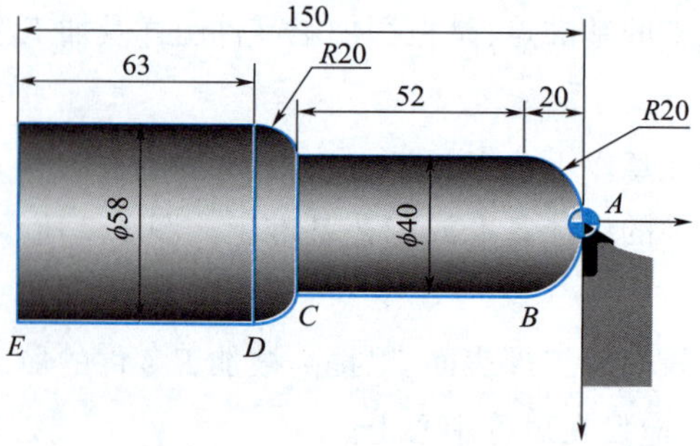

图 2.9 零件图

知识目标

1. 理解数控编程的基本概念；
2. 掌握数控程序编制的内容及步骤；
3. 了解数控编程的方法及特点；
4. 熟悉常用 G、M、F、S、T 指令的格式及应用；
5. 了解数控加工的相关工艺知识。

能力目标

1. 能够对简单零件图纸选择正确的指令；
2. 会建立程序，并读懂常用简单程序。

素养目标

1. 培养学生良好的道德修养、乐观向上的人生价值观和工匠精神；
2. 培养学生自觉遵守安全及技能操作规程的工作习惯；
3. 加强表达和沟通能力，培养学生的团队合作精神。

视 频

数控程序编制

相关知识

一、数控程序编制的内容及步骤

数控车床是一种高效的自动化加工设备，它严格按照加工程序，自动对被加工工件进行加工。从数控系统外部输入的直接用于加工的程序称为数控加工程序，简称数控程序。

数控系统种类繁多，它们使用的数控程序语言规则和格式也不尽相同，本任务以 ISO 国际标准为主介绍加工程序的编制方法。当针对某一台数控车床编制加工程序时，应严格按数控车床编程手册中的规定进行程序编制。

在编制数控加工程序前，应首先了解数控程序编制的主要工作内容、程序编制的工作步骤、每一步应遵循的工作原则等，最终才能获得满足要求的数控程序。

1. 数控程序编制的定义

编制数控加工程序是使用数控车床的一项重要技术工作，理想的数控程序不仅应保证加工出符合零件图样要求的合格零件，还应使数控车床的功能得到合理应用与充分发挥，使数控车床能够安全、可靠、高效的工作。

2. 数控程序编制的内容及步骤

数控编程是指从零件图纸到获得数控加工程序的全部工作过程。数控加工程序的编制过程是一个比较复杂的工艺决策过程，如图 2.10 所示，数控程序编制的内容及步骤主要包括以下几个方面：

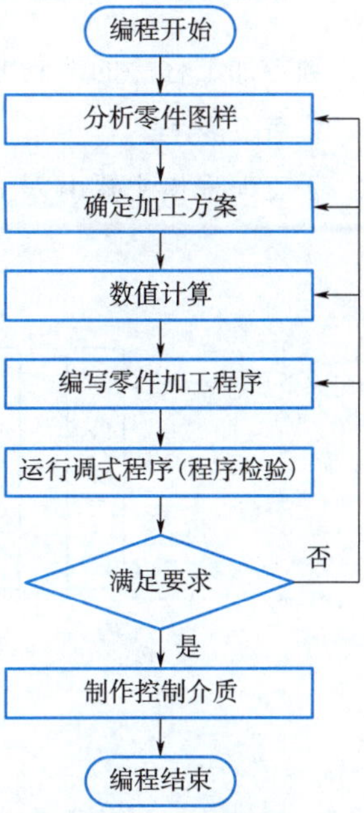

图 2.10　数控程序编制的内容及步骤

(1)分析零件图样并确定加工方案。这项工作的内容包括:对零件图样进行分析,明确加工的内容和要求;确定加工方案;选择适合的数控车床;选择或设计刀具和夹具;确定合理的走刀路线及选择合理的切削用量等。这一工作要求编程人员能够对零件图样的技术特性、几何形状、尺寸及工艺要求进行分析,并结合使用数控车床的基础知识,如数控车床的规格、性能、数控系统的功能等,确定加工方法和加工路线。

(2)数值计算。在确定工艺方案后,就需要根据零件的几何尺寸、加工路线等,计算刀具中心的运动轨迹,以获得刀位数据。数控系统一般均具有直线插补与圆弧插补功能,对于加工由圆弧和直线组成的较简单的平面零件,只需要计算出零件轮廓上相邻几何元素交点或切点的坐标值,得出各几何元素的起点、终点、圆弧的圆心坐标值等参数,就能满足编程要求。当零件的几何形状与控制系统的插补功能不一致时,就需要进行较复杂的数值计算,一般需要使用计算机辅助计算完成。

(3)编写零件加工程序。在完成上述工艺处理及数值计算工作后,即可编写零件加工程序。程序编制人员使用数控系统的程序指令,按照规定的程序格式,逐段编写加工程序。程序编制人员应对数控车床的功能、程序指令及代码非常熟悉,才能编写出正确的加工程序。

(4)程序检验。将编写好的加工程序输入数控系统,即可控制数控车床的加工工作。一般在正式加工前,要对程序进行检验,通常可采用机床空运转的方式检查机床动作和运动轨迹的正确性,以检验程序。在具有图形模拟显示功能的数控车床上,可通过显示走刀轨迹或模拟刀具对工件的切削过程,对程序进行检查。对于形状复杂和要求高的零件,也可采用铝件、塑料或石蜡等易切材料进行试切以检验程序。通过检查试件,不仅可以确认程序是否正确,还可以了解加工精度是否符合要求。若能采用与被加工零件材料相同的材料进行试切,则更能反映实际加工效果,当发现加工的零件不符合加工技术要求时,可采取修改程序或尺寸补偿等措施。

二、数控程序编制的方法

数控加工程序的编制方法主要有两种,手工编程和自动编程。

1. 手工编程

手工编程指主要由人工完成数控编程中各个阶段的工作,其流程如图 2.11 所示。

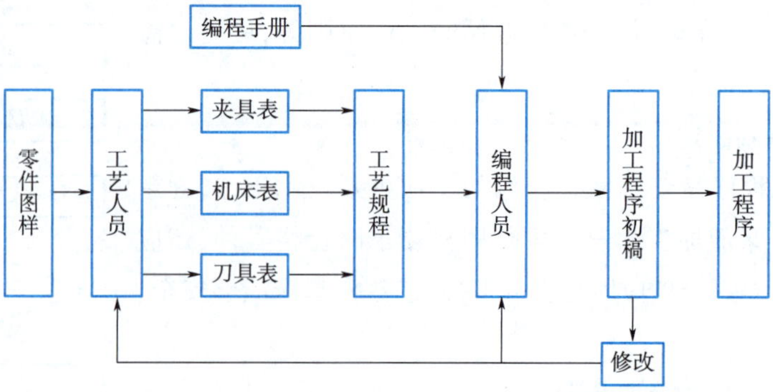

图 2.11　手工编程流程

一般对几何形状不太复杂的零件,所需的加工程序不长,计算比较简单,用手工编程比较合适。手工编程的特点有:耗费时间较长,容易出现错误,无法胜任复杂形状零件的编程。据资料统计，当采用手工编程时，一段程序的编写时间与其在机床上运行加工的实际时间之比，平均约为30∶1，而数控车床不能开动的原因中有20%～30%是由于加工程序编制困难导致编程时间较长。

2. 自动编程

自动编程是指在编程过程中，除了分析零件图样和制定工艺方案由人工进行外，其余工作均由计算机辅助完成。采用计算机自动编程时，数学处理、编写程序、检验程序等工作是由计算机自动完成的，由于计算机可自动绘制出刀具中心运动轨迹，使编程人员可及时检查程序是否正确，需要时可及时修改，以获得正确的程序。又由于计算机自动编程代替程序编制人员完成了烦琐的数值计算，可提高编程效率几十倍乃至上百倍，因此解决了手工编程无法解决的许多复杂零件的编程难题。

根据输入方式的不同，可将自动编程分为图形数控自动编程、语言数控自动编程和语音数控自动编程等。图形数控自动编程指将零件的图形信息直接输入计算机，通过自动编程软件的处理，得到数控加工程序。目前，图形数控自动编程指使用最为广泛的自动编程方式。语言数控自动编程指将加工零件的几何尺寸、工艺要求、切削参数及辅助信息等用数控语言编写成源程序后，输入计算机中，再由计算机进一步处理得到零件加工程序。语音数控自动编程指采用语音识别器，将编程人员发出的加工指令声音转变为加工程序。

手工编程和自动编程比较见表2.1。

表2.1　手工编程和自动编程比较

编程方法	特　点	使 用 场 合
手工编程	耗费时间较长，容易出现错误，无法胜任复杂形状零件的编程	几何形状不太复杂零件的编程，所需的加工程序不长，计算比较简单
自动编程	编程工作效率高，编程准确性高，可解决复杂形状零件的编程难题	复杂形状零件的编程

三、字与字的功能

视频

数控车床的程序功能字

1. 字符与代码

字符是用于组织、控制或表示数据的一些符号，如数字、字母、标点符号、数学运算符等。数控系统只能接收二进制信息，所以必须把字符转换成8位信息组合成的字节，用“0”和“1”的组合代码表达。国际上广泛采用以下两种标准代码：

（1）ISO国际标准化组织标准代码。

（2）EIA美国电子工业协会标准代码。

以上两种标准代码的编码方法不同，在大多数现代数控车床上这两种代码都可以使用，只需用系统控制面板上的开关，或用G功能指令进行选择。

2. 字

在数控加工程序中，字指一系列按规定排列的字符，作为一个信息单元存储、传递和操作。字由一个英文字母与随后的若干位十进制数字组成，这个英文字母称为地址符。

例如，“X2500”是一个字，X为地址符，数字“2500”为地址中的内容。

3. 字的功能

组成程序段的每个字都有其特定的功能含义，在实际工作中，应遵照机床数控系统说明书使用各个功能字。

(1)顺序号字 N。顺序号又称程序段号或程序段序号。顺序号位于程序段之首，由顺序号字 N 和后续数字组成。顺序号字 N 是地址符，后续数字一般为 1~4 位正整数。数控加工中的顺序号实际上是程序段的名称，与程序执行的先后次序无关。数控系统不是按顺序号的次序执行程序，而是按照程序段编写时的排列顺序逐段执行。

顺序号的作用：对程序的校对和检索修改；作为条件转向的目标，即作为转向目的程序段的名称。有顺序号的程序段可以进行复归操作，即加工可以从程序的中间开始，或回到程序中断处开始。

一般使用方法：编程时将第一程序段冠以 N10，然后以间隔 10 递增的方法设置顺序号，这样，在调试程序时，如果需要在 N10 和 N20 之间插入程序段，可以使用 N11、N12 等。

(2)准备功能字 G。准备功能字的地址符是 G，又称 G 功能或 G 指令，是用于建立机床或控制系统工作方式的指令。后续数字一般为 1~3 位正整数，具体含义见表 2.2。

表 2.2　G 功能字含义表

G 功能字	FANUC 系统含义	西门子系统含义
G00	快速移动点定位	快速移动点定位
G01	直线插补	直线插补
G02	顺时针圆弧插补	顺时针圆弧插补
G03	逆时针圆弧插补	逆时针圆弧插补
G04	暂停	暂停
G05	—	通过中间点圆弧插补
G17	xy 平面选择	xy 平面选择
G18	zx 平面选择	zx 平面选择
G19	yz 平面选择	yz 平面选择
G20	英制单位	—
G21	米制单位	—
G32	螺纹切削	—
G33	—	恒螺距螺纹切削
G40	刀具补偿注销	刀具补偿注销
G41	刀具补偿——左	刀具补偿——左
G42	刀具补偿——右	刀具补偿——右
G43	刀具长度补偿——正	—
G44	刀具长度补偿——负	—
G49	刀具长度补偿注销	—
G50	主轴最高转速限制	—
G54~G59	加工坐标系设定	零点偏置
G65	用户宏指令	—
G70	精加工循环	英制单位
G71	外圆粗切循环	米制单位

续上表

G功能字	FANUC系统含义	西门子系统含义
G72	端面粗切循环	—
G73	封闭切削循环	—
G74	端面切槽切削循环	—
G75	径向切槽循环	—
G76	复合螺纹切削循环	—
G90	内外径单一固定循环	绝对尺寸
G91	—	增量尺寸
G92	螺纹切削循环	主轴转速极限
G94	端面切削循环	每分钟进给量
G95	—	每转进给量
G96	恒线速控制	恒线速度
G97	恒线速取消	注销G96
G98	每分钟进给量	—
G99	每转进给量	—

(3)尺寸字。尺寸字用于确定机床上刀具运动终点的坐标位置。其中,第一组X、Y、Z、U、V、W、P、Q、R用于确定终点的直线坐标尺寸;第二组A、B、C、D、E用于确定终点的角度坐标尺寸;第三组I、J、K用于确定圆弧轮廓的圆心坐标尺寸。

多数数控系统可以用准备功能字选择坐标尺寸的制式,如FANUC系统可用G20/G21指令选择米制单位或英制单位,也有些系统用系统参数设定尺寸制式。采用米制时,一般单位为mm,如X100指令的坐标单位为100 mm。当然,一些数控系统可通过参数选择不同的尺寸单位。

(4)进给功能字F。进给功能字的地址符是F,又称F功能或F指令,用于指定切削的进给速度。对于车床,F可分为每分钟进给和主轴每转进给两种。F指令在螺纹切削程序段中常用于指令螺纹的导程。

(5)主轴转速功能字S。主轴转速功能字的地址符是S,又称S功能或S指令,用于指定主轴转速,单位为r/min。对于具有恒线速度功能的数控车床,程序中的S指令可用于指定车削加工的线速度数。

(6)刀具功能字T。刀具功能指系统进行选刀或换刀的功能指令,又称T功能或T指令。刀具功能使用地址T及后缀的数字表示,常用的刀具功能指定方法有T4位数法和T2位数法。

①T4位数法。T4位数法可以同时指定刀具和选择刀具补偿,T4后的四位数中前两位用于指定刀具号,后两位用于指定刀具补偿存储器号,刀具号与刀具补偿存储器号不一定相同。如T0101表示选用1号刀具及选用1号刀具补偿存储器中的补偿值;T0102表示选用1号刀具及选用2号刀具补偿存储器中的补偿值。

②T2位数法。T2位数法仅能指定刀具号,刀具存储器号则用其他代码(如D或H代码)进行选择,同样,刀具号与刀具补偿存储器号不一定相同。如T05D01表示选用5号刀具及选用1号刀具补偿存储器中的补偿值。

注意:目前FANUC系统和国产系统数控车床采用T4位数法,绝大多数加工中心及西门子系统采用T2位数法。

(7)辅助功能字 M。辅助功能字的地址符是 M,后续数字一般为 1~3 位正整数,又称 M 功能或 M 指令,用于指定数控车床辅助装置的开关动作,如开/停冷却泵、主轴正反转、程序的结束等,具体含义见表 2.3。

表 2.3　M 功能字含义表

M 功能字	含　义	M 功能字	含　义
M00	程序停止	M07	2 号冷却液开
M01	计划停止	M08	1 号冷却液开
M02	程序停止	M09	冷却液关
M03	主轴顺时针旋转	M30	程序停止并返回开始处
M04	主轴逆时针旋转	M98	调用子程序
M05	主轴旋转停止	M99	返回子程序
M06	换刀		

视频

加工程序的格式

注意:在同一程序段中既有 M 指令又有其他指令时,M 指令与其他指令执行的先后次序由机床系统参数设定。因此,为了保证程序以正确的次序执行,应将 M 指令以单独的程序段进行编程。

四、加工程序的格式

1. 程序段格式

程序段是可作为一个单位处理的、连续的字组,是数控加工程序中的一条语句。一个数控加工程序由若干程序段组成。

程序段格式是指程序段中字、字符和数据的安排形式。现在一般使用字地址可变程序段格式,每个字长不固定,各个程序段中的长度和功能字的个数都是可变的。地址可变程序段格式中,在上一程序段中写明的、本程序段里又不变化的那些字仍然有效,可以不再重写。这种功能字称为续效字。

程序段格式举例:

```
N30 G01 X88.1 Y30.2 F500 S3000 T02 M08
N40 X90
```

上述程序段省略了续效字“G01 Y30.2 F500 S3000 T02 M08”,但它们的功能仍然有效。

在程序段中,必须明确组成程序段的各要素:

(1)移动目标:终点坐标值 X、Y、Z。

(2)沿怎样的轨迹移动:准备功能字 G。

(3)进给速度:进给功能字 F。

(4)切削速度:主轴转速功能字 S。

(5)使用刀具:刀具功能字 T。

(6)机床辅助动作:辅助功能字 M。

2. 加工程序的一般格式

(1)程序开始符、结束符。程序开始符、结束符是同一个字符,ISO 代码中是%,EIA 代码中是

EP，书写时要单列一段。

（2）程序名。程序名有两种形式：一种由英文字母 O 和 1~4 位正整数组成；另一种由英文字母开头，字母数字混合组成，一般要求单列一段。

（3）程序主体。程序主体是由若干个程序段组成的，每个程序段一般占一行。

（4）程序结束指令。程序结束指令可以用 M02 或 M30，一般要求单列一段。

加工程序的一般格式举例如下：

```
%                                  //开始符
O1000                              //程序名
N10 G00 G54 X50 Y30 M03 S3000      //程序主体
N20 G01 X88.1 Y30.2 F500 T02 M08
N30 X90
…
N300
M30                                //程序结束指令
%                                  //结束符
```

五、常用编程基本指令

数控加工程序由各种功能字按照规定的格式组成。正确地理解各个功能字的含义，恰当地使用各种功能字，按规定的程序指令编写程序，是编写数控加工程序的关键。

程序编制的规则，首先是由所采用的数控系统决定的，所以应详细阅读数控系统编程、操作说明书，下面按常用数控系统的共性概念进行说明。

1. 绝对尺寸指令和增量尺寸指令

绝对尺寸指机床运动部件的坐标尺寸值相对于坐标原点给出，如图 2.12 所示。增量尺寸指机床运动部件的坐标尺寸值相对于前一位置给出，如图 2.13 所示。

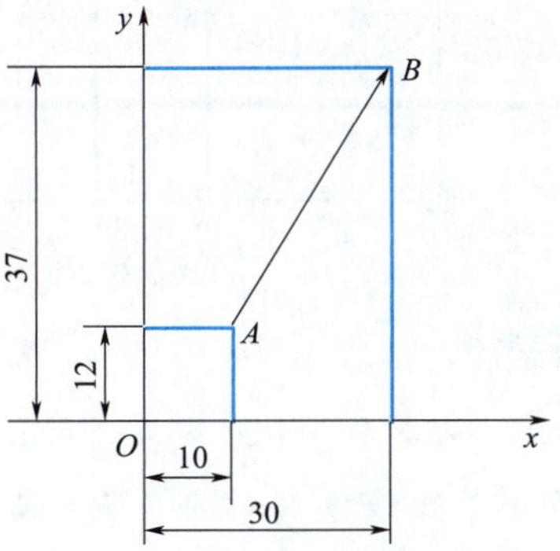

图 2.12　绝对尺寸

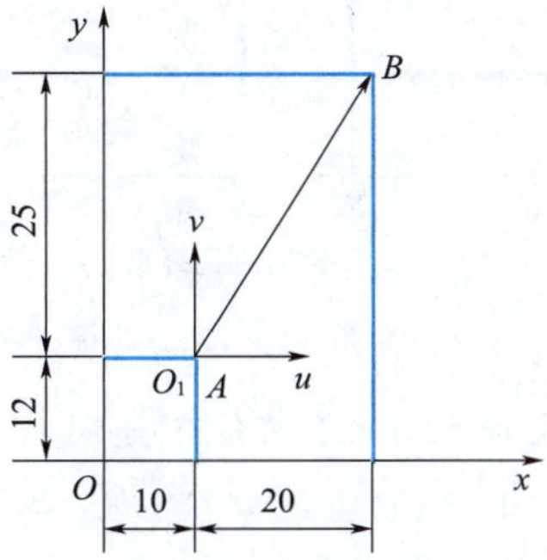

图 2.13　增量尺寸

在加工程序中，绝对尺寸指令和增量尺寸指令有两种表达方法。

（1）G 功能字指定（西门子系统采用此方式）。G90 指定尺寸值为绝对尺寸；G91 指定尺寸值为增量尺寸。

这种表达方式的特点是同一条程序段中只能用一种，不能混用；同一坐标轴方向的尺寸字的地址符是相同的。

(2)用尺寸字的地址符指定(FANUC 数控系统采用此方式)。绝对尺寸的尺寸字的地址符用 X、Y、Z;增量尺寸的尺寸字的地址符用 U、V、W。

这种表达方式的特点是同一程序段中绝对尺寸和增量尺寸可以混用,将给编程带来很大方便。

2. 坐标平面选择指令

坐标平面选择指令用于选择圆弧插补平面和刀具补偿平面。

编程格式:G17/G18/G19

G17 表示选择 *xy* 平面,G18 表示选择 *zx* 平面,G19 表示选择 *yz* 平面,其作用是让机床在指定坐标平面上进行插补加工和加工补偿。在数控车床上,一般默认在 *xz* 平面内加工;在数控铣床上,默认在 *xy* 平面内加工。移动指令和平面选择无关,如 G17 Z_,这条指令可使机床在 *z* 轴方向产生移动。各坐标平面选择如图 2.14 所示。

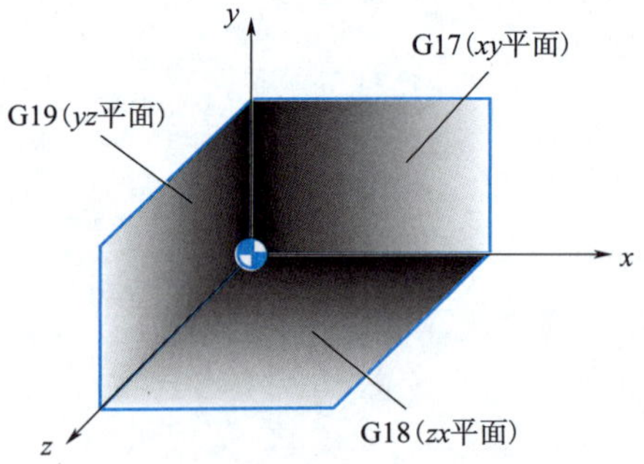

图 2.14　坐标平面选择

3. 快速点定位指令

快速点定位指令控制刀具以点位控制的方式快速移动到目标位置,其移动速度由参数设定。指令执行开始后,刀具沿着各个坐标方向同时按参数设定的速度移动,最后减速到达终点,如图 2.15(a)所示。

视频

数控车床的基本指令 1

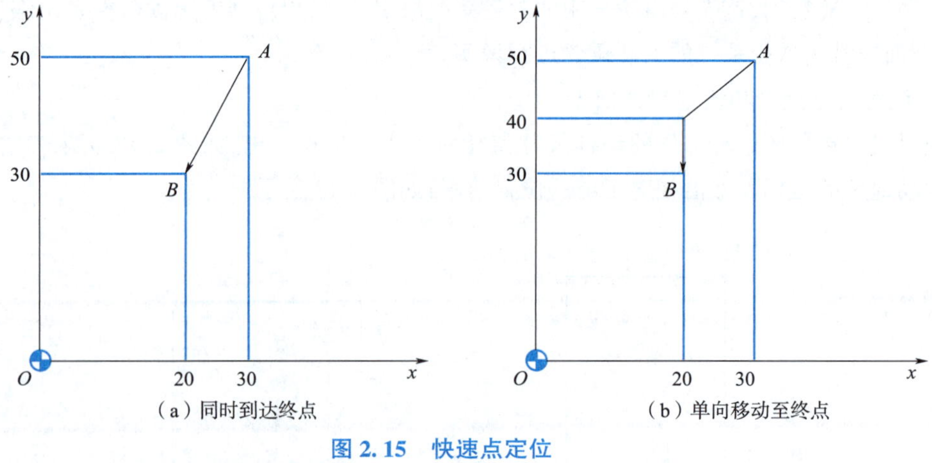

图 2.15　快速点定位

注意:在各坐标方向上有可能不是同时到达终点。刀具移动轨迹是几条线段的组合,不是一条直线。例如,在 FANUC 系统中,运动总是先沿 45°的直线移动,最后再在某一轴单向移动至目标点位置,如图 2.15(b)所示。编程人员应了解使用的数控系统的刀具移动轨迹情况,以避免加工中可能出现的碰撞。

编程格式:

```
G00 X_Y_Z_
```

其中,X、Y、Z 的值是快速点定位的终点坐标值。例如,从 *A* 点到 *B* 点快速移动的程序段为

```
G90 G00 X20 Y30
```

注意：

(1)G00是模态指令，上述例子中，由*A*点到*B*点实现快速点定位时，因前面程序段已设定了G00，后面程序段可以不再重复设定定义G00，只写出坐标值即可。

(2)快速点定位移动速度不能用程序指令设定，它的速度已由生产厂家预先调定或由引导程序确定。若在快速点定位程序段前设定了进给速度指令F，则对G00程序段无效。

(3)快速点定位G00是刀具由程序起始点开始加速移动至最大速度，然后保持快速移动，最后减速到达终点，实现快速点定位，这样可以提高数控车床的定位精度。

4. 直线插补指令

直线插补指令用于产生按指定进给速度F实现的空间直线运动。

编程格式：

```
G01 X_Y_Z_F_
```

其中，X、Y、Z的值是直线插补的终点坐标值。

例如，实现图2.16中从*A*点到*B*点的直线插补运动，其程序段为

绝对方式编程：

```
G90 G01 X10 Y10 F100
```

增量方式编程：

```
G91 G01 X-10 Y-20 F100
```

5. 圆弧插补指令

视频

数控车床的基本指令2

G02为按指定进给速度的顺时针圆弧插补。G03为按指定进给速度的逆时针圆弧插补。

圆弧顺逆方向的判别：沿不在圆弧平面内的坐标轴，由正方向向负方向看，顺时针方向为G02，逆时针方向为G03，如图2.17所示。

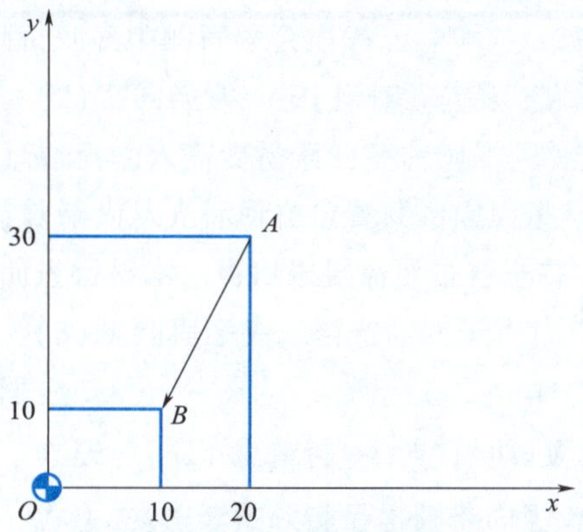

图2.16 直线插补运动

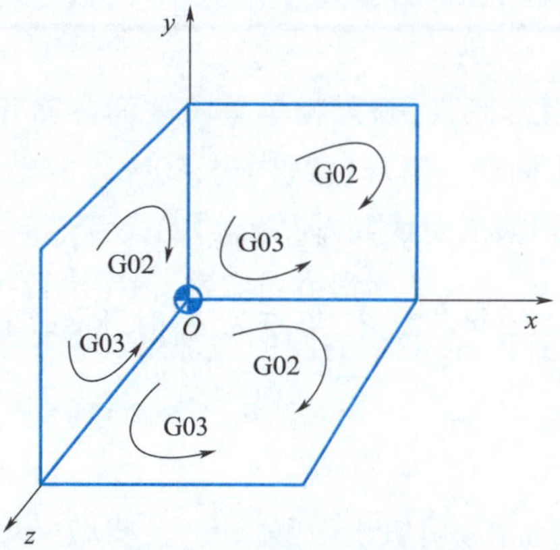

图2.17 圆弧方向判别

各平面内圆弧情况如图2.18所示，图2.18(a)所示为*xy*平面的圆弧插补，图2.18(b)所示为*zx*平面圆弧插补，图2.18(c)所示为*yz*平面的圆弧插补。

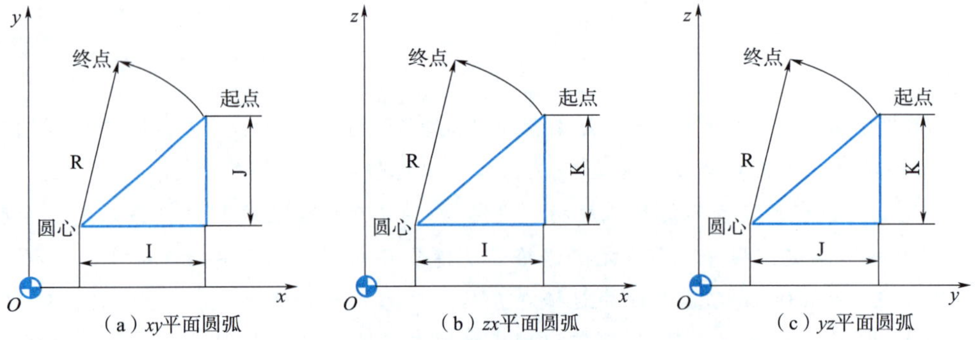

图 2.18　各平面内圆弧情况

编程格式：

xy 平面：

```
G17 G02 X_Y_I_J_(R_) F_
G17 G03 X_Y_I_J_(R_) F_
```

zx 平面：

```
G18 G02 X_Z_I_K_(R_) F_
G18 G03 X_Z_I_K_(R_) F_
```

yz 平面：

```
G19 G02 Z_Y_J_K_(R_) F_
G19 G03 Z_Y_J_K_(R_) F_
```

其中，X、Y、Z 的值指圆弧插补的终点坐标值；I、J、K 指圆弧起点到圆心的增量坐标，与 G90、G91 指令无关；R 为指定圆弧半径，当圆弧的圆心角≤180°时，R 值为正，当圆弧的圆心角>180°时，R 值为负。

例如，在图 2.19 中，当圆弧 *A* 的起点为 P_1、终点为 P_2 时，圆弧插补程序段为

```
G02 X321.65 Y280 I40 J140 F50
```

或

```
G02 X321.65 Y280 R-145.6 F50
```

当圆弧 *A* 的起点为 P_2、终点为 P_1 时，圆弧插补程序段为

```
G03 X160 Y60 I-121.65 J-80 F50
```

或

```
G03 X160 Y60 R-145.6 F50
```

6. F 功能

F 功能指令用于控制切削进给量。在程序中，一般有以下两种使用方法。

(1)每转进给量。

编程格式：

```
G95 F_
```

F 后面的数字表示主轴每转进给量，单位为 mm/r。例如，G95 F0.2 表示进给量为 0.2 mm/r。

(2)每分钟进给量。

编程格式：

```
G94 F_
```

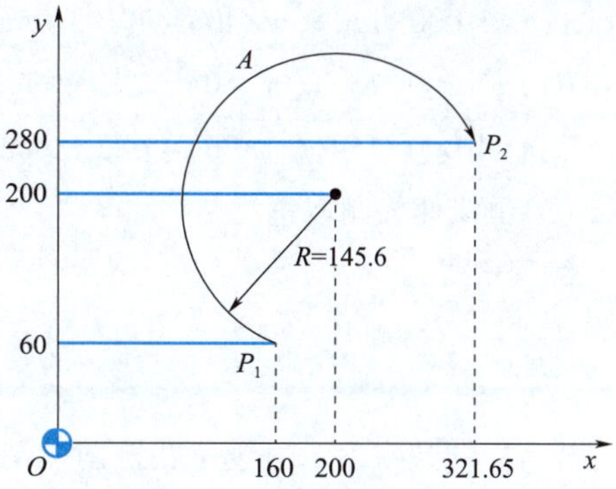

图 2.19　圆弧插补应用

F 后面的数字表示每分钟进给量，单位为 mm/min。例如，G94 F100 表示进给量为 100 mm/min。

7. S 功能

S 功能指令用于控制主轴转速。

编程格式：

```
S_
```

S 后面的数字表示主轴转速，单位为 r/min。在具有恒线速功能的机床上，S 功能指令还有以下作用：

(1)最高转速限制。

编程格式：

```
G50 S_
```

S 后面的数字表示最高转速，单位为 r/min。例如，G50 S3000 表示最高转速限制为 3 000 r/min。

(2)恒线速控制。

编程格式：

```
G96 S_
```

S 后面的数字表示恒定的线速度，单位为 m/min。线速度 v 与转速 n 之间的相互换算关系为

$$n=\frac{1\ 000\ v}{\pi D} \tag{2.1}$$

式中　v——切削线速度，m/min；

D——刀具直径，mm；

n——主轴转速，r/min。

例如，G96 S150 表示切削点线速度控制在 150 m/min。对图 2.20 所示的零件，为保持 A、B、C 各点的线速度在 150 m/min，则各点在加工时的主轴转速分别为

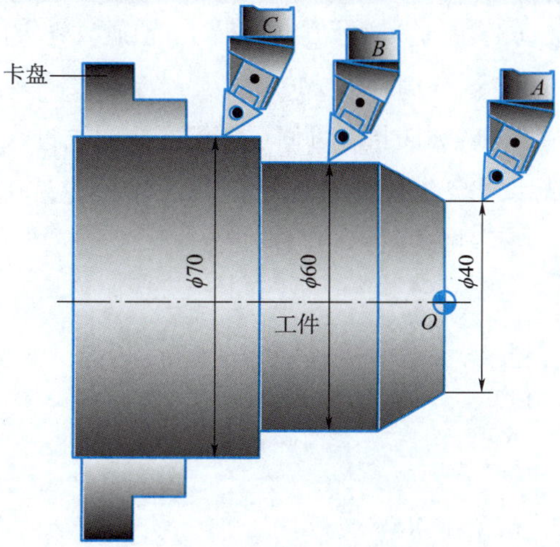

图 2.20　恒线速切削方式

A：$n=1\ 000\times150\div(\pi\times40)=1\ 193$ r/min。

B：$n=1\ 000\times150\div(\pi\times60)=795$ r/min。

C：$n=1\ 000\times150\div(\pi\times70)=682$ r/min。

(3)恒线速控制取消。

编程格式：

```
G97 S_
```

S 后面的数字表示恒线速度控制取消后的主轴转速，若 S 未指定，将保留 G96 的最终值。例如，G97 S3000 表示恒线速控制取消后主轴转速为 3 000 r/min。

8. T 功能

T 功能指令用于选择加工所用刀具。

编程格式：

```
T_
```

T 后面通常有两位数表示所选择的刀具号码。但也有 T 后面用四位数字，前两位是刀具号，后两位是刀具长度补偿号，也是刀尖圆弧半径补偿号。例如，T0303 表示选用 3 号刀及 3 号刀具长度补偿值和刀尖圆弧半径补偿值。T0300 表示取消刀具补偿。

9. M 功能

(1)程序暂停。

指令：M00

功能：在完成程序段其他指令后，机床停止自动运行，此时所有存在的模态信息保持不变，用循环启动执行 M00 后的指令，使机床自动运行。

(2)计划停止。

指令：M01

功能：与 M00 作用相似，但 M01 可以使用机床“任选停止按钮”选择是否有效。

(3)主轴顺时针方向旋转、主轴逆时针方向旋转、主轴停止。

指令：M03、M04、M05

功能：M03 指令可使主轴按右旋螺纹进入工件的方向旋转，即主轴正转；M04 指令使主轴按右旋螺纹离开工件的方向旋转，即主轴反转；M05 指令可使主轴停止。

编程格式：

```
M03 S_
M04 S_
M05
```

(4)换刀。

指令：M06

功能：自动换刀，用于具有自动换刀装置的机床，如加工中心等。

编程格式：

```
M06 T_
```

说明：当数控系统不同时，换刀的格式有所不同，具体编程时应参考操作说明书。

(5)程序结束。

指令：M02、M30

功能：M02 为程序结束指令，指令执行后，表示本加工程序内所有内容均已完成，但程序结束后，机床显示器上的执行光标不返回程序开始段。

M30 与 M02 相似，表示程序结束，不同之处在于当程序内容结束后，停止主轴、切削液等所有机床动作，机床显示器上的执行光标返回程序开始段，为加工下一个工件做好准备。

(6)切削液开、关。

指令：M08、M09

功能：M08 表示切削液开，M09 表示切削液关。

10. 加工坐标系设置

编程格式：

```
G50 X_Z_
```

其中，X、Z 的值是起刀点相对于加工原点的位置。

在数控车床编程时，所有 x 坐标值均使用直径值。注意：有些数控系统使用 G92 指令，功能与 G50 一样。

例如，按图 2.21 所示设定加工坐标的程序段为

```
G50 X128.7 Z375.1
```

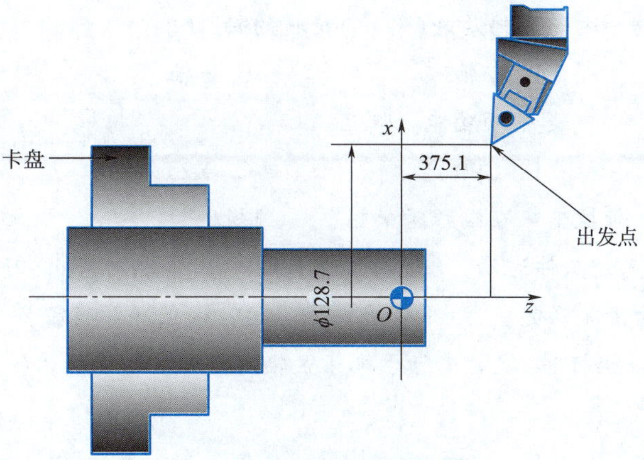

图 2.21　设定加工坐标系

项目小结

本项目主要从判定坐标系和基本指令选择两个任务出发，重点在坐标系的确定、机床和工件坐标系、确定刀具与工件的位置、绝对与相对坐标、数控程序编制内容与步骤、数控程序编制方法、

字与字的功能、程序的格式、常用编程基本指令、加工工艺等知识点进行介绍，让学生能够运用所学知识分析数控车床运动系统的组成，建立正确的机床坐标系，并会对简单零件正确选择指令、编制简单程序。

复习与思考

一、选择题

1. 下列指令属于准备功能字的是(　　)。

A. G01　　B. M08　　C. T01　　D. S500

2. 根据加工零件图样选定的编制零件程序的原点是(　　)。

A. 机床原点　　B. 编程原点　　C. 加工原点　　D. 刀具原点

3. 通过当前的刀位点设定加工坐标系的原点，不产生机床运动的指令是(　　)。

A. G54　　B. G53　　C. G55　　D. G92

4. 用于指定圆弧插补的平面和刀具补偿平面为 xy 平面的指令是(　　)。

A. G16　　B. G17　　C. G18　　D. G19

5. 主轴逆时针方向旋转的指令代码是(　　)。

A. G03　　B. G04　　C. G05　　D. G06

6. 程序结束并复位的指令代码是(　　)。

A. M02　　B. M03　　C. M30　　D. M00

7. 辅助功能 M00 的作用是(　　)。

A. 条件停止　　B. 无条件停止　　C. 程序结束　　D. 单程序段结束

8. 一般取产生切削力的主轴轴线为(　　)。

A. x 轴　　B. y 轴　　C. z 轴　　D. c 轴

9. 数控车床的旋转轴之一 b 轴是绕(　　)旋转的轴。

A. x 轴　　B. y 轴　　C. z 轴　　D. w 轴

10. 以下指令中，(　　)是辅助功能。

A. M03　　B. G90　　C. X25　　D. S700

11. 根据 ISO 标准，数控车床在编程时采用(　　)规则。

A. 刀具相对静止，工件运动　　B. 工件相对静止，刀具运动

C. 按实际运动情况确定　　D. 按坐标系确定

12. 确定机床 x、y、z 坐标时，规定平行于机床主轴的刀具运动坐标为(　　)，取刀具远离工件的方向为(　　)方向。

A. x 轴　正　　B. y 轴　正　　C. z 轴　正　　D. z 轴　负

13. 不同的数控系统(　　)。

A. 程序格式不相同，G 代码不相同　　B. 程序格式不相同，G 代码不相同

C. 程序格式相同，G 代码相同　　D. 程序格式不相同，G 代码相同

14. 用于主轴旋转速度控制的代码是(　　)。

A. T　　B. G　　C. S　　D. H

15. 数控车床中T代码指(   )。

A. 主轴功能　　B. 辅助功能　　C. 进给功能　　D. 刀具功能

二判断题

1. 对几何形状不复杂的零件,自动编程的经济性更好。 (   )
2. 数控加工程序的顺序段号必须顺序排列。 (   )
3. 增量尺寸指机床运动部件坐标尺寸值相对于前一位置给出。 (   )
4. G00快速点定位指令控制刀具沿直线快速移动到目标位置。 (   )
5. 工件坐标系的原点即编程原点,必须与工件基准点重合。 (   )
6. 数控车床的进给速度指令为G代码指令。 (   )
7. 数控车床采用了笛卡儿坐标系,各轴的方向用右手判断。 (   )
8. G98指令下,F值为每分钟进给速度(单位mm/min)。 (   )
9. G01指令是模态的。 (   )
10. 逆时针圆弧插补指令为G03。 (   )
11. M02表示程序结束。 (   )
12. G96指令定义为恒线速切削指令。 (   )
13. 在同一个程序中,既可以用绝对值编程,又可以用增量值编程。 (   )
14. 参考点是机床上的一个固定点,与加工程序无关。 (   )

三、简答题

1. 在生产中使用的数控车床有哪几个坐标轴?

2. 伸出右手,根据右手笛卡儿直角坐标系,判定图2.22所示牛头刨床和图2.23所示立式数控铣床的坐标轴及正负方向。

提示:上述两题主要考查坐标轴的命名原则,都假设工件为静止,刀具远离工件的方向为正方向。

图2.22　牛头刨床

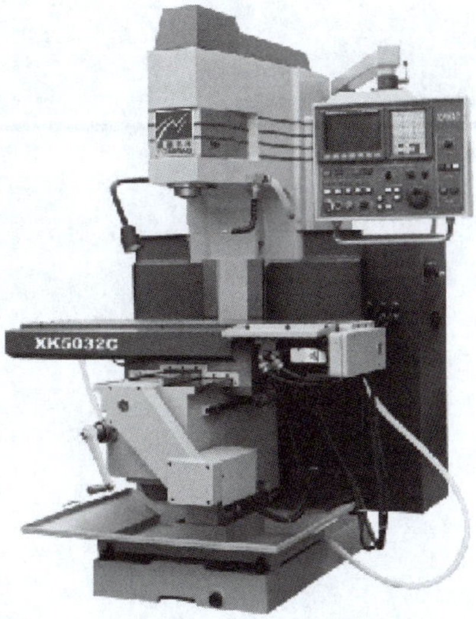

图2.23　立式数控铣床

3. 数控车床中有哪些坐标系？它们之间有什么关系？分别在什么位置？怎样进行设置？

4. 数控车床的机床原点、参考点及工件原点之间有什么区别？试以某具有参考点功能的车床为例，在图 2.24 中表达出它们之间的相对位置关系。一般以 x_M 表示机床坐标系的 x 轴，x_W 表示工作坐标系的 x 轴，(x_R, z_R) 表示机床参考点坐标。

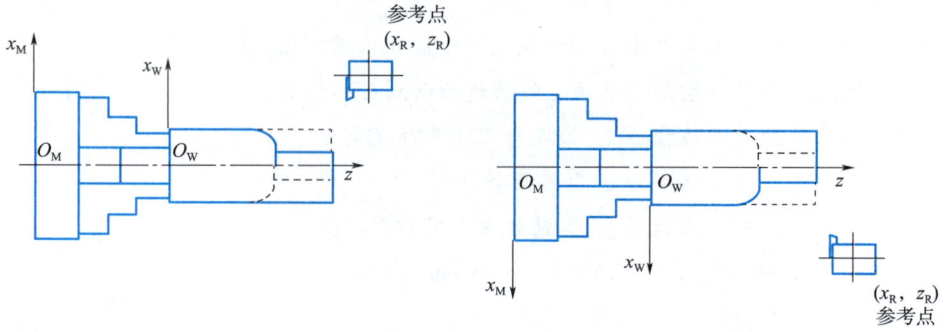

图 2.24　相对位置关系

5. 数控车床加工程序的编制步骤是什么？

6. 数控车床加工程序的编制方法有哪些？它们分别适用什么场合？

7. 用 G92 程序段设置的加工坐标系原点在机床坐标系中的位置是否不变？

8. 下面程序是某零件的精加工程序。请根据该程序，画出零件图，并标注尺寸。

```
O0001
T0101 M03 S800
G42 G00 X50 Z5
G01 X0 F120
Z0
G03 X24 Z-12 R12
G01 W-12
U6 W-3
Z-51
G03 X38 W-15 R25
Z-80
G00 X50
G40 Z50
M30
```

项目 3 FANUC 系统数控车床操作

项目描述

本项目通过 FANUC 数控车床认识及对刀操作两个学习任务，使学生掌握 FANUC 数控系统面板及操作面板的使用方法、程序的输入与编辑、对刀操作步骤等知识，为接下来的数控车床零件加工打下良好的基础。

项目学习目标

知识目标

1. 了解 FANUC 0i Mate-TC 系统数控车床面板按键功能区的划分并能阐述各按键的含义与功能；
2. 掌握数控车床回参考点的作用，并能完成回零操作；
3. 理解对刀原理，掌握试切对刀的步骤。

能力目标

1. 能够通过数控车床面板进行简单的数控车床操作；
2. 会熟练地切换界面，并能进行程序输入；
3. 能完成外圆偏刀对刀操作。

素养目标

1. 培养学生树立工匠精神；
2. 通过分组实操训练，培养学生的团队精神；
3. 培养学生自觉遵守安全及技能操作规程的工作习惯；
4. 通过课内 5S 管理，培养学生的职业精神。

任务 3.1　认识 FANUC 数控系统面板和操作面板

任务描述

图 3.1 所示为 FANUC 0i Mate-TC 系统数控车床系统面板和操作面板，阐述各按键的含义，并对该系统车床完成回零、MDI、JOG、程序编辑输入等操作。

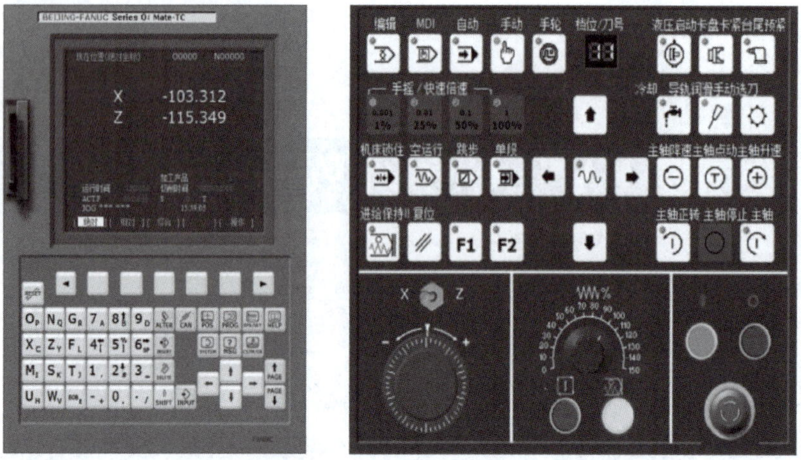

图 3.1　FANUC 0i Mate-TC 系统数控车床系统面板和操作面板

知识目标

1. 了解 FANUC 0i Mate-TC 系统数控车床面板按键功能区的划分并能阐述各按键的含义与功能；

2. 掌握数控车床回参考点的作用，并能完成回零操作。

能力目标

1. 能够通过数控车床面板进行简单的数控车床操作；

2. 会熟练地切换界面，并能进行程序输入。

素养目标

1. 培养学生良好的道德修养、乐观向上的人生价值观和工匠精神；

2. 培养学生自觉遵守安全及技能操作规程的工作习惯；

3. 加强表达和沟通能力，培养学生的团队合作精神。

视频

数控车床的操作界面和运行模式

相关知识

一、数控车床的系统面板布局划分

键盘说明见表 3.1。

表 3.1　键盘说明表

名　称	图　示	功 能 说 明
复位键		按下该键可以使 CNC 复位或取消报警
帮助键		当对 MDI 键的操作不明确时，按下该键可以获得帮助

续上表

<table>
<tr><th colspan="2">名　　称</th><th>图　　示</th><th>功 能 说 明</th></tr>
<tr><td colspan="2">软键</td><td></td><td>根据不同的界面，软键有不同的功能，软键功能显示在屏幕的底端</td></tr>
<tr><td colspan="2">地址和数字键</td><td></td><td>按下该键可以输入字母、数字或者其他字符</td></tr>
<tr><td colspan="2">切换(SHIFT)键</td><td></td><td>在键盘上的某些键具有两个功能，按下该键可以在这两个功能之间进行切换</td></tr>
<tr><td colspan="2">输入键</td><td></td><td>当按下一个字母键或数字键时，再按该键数据被输入到缓冲区，并且显示在屏幕上，同时将输入缓冲区的数据复制到偏置寄存器中</td></tr>
<tr><td colspan="2">取消键</td><td></td><td>用于删除最后一个进入输入缓存区的字符或符号</td></tr>
<tr><td rowspan="3">程序编辑功能键</td><td>替换键</td><td></td><td>用输入的数据代替光标处数据</td></tr>
<tr><td>插入键</td><td></td><td>把输入区域的数据移动到当前光标之后的位置</td></tr>
<tr><td>删除键</td><td></td><td>删除光标处数据</td></tr>
<tr><td colspan="2">界面转换功能键</td><td></td><td>按下这些键，切换不同功能的显示界面</td></tr>
<tr><td colspan="2" rowspan="4">光标移动键</td><td></td><td>该键用于将光标向右或向前移动</td></tr>
<tr><td></td><td>该键用于将光标向左或向后移动</td></tr>
<tr><td></td><td>该键用于将光标向下或向前移动</td></tr>
<tr><td></td><td>该键用于将光标向上或向后移动</td></tr>
</table>

续上表

名　　称	图　　示	功 能 说 明
翻页键		该键用于将屏幕显示的页面向前翻页
		该键用于将屏幕显示的页面向后翻页

二、功能键和软键

功能键用于选择将要显示的界面。按下功能键后再按下与界面文字相对的软键,即可选择与所选功能相关的界面。

1. 界面转换功能键

:按该键以显示位置界面。

:按该键以显示程序界面。

:按该键以显示偏置/设置(SETTING)界面。

:按该键以显示系统界面。

:按该键以显示信息界面。

:按该键以显示用户宏界面。

2. 软键

要显示一个更详细的界面,可以在按功能键后按软键。最左侧带有向左箭头的软键为菜单返回键,最右侧带有向右箭头的软键为菜单继续键。

3. 输入缓冲区

当按下一个地址或数字键时,与该键对应的字符就立即被送入输入缓冲区。输入缓冲区的内容显示在 CRT 屏幕的底部。为了标明这是键盘输入的数据,在该字符前面会立即显示一个符号“>”,在输入数据的末尾显示一个符号“_”标明下一个输入字符的位置,如图 3.2 所示。

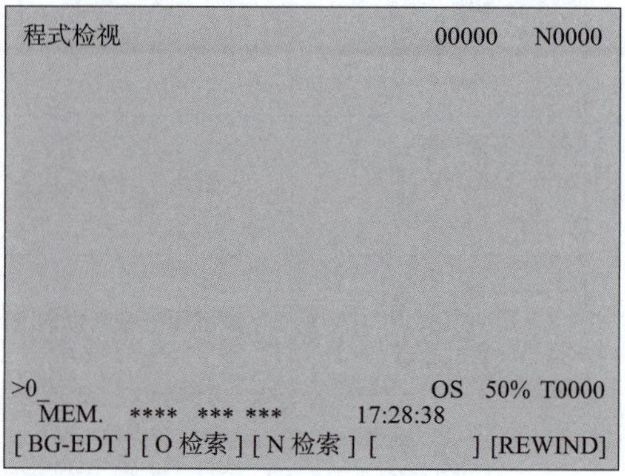

图 3.2　字符输入缓冲区

为了输入同一个键上右下方的字符，首先按【Shift】键，然后按需要输入的键即可。例如，要输入字母 P，首先按【Shift】键，这时【Shift】键变为红色，然后按【P】键，缓冲区内即可显示字母 P。再按一下【Shift】键，【Shift】键恢复成原来颜色，表明此时不能输入右下方字符。按【CAN】键可取消缓冲区最后输入的字符或符号。

三、数控车床的操作面板功能按键说明

数控车床操作面板功能按键见表 3.2。

表 3.2 数控车床操作面板功能按键说明

名　称	图　示	功 能 说 明
工作方式选择键	编辑	按下该键，进入编辑运行方式
	自动	按下该键，进入自动运行方式
	MDI	按下该键，进入 MDI 运行方式
	JOG	按下该键，进入 JOG 运行方式
	手摇	按下该键，进入手轮运行方式
操作选择键	单段	按下该键，进入单段运行方式
主轴旋转键	正转	按下该键，主轴正转
	停止	按下该键，主轴停止
	反转	按下该键，主轴反转
循环启动/停止键		用于开启和关闭，在自动加工运行和 MDI 运行时都会用到
主轴倍率键	主轴100%　主轴升速　主轴降速	在自动或 MDI 方式下，当 S 代码的主轴速度偏高或偏低时，可用于修调程序中编制的主轴速度。按【主轴100%】键（指示灯亮），主轴修调倍率被置为 100%，按一下【主轴升速】键，主轴修调倍率递增 5%；按一下【主轴降速】键，主轴修调倍率递减 5%

续上表

名　称	图　示	功 能 说 明
进给轴和方向选择开关	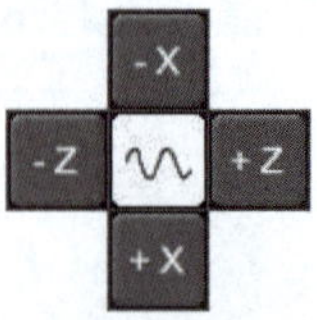	用于选择机床欲移动的轴和方向。其中[∿]键为快进开关,按下后,该键变为红色,表明快进功能开启;再按一下该键,颜色恢复为白色,表明快进功能关闭
JOG 进给速率刻度盘		用于调节 JOG 进给的倍率,倍率值范围为 0~150%,每格为 10%。单击旋钮,旋钮逆时针旋转一格;右击旋钮,旋钮顺时针旋转一格
系统启动/停止		用于开启和关闭数控系统,在通电开机和关机时使用
急停键	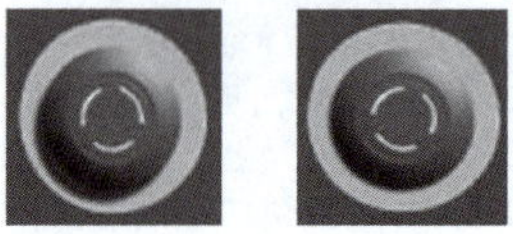 (a)　(b)	用于锁住机床,按下急停键时,机床立即停止运动。急停键抬起后,该键下方有阴影,见左图(a);急停键按下时,该键下方没有阴影,见左图(b)

四、手轮操作面板说明

手轮面板说明见表 3.3。

表 3.3　手轮面板说明

名　称	图　示	功 能 说 明
手轮进给倍率键		用于选择手轮移动倍率,按下所选的倍率键后,该键左上方的红灯亮。[X1]为 0.001、[X10]为 0.010、[X100]为 0.100
手轮旋钮	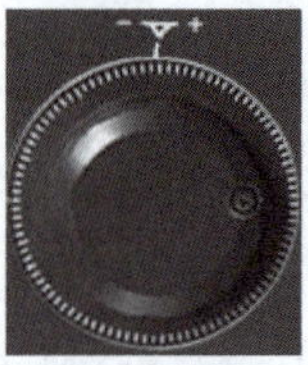	手轮模式下用于使机床移动。手轮模式下,手轮逆时针旋转,机床向负方向移动;手轮顺时针旋转,机床向正方向移动
手轮进给轴选择开关		手轮模式下用于选择机床要移动的轴,拨动开关,开关扳手向上指向 X,表明选择的是 x 轴;开关扳手向下指向 Z,表明选择的是 z 轴

视频

数控车床的基本操作

五、FANUC 数控车床的基本操作

1. 开启机床

开启机床的步骤：打开机床电源开关→启动系统面板电源开关→松开机床急停开关。

操作提示：机床电源打开后，一些机床的主轴润滑油泵也会开始工作，此时应观察主轴油窗是否打油，若不打油应检查油箱是否有油、油泵电动机或皮带是否正常、油路是否畅通。

2. 机床回参考点

由于机床编码器的种类不同，机床采用旋转增量编码器时，需要开机回参考点，采用绝对编码器时，开机不需要回参考点。

(1) 绝对编码器由机械位置决定每个位置的唯一性，无须记忆，无须找参考点，而且不用一直计数，什么时候需要知道位置，什么时候才读取。这样，编码器的抗干扰特性、数据可靠性将大大提高。

(2) 旋转增量式编码器以转动时输出脉冲，通过计数设备了解其位置，当编码器不动或停电时，依靠计数设备的内部记忆记住位置。因此，当停电后，编码器不能有任何的移动；当来电工作时，编码器输出脉冲过程中，也不能有干扰而丢失脉冲，否则，计数设备记忆的零点就会偏移，而且这种偏移的量是无法知道的，只有错误的生产结果出现后才能知道。解决的方法是增加参考点，编码器每经过参考点，将参考位置修正进计数设备的记忆位置，在参考点以前，是不能保证位置的准确性的。为此，在工控中应每次操作先找参考点。

(3) 机床回参考点的步骤流程。按 REF POT 键→按 +X 键，刀架沿 x 轴正方向移动，灯亮说明已回 x 轴零点→按 +Z 键，刀架沿 z 轴正方向移动，灯亮说明已回 z 轴零点→按 POS 键，查看机床机械坐标值。FANUC 系统面板机械坐标回零显示如图 3.3 所示。

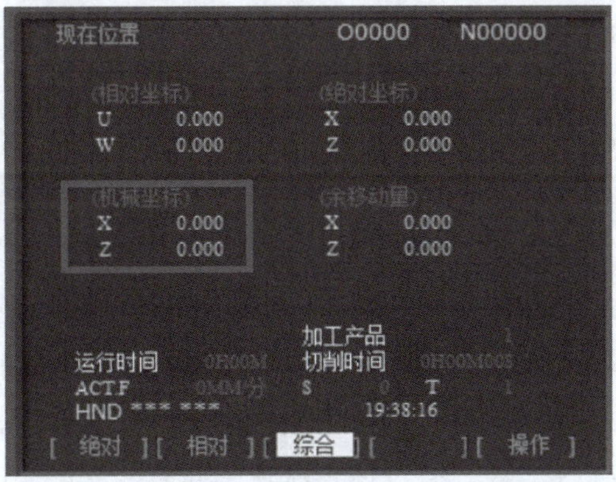

图 3.3　FANUC 系统面板机械坐标回零显示

操作提示：

①回机床参考点时，首先要看机床限位块与限位开关的距离。

②回机床参考点时必须先回 x 轴，再回 z 轴，否则会出现刀架与尾座发生碰撞的危险。

③回机床参考点时倍率开关一般应调低，以防止缓冲过快导致机床误差较大或引起超程等现象。

(4)机床限位和行程。

①限位。由于机床的加工范围有限,为了防止刀架脱离导轨而超程,所以在机床 x 轴和 z 轴的正负方向安装有限位开关,机床只能在限位开关限定的行程范围内工作。

②行程。机床的行程就是它的最大工作区域。

课堂互动

视频

数控车床的开机与安全检查

(1)开机回机床参考点的目的是什么?

(2)如果机床 x、z 轴发生超程,应如何进行超程解除?在数控车床实物上指出 x、z 轴限位块与限位开关。

(3)从数控车床实物结构区分哪些机床需要回机床参考点。

(4)机床参考点与机床原点是同一点吗?

(5)数控车床上安装急停按钮的作用是什么?

3. 手摇轮的操作

在手轮方式下,可使用手轮使机床发生移动。操作步骤如下:

(1)按【手摇】键进入手轮方式。按手轮进给轴选择开关,选择机床要移动的轴。

(2)按手轮进给速率键,选择移动倍率。

(3)根据需要移动的方向,手动旋转手轮相应方向,则机床沿选定方向移动。

4. JOG 进给

JOG 进给即手动连续进给。在 JOG 方式下,按机床操作面板上的进给轴和方向选择开关,机床沿选定轴的选定方向移动。手动连续进给速度可用 JOG 进给速率刻度盘调节,操作步骤如下:

按【JOG】键,系统处于 JOG 运行方式。按进给轴和方向选择开关,机床沿选定轴的选定方向移动。可在机床运行前或运行中使用 JOG 进给速率刻度盘,根据实际需要调节进给速率。如果在按进给轴和方向选择开关前按快速移动开关,则机床按快速移动速度运行。

5. 自动运行

自动运行即机床根据编制的零件加工程序运行。自动运行包括存储器运行和 MDI 运行。

(1)存储器运行。存储器运行指将编制好的零件加工程序存储在数控系统的存储器中,调出要执行的程序使机床运行。按【编辑】键,进入编辑运行方式。按数控系统面板上的【PROG】键及数控屏幕下方的【DIR】软键,屏幕上显示已经存储在存储器中的加工程序列表。按地址键【O】,按【数字】键输入程序号,按检索软键【O】。这时被选择的程序将打开显示在屏幕上。按【自动】键进入自动运行方式,按机床操作面板上循环键中的白色启动键,开始自动运行。

运行中按下循环键中的红色暂停键,机床将减速停止运行;再按下白色启动键,机床恢复运行;按下数控系统面板上的【Reset】键,自动运行结束并进入复位状态。

(2)MDI 运行。MDI 运行指用键盘输入一组加工命令后,机床根据这个命令执行操作。按【MDI】键,进入 MDI 运行方式。按数控系统面板上的【PROG】键,屏幕上显示图 3.4 所示界面,程序号 O0000 为自动生成。

(3)程序再启动。该功能指定程序段的顺序号即程序段号,以便下次从指定的程序段开始重新启动加工。该功能有两种再启动方法,即 P 型和 Q 型。

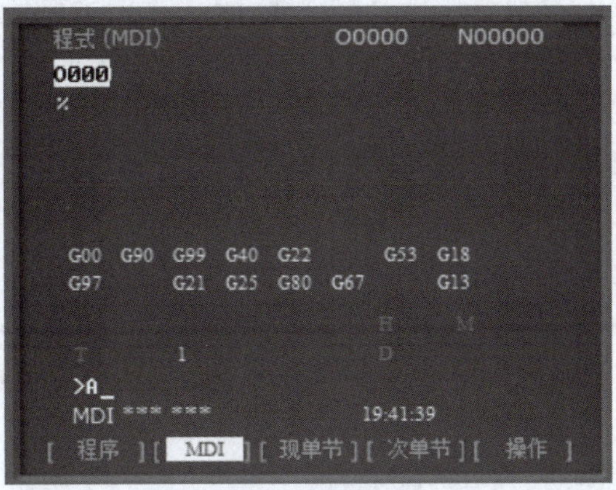

图 3.4　MDI 运行输入界面

P 型操作可在程序的任何地方开始重新启动。程序再启动的程序段不必是被中断的程序段，而是任意程序段。当执行 P 型再启动时，再启动程序段必须使用与被中断时相同的坐标系。Q 型操作在重新启动前，机床必须移动到程序起点。

(4) 单段。单段方式通过一段一段执行程序的方法检查程序。操作步骤如下：

按操作选择键中的【单段】键，进入单段运行方式。按循环启动键，执行程序的一个程序段，然后机床停止；再按循环启动键，执行程序的下一个程序段，机床停止，如此反复，直到执行完所有程序段。

视频

创建和编辑程序

6. 创建和编辑程序

下列各项操作均是在编辑状态、程序被打开的情况下进行的。

(1) 创建程序。在机床操作面板的方式选择键中按【编辑】键，进入编辑运行方式。按系统面板上的【PROG】键，数控屏幕上显示程式界面。使用字母和数字键输入程序号，按插入键 INSERT，此时程序屏幕上显示新建立的程序名和结束符%，接下来可以输入程序内容。

新建的程序会自动保存到 DIR 界面的零件程序列表中，但这种保存是暂时的，退出 FANUC 系统后，列表中的程序会消失。

(2) 字的检索。按【操作】软键，按最右侧带有向右箭头的菜单继续键，直到软键中出现【检索】软键，输入需要检索的字。例如，要检索 M03，则输入 M03，按【检索】软键。带向下箭头的【检索】软键为从光标所在位置开始向后进行检索，带向上箭头的【检索】软键为从光标所在位置开始向前进行检索。可以根据需要进行选择，光标找到目标字后，将定位在该字上。

(3) 跳到程序头。当光标处于程序中间，而需要将其快速返回到程序开头，可使用下列两种方法：

方法一：按下复位键，光标即可返回到程序头。

方法二：连续按软键最右侧带向右箭头的菜单继续键，直到软键中出现【Rewind】键，按下该键，光标即可返回到程序头。

(4) 字的插入。例如，要在第一行的最后插入"X20."。使用光标移动键，将光标移到需要插入的后一位字符上，输入要插入的字和数据"X20."，按下插入键 INSERT，此时"X20."被插入。

(5)字的替换。使用光标移动键,将光标移动到需要替换的字符上,输入要替换的字和数据,按替换键ALTER,光标所在的字符被替换,同时光标移动到下一个字符上。

(6)字的删除。使用光标移动键,将光标移动到需要删除的字符上,按删除键DELETE,光标所在的字符被删除,同时光标移动到被删除字符的下一个字符上。

(7)输入过程中的删除。在输入过程中,即字母或数字还在输入缓存区、没有按插入键INSERT时,可以使用取消键CAN进行删除。每按一下,则删除一个字母或数字。

(8)程序号检索。在机床操作面板的方式选择键中按【编辑】键编辑,进入编辑运行方式。按【PROG】键,数控屏幕上显示程式界面,屏幕下方出现【程式】软键、【DIR】软键。默认进入程式界面,也可以按【DIR】软键进入 DIR 界面,即加工程序列表页。按地址键【O】,按数控系统面板上的【数字】键,输入要检索的程序号,按软键【O】检索。

被检索到的程序将打开显示在程式界面中,此时屏幕会自动切换到程式界面,并显示检索到的程序内容。

视频

数控车床操作面板与六种运行方式

(9)删除程序。在机床操作面板的方式选择键中按【编辑】键编辑,进入编辑运行方式。按【PROG】键,数控屏幕上显示程式界面。按【DIR】软键进入 DIR 界面,即加工程序列表页,按地址键【O】,按【数字】键,输入要检索的程序号。

按数控系统面板上的【DELETE】键DELETE,输入程序号的程序被删除。需要注意的是,如果删除的是从计算机中导入的程序,那么这种删除只是将其从当前的程序列表中删除,并没有将其从计算机中删除,删除后仍然可以通过从外部导入程序的方法再次将其打开和加入列表。

知识拓展

由于生产数控车床的厂家不同,同一种数控系统操作面板的区域划分与功能按键的标示并不一样,有的厂家按键只标示图形,有的只标示英文,有的标示汉字,下面针对相同工作方式按键不同的标示作一拓展,如图 3.5 所示。

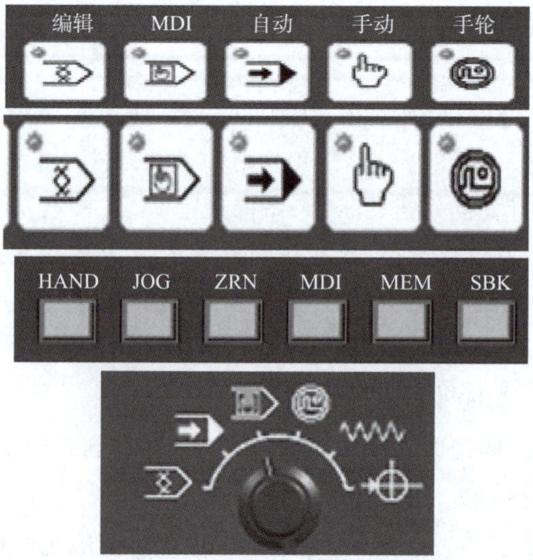

图 3.5　四种操作面板按键的标示

任务 3.2　FANUC 数控车床对刀操作

任务描述

如图 3.6 所示，在 FANUC 数控车床系统中完成 93°外圆偏刀的对刀，把 O 点设定为编程原点。

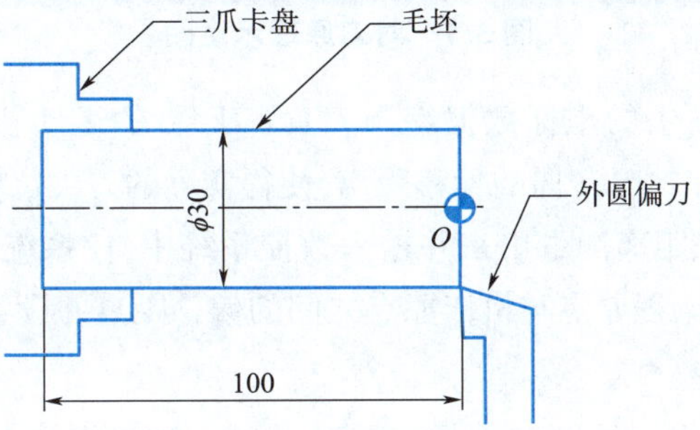

图 3.6　外圆偏刀对刀示意图

知识目标

1. 掌握对刀作用、原理及常用的对刀方法；
2. 掌握游标卡尺的结构和使用注意事项，并准确测量工件尺寸。

能力目标

1. 学生能够独立完成对数控车床进行开机前与开机后的检查任务，并评估数控车床是否为完好状态；
2. 利用工件试切法完成 93°外圆偏刀的对刀。

素养目标

1. 培养学生良好的道德修养、乐观向上的人生价值观和工匠精神；
2. 培养学生自觉遵守安全及技能操作规程的工作习惯；
3. 加强表达和沟通能力，培养学生的团队合作精神。

视频

对刀作用和原理

相关知识

一、对刀作用和原理

1. 对刀的作用

确定工件在机床坐标系中的位置，即确定工件坐标系与机床坐标系之间的关系。

2. 对刀原理

为了计算和编程方便，通常将编程原点设定在工件右端面的回转中心上，尽量使编程基准与设计基准、装配基准重合。机床坐标系是机床运动的唯一基准，所以必须明确编程原点在机床坐标系中的位置，这需要在对刀过程中完成。如图 3.7 所示，O 是编程原点，O'是机床原点。

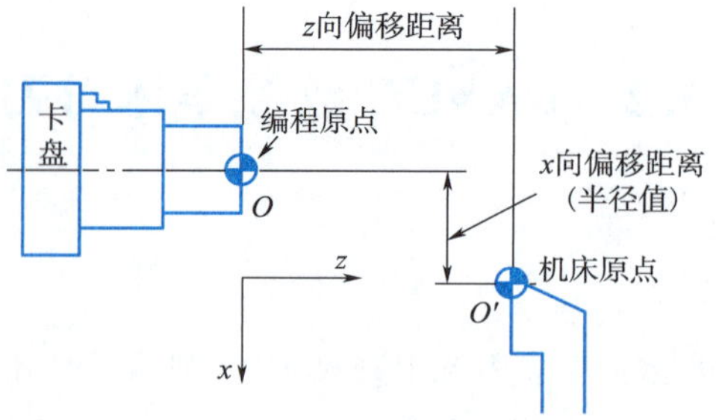

图 3.7　对刀原理示意图

编程人员按编程坐标系中的坐标数据编制刀具(刀尖)的运动轨迹。由于刀尖的初始位置(机床原点)与编程原点存在 x 向、z 向的偏移距离,使得实际的刀尖位置与编程指令的位置有同样的偏移距离,因此,必须将该距离测量出来并输入数控系统中,使系统据此调整刀尖的运动轨迹。所谓对刀,其本质就是测量编程原点与机床原点之间的偏移距离并设置编程原点在以刀尖为参照的机床坐标系中的坐标。

二、刀位点、对刀点和换刀点

1. 刀位点

刀位点指刀具的定位基准点,对刀时应使对刀点与刀位点重合。对于车刀,取为刀尖,图 3.8 所示为常用车削用刀具的刀位点;对于各种立铣刀,一般取刀具轴线与刀具底端的交点;钻头则取为钻尖。

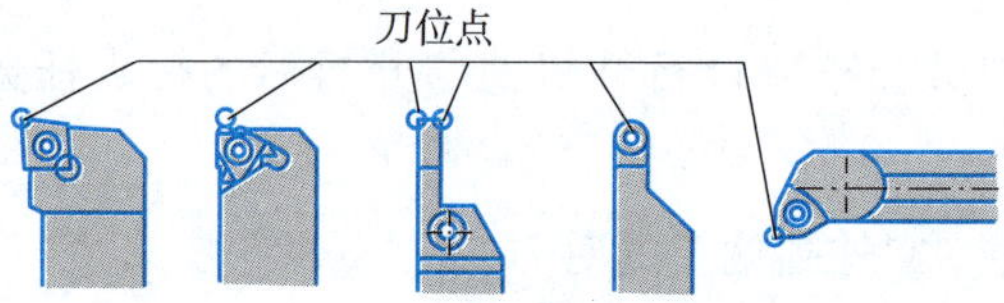

图 3.8　常用车削用刀具的刀位点

2. 对刀点的定义

对刀点是程序执行时刀具相当于工件运动的起点,又称起刀点,是加工程序的起点。

3. 对刀点位置的确定原则

(1)尽量与工件尺寸的设计基准或工艺基准一致。

(2)尽量使加工程序的编写工作简单方便。

(3)便于用常规量具和量仪在机床上找正,加工过程中便于检查。

(4)便于确定工件坐标系与机床坐标系的相互位置。

(5)引起的加工误差小。

4. 对刀点的选择

对刀点可选择在工件上,也可选择在夹具或机床上,但必须与工件的定位基准(相当于工件坐标系)有已知的准确尺寸关系,这样才能确定工件坐标系与机床坐标系的关系。

5. 换刀点的概念

对于数控车床、加工中心等,若加工过程中需要换刀,在编程时应考虑选择合适的换刀点。换刀点指刀架转位换刀时的位置,该点可以是某一固定点(如加工中心上换刀机械手的位置),也可以是任意一点(如数控车床的刀架)。

6. 换刀点的选择

换刀点的位置应根据换刀时刀具不碰到工件、夹具和机床的原则而定。

课堂互动

(1)为什么要对刀?对刀点是不是工件坐标系原点?

(2)选择对刀点、换刀点时,要考虑哪些因素?

(3)如果工件坐标系的原点建立在工件的左端面,怎样进行对刀?

三、常用的对刀方法

数控车床常用的对刀方法有三种:刀具试切法对刀、机外对刀仪对刀(接触式)、光学自动对刀仪对刀(非接触式)。

1. 刀具试切法对刀

刀具试切法对刀指通过手动控制刀具试切工件完成的对刀操作。

(1)z轴对刀。使刀具沿工件端面车削,然后沿x轴退刀,在相应的刀具参数中输入“Z0”并按【测量】软键,系统自动将此时刀具的z轴坐标减去刚才输入的数值,即得到工件坐标系z轴原点的位置。

(2)x轴对刀。使刀具车削一外(内)圆,然后沿z轴退刀,主轴停转,测量工件直径,把测量的数值输入在相应的刀具参数补偿中,按【测量】软键,系统自动用刀具当前的x轴坐标减去试切出的那段外圆直径,即得到工件坐标系x轴原点的位置。

2. 机外对刀仪对刀

机外对刀仪对刀的本质是将刀具的刀尖与对刀仪的百分表测头接触,测量出刀具的假想刀尖点到刀具台基准之间x及z方向的距离(刀偏置)。利用机外对刀仪可将刀具预先在机床外校对好,装上机床后,将对刀长度输入相应刀具补偿号即可开始使用,如图3.9所示。

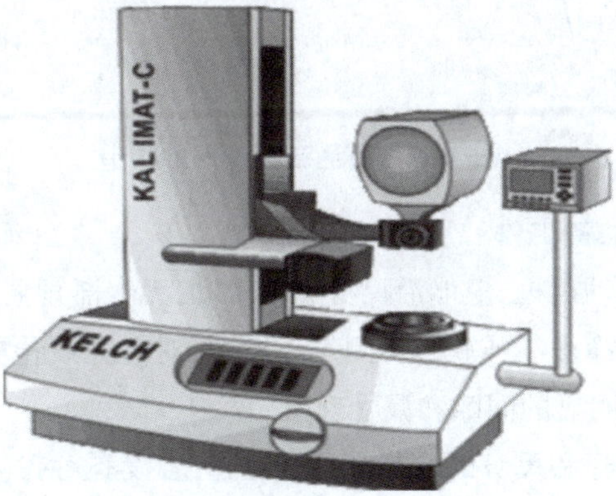

图3.9 机外对刀仪对刀

四、游标卡尺简介

游标卡尺是测量零件尺寸最主要的量具之一,可以用于测量工件的长度、外径、内径以及深度等。常用的游标卡尺主要有三种:普通游标卡尺、带表游标卡尺、数显游标卡尺,如图3.10所示。

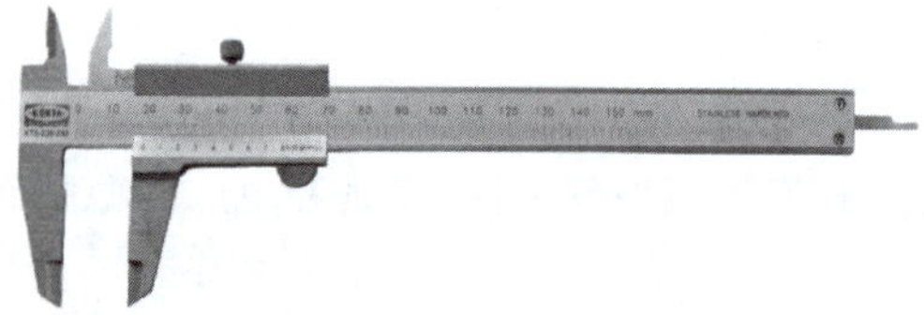

（a）普通游标卡尺

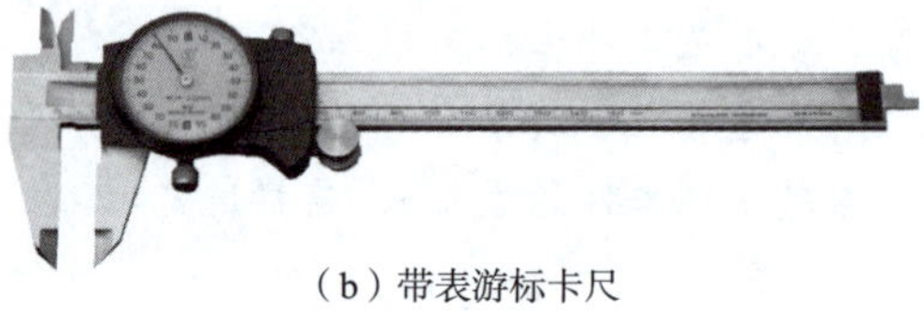

（b）带表游标卡尺

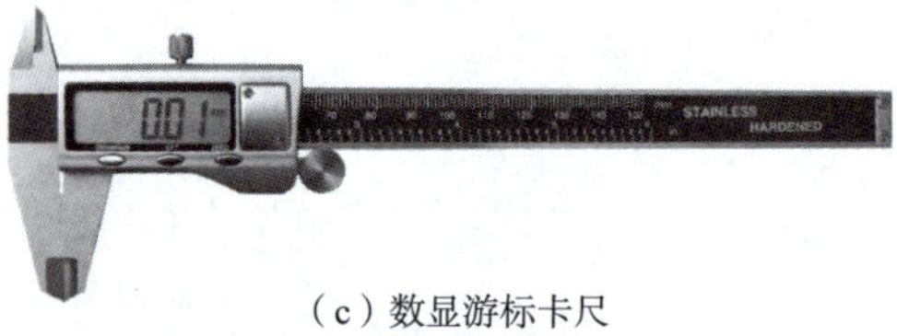

（c）数显游标卡尺

图 3.10　常用的游标卡尺

游标卡尺作为一种被广泛使用的高精度测量工具，由主尺和附在主尺上能滑动的游标两部分构成。如果按游标的刻度值区分，游标卡尺又分为 0.1 mm、0.05 mm、0.02 mm 三种。普通游标卡尺的测量范围有 0~150 mm、0~200 mm、0~300 mm 等规格，其构造如图 3.11 所示。

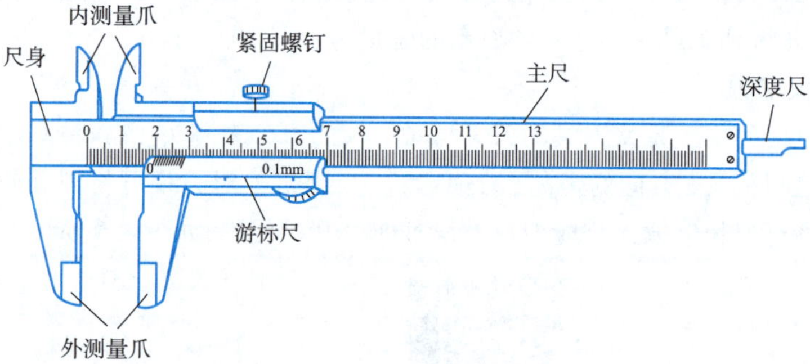

图 3.11　普通游标卡尺的构造

1. 使用游标卡尺前的准备工作

（1）检查相互作用。拉动尺框，应能沿尺身灵活滑动，无卡滞现象，紧固螺钉作用正常可靠。

（2）检查测量面。用干净面纱或软布把测量面擦净，对着光线检查量爪测量面和测量刃口是否平直无损，合拢后应没有明显的间隙和漏光现象。

（3）校正零点。查看游标和尺身的零刻度是否对齐，若没有对齐，则应在测量后根据原始误差修正读数。

2. 游标卡尺的正确使用

作为一种常用量具，游标卡尺可具体应用在以下四个方面：测量工件宽度、测量工件外径、测量工件内径、测量工件深度，使用时应注意以下事项：

（1）测量工件时，卡脚测量面必须与工件的表面平行或垂直，不得歪斜，且用力不能过大，以免卡脚变形或磨损，影响测量精度。

（2）读数时，视线要垂直于尺面，否则测量值不准确。

（3）测量内径尺寸时，应轻轻摆动，以便找出最大值。

（4）使用结束后，应仔细擦净，抹上防护油，平放在盒内，以防生锈或弯曲。

3. 游标卡尺的读数

（1）读数时首先以游标零刻度线为准在尺身上读取毫米整数，即以毫米为单位的整数部分；然后看游标上第几条刻度线与尺身的刻度线对齐，如第 6 条刻度线与尺身刻度线对齐，则小数部分即为 0.6 mm（若没有正好对齐的线，则取最接近对齐的线进行读数）。若有零误差，则一律用上述结果减去零误差（零误差为负，相当于加上相同大小的零误差），读数结果为：L=整数部分+小数部分-零误差。

（2）判断游标上哪条刻度线与尺身刻度线对准，可用以下方法：选定相邻的三条线，如左侧的线在尺身对应线之右，右侧的线在尺身对应线之左，中间那条线便可以认为对准尺身刻度线。如果需测量几次取平均值，不需要每次都减去零误差，只要从最后的结果中减去零误差即可。

课堂互动

（1）游标卡尺的种类有哪几种？

（2）游标卡尺使用前应怎样校正？

（3）如果对刀时测量不准确，会影响加工精度吗？为什么？

视频

对刀实操

五、试切对刀及对刀验证

1. 调转速、调刀具

在 MDI 方式下，将要对的刀调取出来，例如，偏刀安装在 1 号刀架上，输入 T0101，按循环启动键。

2. z 向对刀

通过手摇轮或手动方式使主轴按一定的速度旋转，快速靠近工件，当靠近工件后，切换手轮方式，调低手摇倍率，移动刀具试切工件一端端面，然后沿 x 轴退刀，如图 3.12 所示。接着按【OFFSET】键，出现图 3.13 所示刀具补正界面，然后按【补正】软键出现图 3.14 所示刀具补正/磨耗界面，再按【形状】软键出现图 3.15 所示刀具补正/几何界面。

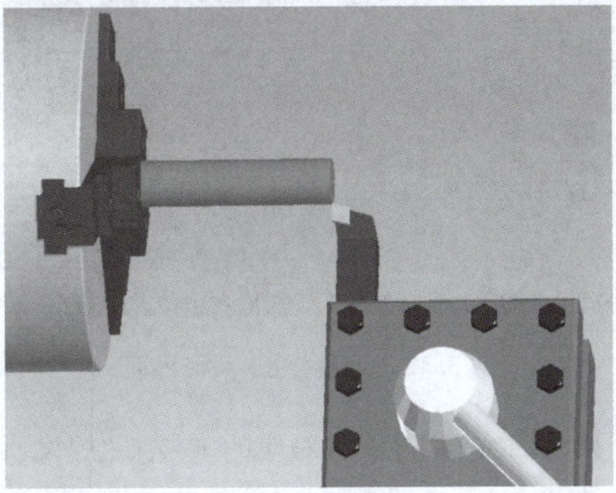

图 3.12　试切端面

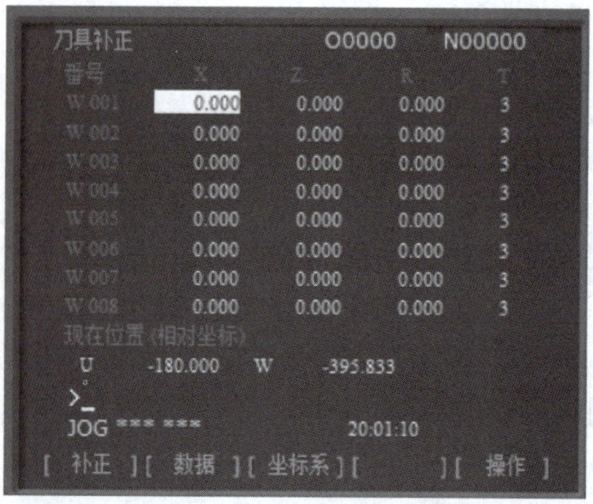

图 3.13　刀具补正界面

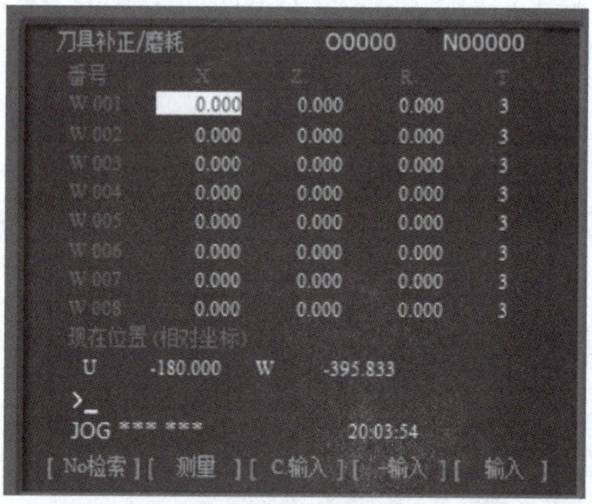

图 3.14　刀具补正/磨耗界面

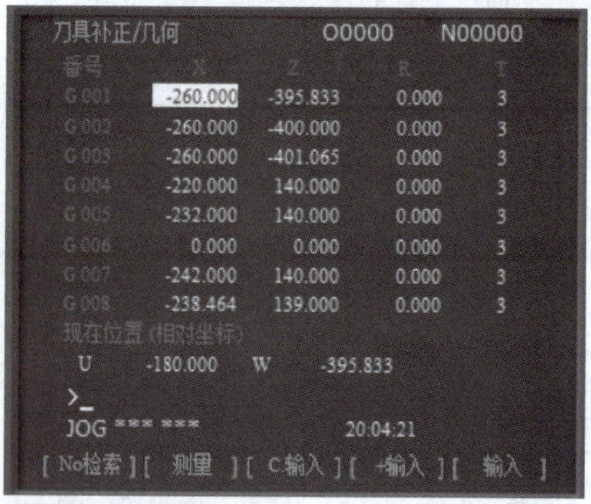

图 3.15　刀具补正/几何界面

如图 3.16 所示，将光标移动到位置①，即为对应的 1 号刀(假设所对的外圆偏刀装在 1 号刀位上)的 z 轴坐标值上，通过键盘输入“Z0”，然后按【测量】软键，z 向对刀完毕。

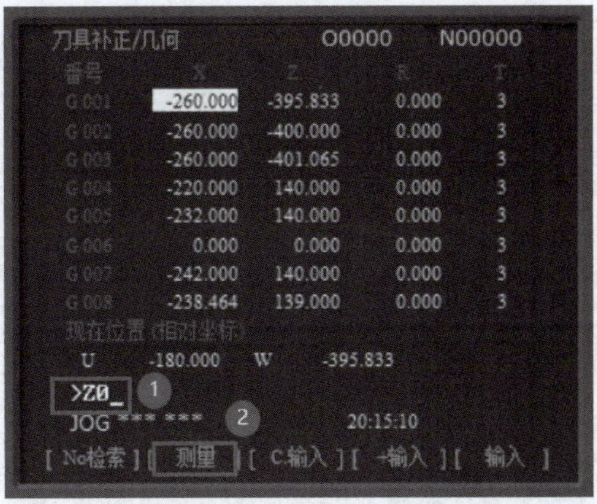

图 3.16　z 向对刀形状界面

3. x 向对刀

通过手摇轮或手动方式使主轴按一定的速度旋转，移动刀架至刀具接触工件，试切一段外圆，如图 3.17 所示。然后保持 x 轴坐标不变，移动 z 轴使刀具离开工件，如图 3.18 所示，主轴停止，测量出试车该段外圆的直径（假设为 ϕ26.772）。将光标移动到相应的 1 号刀补 x 轴坐标上，输入测量的数值“X26.772”，显示如图 3.19 所示，按【测量】软键，系统自动用刀具当前 x 轴坐标减去试切出的那段外圆直径，即得到工件坐标系 x 轴原点的位置，x 向对刀结束。

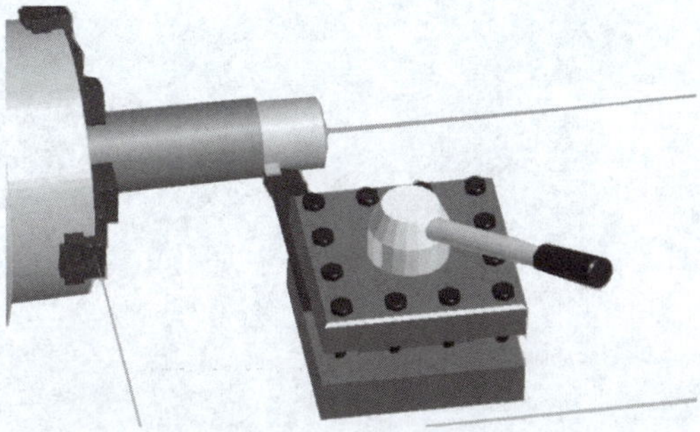

图 3.17　试切外圆

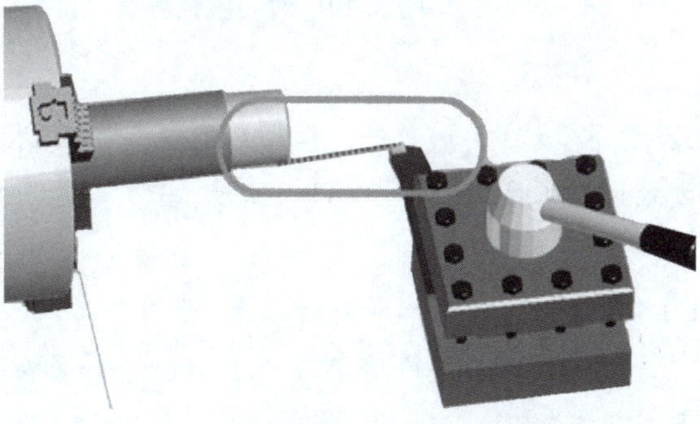

图 3.18　刀具试切外圆后 z 向退刀

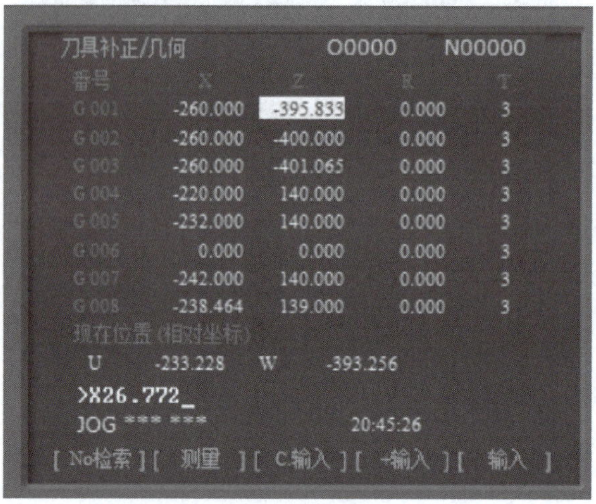

图 3.19 *x* 向刀具补偿形状界面

视频

MDI 方式下的验刀

4. 对刀验证

选择 MDI 工作方式,选择 PROG 界面然后按【MDI】键,输入 T0101,显示如图 3.20 所示,接着按操作面板上的循环启动键,选择 JOG 方式,刀具靠近工件,此时按【POS】键,查看当前的 *x*、*z* 轴绝对坐标值是否与理想的坐标值一致,如果一致说明对刀正确。

视频

验刀实操

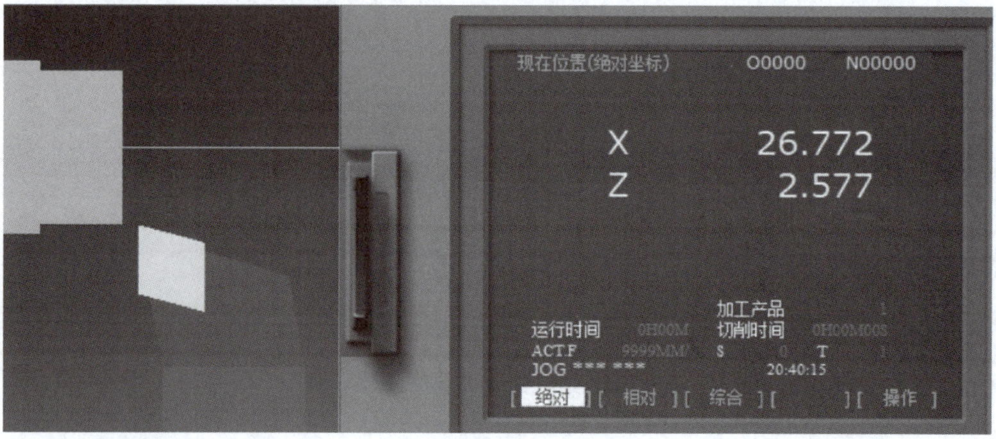

图 3.20 对刀验证界面

操作提示:

(1)试切直径时,背吃刀量不能过大,切勿一刀试切后毛坯直径比成品工件直径还要小。

(2)通过手动和手轮方式试切工件,注意控制移动速度,当刀具接近工件时,刀具移动应减慢,以免撞刀。

(3)对刀时,主轴应处于转动状态,背吃刀量不能太大,否则会崩刀。

(4)对刀时,最好用手摇轮方式,且手摇轮倍率应小于 100%;如果在手动方式下对刀,则应将进给倍率调小至适当值,否则容易崩刀。

项目小结

通过本项目的学习，学生应掌握 FANUC 系统数控车床的整体结构、开关机操作步骤、操作面板中各按键的含义和作用；学会程序的建立、输入、修改、调用和校验；通过对刀操作练习，理解数控车床对刀的原理；对于练习中应该注意的事项，操作中易出现的问题和错误，进行自我总结，并反复练习以达到熟练的程度。

复习与思考

一、选择题

1. 数控车床的程序保护开关处于(　　)位置时，可以对程序进行编辑。

A. ON　　B. IN　　C. OUT　　D. OFF

2. 数控车床机床锁定开关的作用是(　　)。

A. 程序保护　　B. 试运行程序　　C. 关机　　D. 屏幕坐标值不变化

3. 数控车床试运行开关扳到“DRY RUN”位置，在 MDI 方式下运行机床时，程序中给定的(　　)无效。

A. 主轴转速　　B. 快进速度　　C. 进给速度　　D. 以上均正确

4. 数控车床手动进给时，模式选择开关应放在(　　)位置。

A. JOG FEED　　B. RELEASE　　C. ZERO RETURN　　D. HANDLE FEED

5. 机床回零时，到达机床原点行程开关被压下，所产生的机床原点信号送入(　　)。

A. 伺服系统　　B. 数控系统　　C. 显示器　　D. PLC

6. 在数控车床各坐标轴的终端设置有极限开关，由极限开关设置的行程称为(　　)。

A. 软极限　　B. 硬极限　　C. 极限行程　　D. 行程保护

7. 限位开关在电路中起到的作用是(　　)。

A. 短路保护　　B. 过载保护　　C. 欠压保护　　D. 行程控制

8. 下列关于参考点描述错误的是(　　)。

A. 参考点是确定机床坐标原点的基准，而且还是轴的软限位和各种误差补偿生效的条件

B. 采用绝对型编码器时，必须进行返回参考点的操作数控系统才能找到参考点，从而确定机床各轴的原点

C. 机床参考点是靠行程开关和编码器的零脉冲信号确定的

D. 大多数数控车床都采用带增量型编码器的伺服电动机，因此必须通过返回参考点操作才能确定机床坐标原点

二、简答题

1. 列举操作面板上常见的五种工作方式，并上机演示每种工作方式如何操作，记录每种工作方式的操作步骤。

2. 数控车床操作面板由哪几部分组成？说出每一部分有哪些功能按键？每个按键有什么用途？如何操作使用？

项目 4　西门子系统数控车床操作

项目描述

在数控车床中，因其系列、型号、规格的不同，在使用功能、操作方法和面板设置上也不尽相同。本项目以西门子 802D 为例进行介绍，使学生了解数控车床操作面板的划分及各按键的含义，同时掌握手动操作数控车床完成对刀操作的方法。

项目学习目标

知识目标

1. 了解西门子 802D 系统数控车床面板按键功能区的划分并能阐述各按键的含义与功能；
2. 掌握数控车床回参考点的作用，并能完成回零操作；
3. 理解对刀原理，掌握试切对刀的步骤。

能力目标

1. 能够通过数控车床操作面板进行简单的数控车床操作；
2. 会熟练切换界面，并能进行程序输入；
3. 能完成外圆偏刀对刀操作。

素养目标

1. 培养学生树立工匠精神；
2. 通过分组实操训练，培养学生的团队精神；
3. 培养学生自觉遵守安全及技能操作规程的工作习惯；
4. 通过课内 5S 管理，培养学生的职业精神。

任务 4.1　认识西门子 802D 数控系统面板和操作面板

任务描述

图 4.1 所示为西门子系统数控车床系统面板及操作面板，阐述各按键的含义，并对该系统车床进行 MDA、手动、手摇、程序建立与编辑等基本操作。

知识目标

1. 了解西门子 802D 系统数控车床系统面板按键功能区的划分并能阐述各按键的含义与功能；

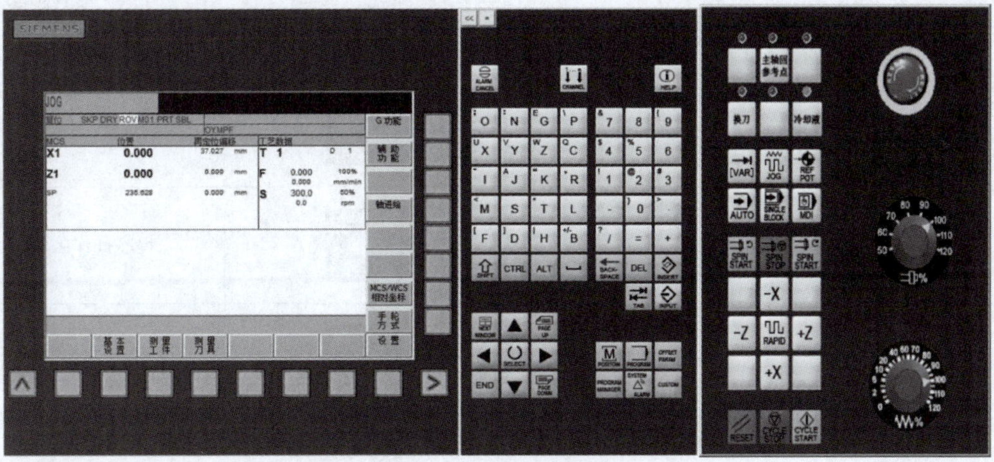

图 4.1　西门子系统数控车床系统面板及操作面板

2. 掌握数控车床回参考点的作用,并能完成回零操作。

能力目标

1. 能够通过数控车床操作面板进行简单的数控车床操作;
2. 会熟练切换界面,并能进行程序输入。

素养目标

1. 培养学生良好的道德修养、乐观向上的人生价值观和工匠精神;
2. 培养学生自觉遵守安全及技能操作规程的工作习惯;
3. 加强表达和沟通能力,培养学生的团队合作精神。

相关知识

一、西门子 802D 系统面板及功能介绍

西门子 802D 系统面板及功能介绍见表 4.1。

表 4.1　西门子 802D 系统面板及功能

按键图示	功能名称	按键图示	功能名称
	报警应答键		通道转换键
	信息键		下一个窗口
	翻页键		结束

续上表

按键图示	功能名称	按键图示	功能名称
	光标键		选择/转换键
	加工操作区域键		程序操作区域键
	参数操作区域键		程序管理操作区域键
	报警/系统操作区域键		自定义键
	字母键(通过【SHIFT】键转换对应字符)		数字键(通过【SHIFT】键转换对应字符)
	SHIFT(上档)键		CTRL(控制)键
	ALT(替换)键		空格键
	退格删除键		删除键
	插入键		制表键
	回车/输入键		

二、机床操作面板

西门子 802D 操作面板按键功能介绍见表 4.2。

表 4.2　西门子 802D 操作面板按键功能介绍

按键图示	功能名称	按键图示	功能名称
	增量选择键		点动

续上表

按 键 图 示	功 能 名 称	按 键 图 示	功 能 名 称
	参考点		自动方式
	单段		手动数据输入
	主轴正转		主轴翻转
	主轴停		快进键
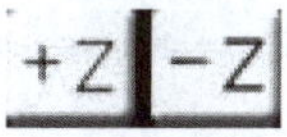	z 轴点动	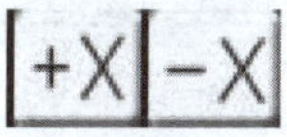	x 轴点动
	数控启动		数控停止
	复位键		急停键
	主轴速度修调		进给速度修调

三、屏幕划分与屏幕软件

屏幕与屏幕软键如图 4.2 所示，分为状态区、应用区、说明及软键区三部分。

显示屏右侧和下方的灰色方块为菜单软键，按下软键，可以进入软键左侧或上方对应的菜单。有些菜单下有多级子菜单，当进入子菜单后，可以通过按【返回】软键，返回上一级菜单。

四、开机和回参考点

1. 开机

（1）打开西门子 802D 数控车床的总电源开关，按数控机床控制面板上的【开机】键，加载开机界面，进入西门子 802D 数控系统。

（2）显示屏幕区上方状态栏中显示“0030 急停”字样，表明机床的工作台处于锁定状态。按急停键，“0030 急停”字样消失，可以开始操作。

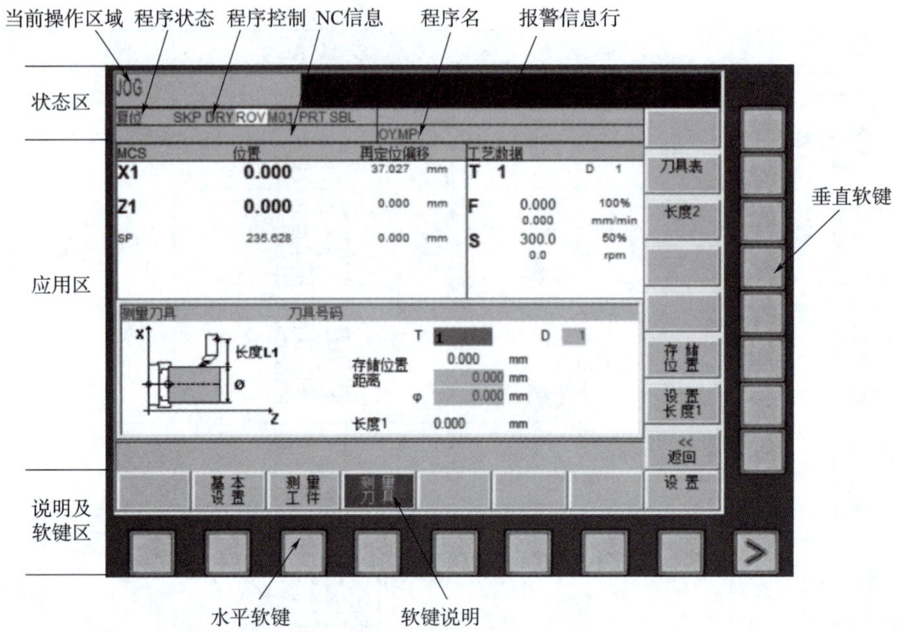

图 4.2 屏幕与屏幕软件

2. 回参考点

(1)按【回参考点】键。

(2)分别按坐标轴方向键【+X】、【+Z】,使每个坐标轴逐个返回参考点。按坐标轴方向键后,可以看到主界面左侧窗口中的工作台向机床零点方向缓慢移动,到零点后停止。同时,显示屏幕区中该轴后面的空心圆变为绿色的实心圆。

五、手动操作

1. JOG 运行方式

(1)按机床操作面板上的手动键,选择 JOG 运行方式。

(2)按坐标轴方向键,使坐标轴发生运动。持续按住坐标轴方向键不放,坐标轴就会按照设定数据中规定的速度持续运行。

2. 进给速度选择

可以使用调节进给速度。

3. 点动快速移动

先按【快速】键,然后再按坐标轴方向键,则坐标轴将进行快速移动。

4. 增量进给

(1)按【增量】键,系统处于增量进给运行方式。

(2)步进量的大小显示在显示屏幕区上方的状态栏中,每按一下【增量】键,增量值切换一个挡位,共有三个挡位:1、10、100。

(3)按坐标轴方向键,坐标轴以选择的步进增量运动。

(4)按【手动】键,即可去除步进方式。

六、MDA 运行方式

在 MDA 运行方式下可以编制一个零件程序段加以执行。

(1)在机床操作面板上,按【MDI】键,选择 MDA 运行方式,屏幕显示如图 4.3 所示。

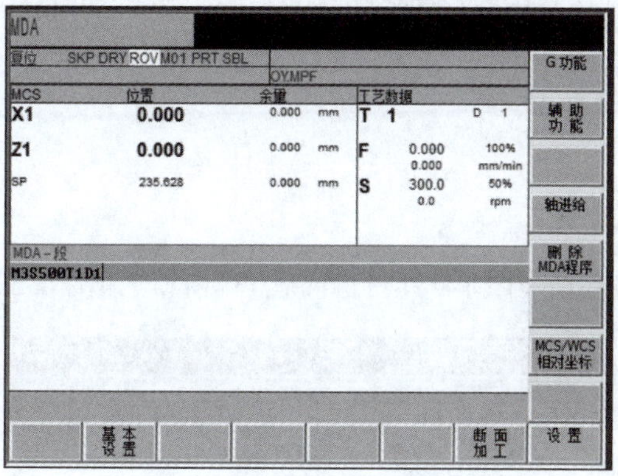

图 4.3　MDA 方式屏幕显示

(2)按加工操作区域键,切换到数控系统面板。

(3)输入程序段,例如:

```
M03 S500 T1 D1
```

(4)按循环启动键,左侧窗口中的车床开始执行输入的程序段。

七、程序编辑

1. 建立新程序

(1)按数控系统面板中的【程序】软键,打开程序窗口,显示已存在的程序目录。

(2)按【新程序】软键 新程序 ,出现图 4.4 所示新程序窗口。

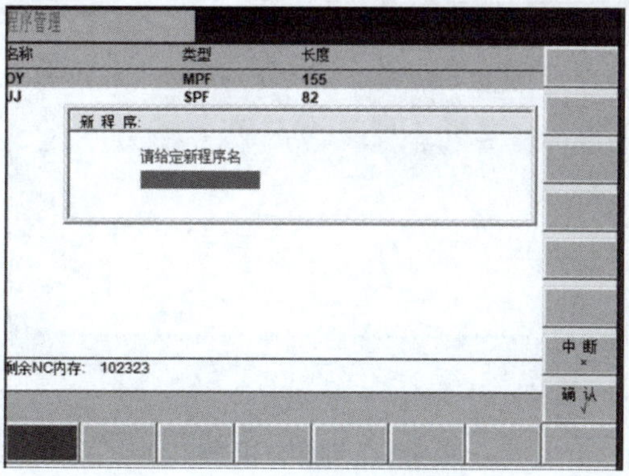

图 4.4　新程序窗口

(3)使用字母键,输入新程序名。

(4)按【确认】软键,生成新程序文件,并可以对新生成的程序进行编辑。

2. 编辑零件程序

(1)按【程序】软键,打开程序目录窗口。

(2)用光标键选择待编辑的程序。

(3)按【打开】软键,打开选中的程序。

(4)屏幕上出现编辑窗口,其中有【编辑】等软键,按菜单扩展键 > 可显示更多软键,可以对程序进行复制、剪切、粘贴、删除等操作。

八、数据设置

1. 建立新刀具

(1)按【新刀具】软键,建立一个新刀具,打开新刀具窗口,如图 4.5 所示。

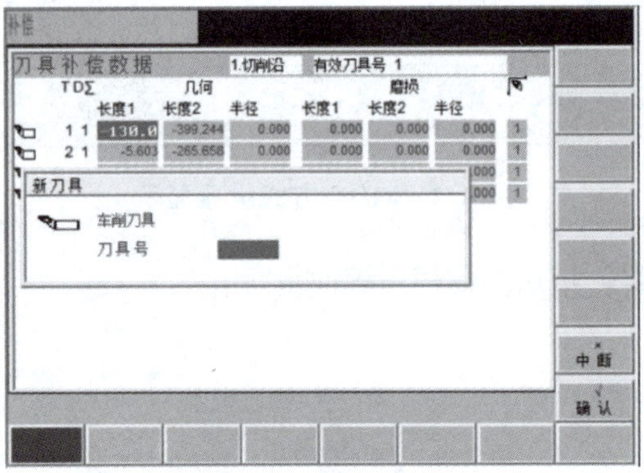

图 4.5　新刀具窗口

(2)按数字键,输入新的刀具号,并定义刀具类型。

(3)按【确认】软键,系统保存设置,并返回刀具补偿参数窗口。

2. 输入刀具补偿值

(1)在“参数”菜单下,按【刀具补偿】键,打开刀具补偿窗口,如图 4.6 所示。

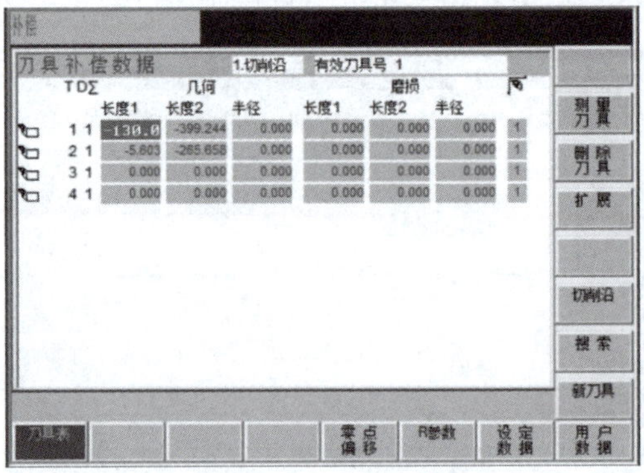

图 4.6　刀具补偿窗口

(2)按操作面板上的箭头键,将光标移动到需要修改的区域。

(3)输入数值。

(4)单击操作面板上的输入键。

九、自动运行操作

1. 选择和启动零件程序

（1）按自动方式键，选择自动运行方式。

（2）按【程序】软键，数控系统显示屏上显示出所有程序。

（3）按光标向上、向下键，使光标移动到指定程序上。

（4）按选择键选择待加工程序。

（5）按数控启动键，执行程序。

2. 程序段搜索

（1）按【程序段搜索】软键，打开搜索窗口，如图4.7所示。

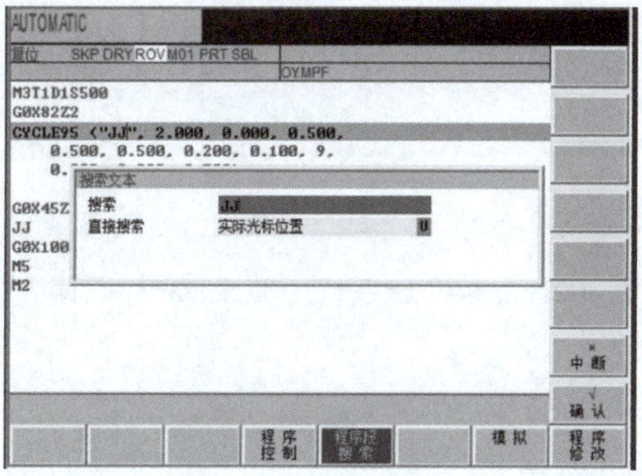

图4.7　搜索窗口

（2）在数控显示屏上，输入需要搜索的文本。

（3）按【确认】软键。

（4）系统执行搜索，直到找到所需的零件程序段。

3. 停止和中断零件程序

（1）按数控停止键，可以暂停正在加工的零件程序。按数控启动键，可以从中断的地方恢复程序运行。

（2）按复位键，可以终止正在加工的零件程序。再次按数控启动键，程序将从头开始运行。

4. 程序控制

按【程序控制】软键，屏幕右侧出现用于选择程序控制方式的软键，具体功能如下：

（1）程序测试。按下该键后，屏幕上方的PRT字符变亮，表明该功能被打开；再按一下，字符灯灭，该功能关闭。该功能打开后，在测试方式下所有到进给轴和主轴的给定值被禁止输出。

（2）空运行进给。按下该键后，屏幕上方的DRV字符变亮，表明该功能被打开；再按一下，字符灯灭，该功能关闭。该功能打开后，机床通常会忽略程序里原本设定的进给速度指令，采用系统默认的相对较快的空运行进给速度，目的是快速模拟整个程序的刀具运动轨迹，完成程序验证等工作。

(3)有条件停止。按下该键后，屏幕上方的 M01 字符变亮，表明该功能被打开；再按一下，字符灯灭，该功能关闭。该功能打开后，程序在执行到有 M01 指令的程序段时停止运行。

(4)跳过。按下该键后，屏幕上方的 SKP 字符变亮，表明该功能被打开；再按一下，字符灯灭，该功能关闭。该功能打开后，当运行到前面有斜线标志的程序段时，程序跳过不执行。

(5)单一程序段。按下该键后，屏幕上方的 SBL 字符变亮，表明该功能被打开；再按一下，字符灯灭，该功能关闭。该功能打开后，程序段将逐段运行，即每运行一个程序段后暂停运行，按【循环启动】键后系统执行下一个程序段，如此往复。但是螺纹程序段例外，系统只有在执行完螺纹程序段后，才会暂停。

(6)ROV 有效。按下该键后，屏幕上方的 ROV 字符变亮，表明该功能被打开；再按一下，字符灯灭，该功能关闭。该功能打开后，可按快速修调键，修调开关对于快速进给也生效。

任务 4.2　西门子 802D 数控车床对刀操作

任务描述

如图 4.8 所示，在西门子 802D 数控车床系统中完成 93°外圆偏刀的对刀，将 O 点设定为编程原点。

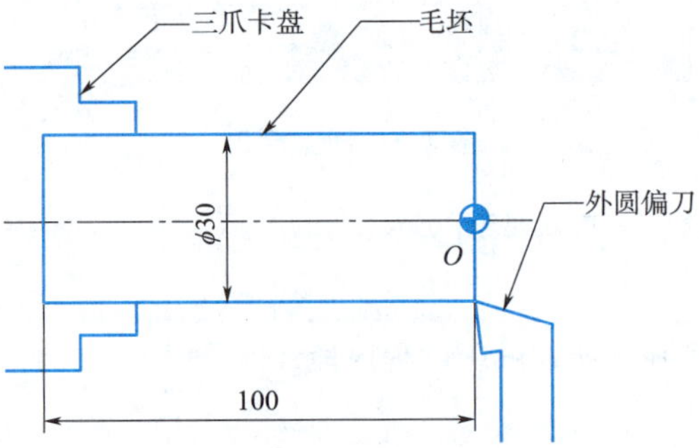

图 4.8　外圆偏刀对刀

知识目标

1. 掌握刀具号、切削沿号、刀沿号的建立步骤及试切对刀的方法与步骤；
2. 理解刀尖圆弧半径补偿值的概念。

能力目标

1. 会建立刀具号、切削沿号、刀沿号；
2. 能使用试切法完成外圆偏刀的对刀。

素养目标

1. 培养学生良好的道德修养、乐观向上的人生价值观和工匠精神；
2. 培养学生自觉遵守安全及技能操作规程的工作习惯；
3. 加强表达和沟通能力，培养学生的团队合作精神。

相关知识

一、建立刀具号、切削沿号、刀沿号

(1)在 JOG 运行方式下,按【刀具表】软键,打开图 4.9 所示刀具表窗口。

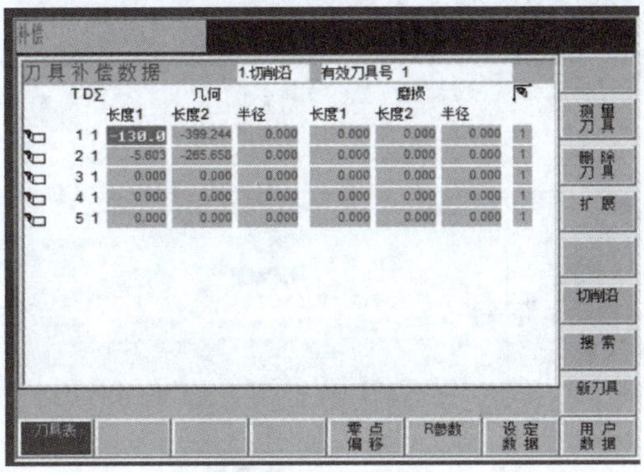

图 4.9　刀具表窗口

(2)依次按【新刀具】→【车削刀具】软键,打开图 4.10 所示新刀具设定窗口。

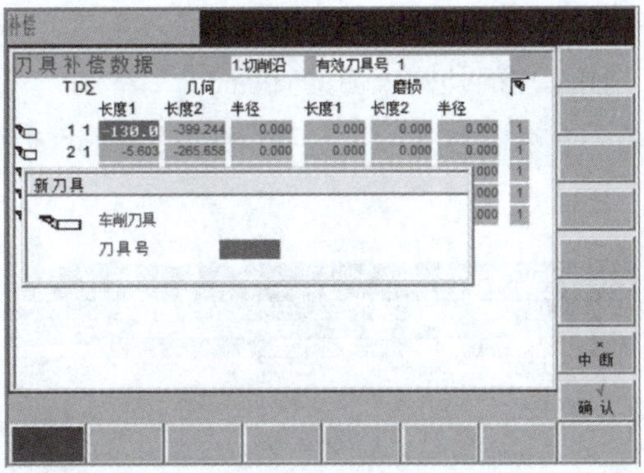

图 4.10　新刀具设定窗口

(3)用光标移动键将光标移动至刀具号处,如要建立 1 号刀,则在刀具号处输入“1”。

(4)用光标移动键将光标移动至刀沿位置处,按【SELECT】键选择 1 号刀沿,按【确定】软键。建立刀具号为 1、切削沿为 1、刀沿号为 1 的数控车刀具。

(5)若刀架上还有其他刀具,依次建立其他刀具的刀具号、切削沿号和刀沿号。

二、对刀操作

对刀操作与刀具补偿参数设置过程如下:

1. 在 MDI 运行方式下开主轴及换 1 号刀

在 MDI 运行方式下,输入“M03 S500 T1”后按【循环启动】键,1 号刀转为当前刀具,主轴正转。

2. 第一把刀的对刀操作

(1)z 方向的对刀:在 JOC 运行方式下,车工件端面,车完端面后保持 z 轴不变,刀架沿 $+x$ 方向退出。依次按加工操作区域 M →【测量刀具】→【手动测具】→【手动测量】→【长度 2】键,打开图 4.11 所示 z 向对刀界面。

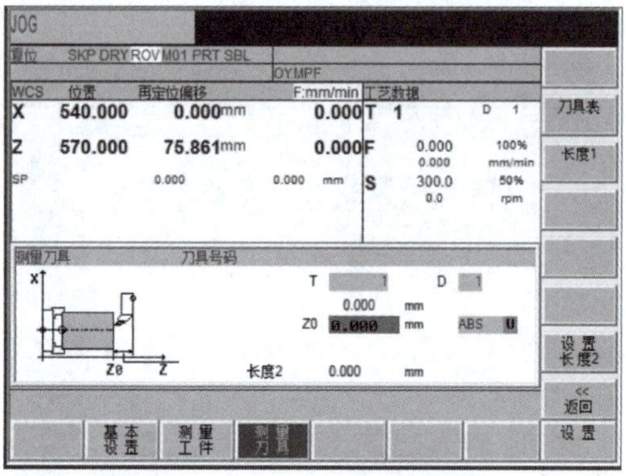

图 4.11　z 向对刀界面

向上或向下移动光标,在距离后的空格和 Z0 后的空格中输入 0。按【设置长度 2】软键,系统自动计算出 z 向刀具长度补偿并存入相应的刀补寄存器中,从而完成该刀具 z 向对刀。

(2)x 方向对刀:在 JOG 运行方式下,车工件外圆,长度为 5~10 mm,然后 x 轴不动,刀架沿 $+z$ 方向退出。主轴停转,测量出刚车出的外圆表面的直径 ϕ。

依次按加工操作区域 M →【测量刀具】→【手动测具】→【手动测量】→【长度 1】键,打开图 4.12 所示 x 向对刀界面。

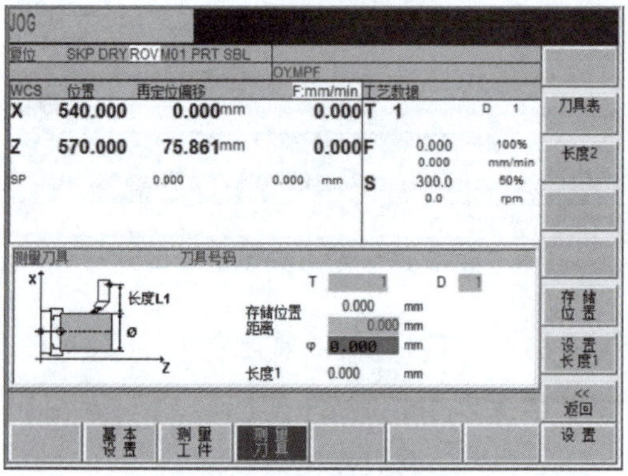

图 4.12　x 向对刀界面

向上或向下移动光标,在距离后的空格中输入 0,在 ϕ 后的空格中输入刚才测量出的直径值。按【存储位置】→【设置长度 1】键,系统自动计算出 x 向刀具长度补偿值,并存入相应的刀补寄存器中,从而完成该刀具 x 向对刀。

3. 其余刀具的对刀操作

其余刀具的对刀操作与第一把刀基本相同,不同之处在于第一步不再切削工件表面,而是将刀尖逐渐接近并分别接触到端面及外圆表面后,即进行其余步骤的操作。

三、设置刀尖圆弧半径补偿值

(1)按【OFFSET PARAM】键后,按【刀具表】软键,打开刀具补偿窗口,如图 4.13 所示。

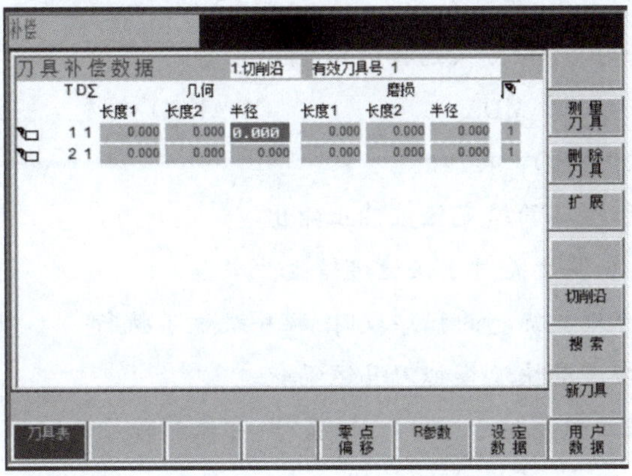

图 4.13　刀具补偿窗口

(2)左右或上下移动光标,将光标移动至形状的刀具半径处,输入相应刀具半径,按【INPUT】键确认。

(3)同样,在该窗口下,也可进行刀沿号的修改。

四、对刀正确性校验

对刀结束后,为保证对刀的正确性,应进行对刀正确性的校验工作,具体步骤如下:

(1)在 MDI 方式下输入 T1D1,调出刚才对的刀具并置为当前。

(2)切换手动方式,手动移动刀具靠近工件,在 POS 界面中,观察刀具与工件间的实际相对位置,对照屏幕显示的绝对坐标,判断刀具偏置参数设定是否一致,如果一致,表示对刀正确。

项目小结

通过本项目的学习,学生应掌握西门子系统数控车床的整体结构、开关机操作步骤、操作面板各按键的含义和作用;学会程序的建立、输入、修改、调用和校验;通过对刀操作练习,理解数控车床对刀的原理;对于练习中应该注意的事项,操作中易出现的问题和错误,进行自我总结,并反复练习达到熟练的程度。

复习与思考

一、选择题

1. 回零操作就是使运动部件回到(　　)。

A. 机床坐标系原点　B. 机床的机械零点　C. 工件坐标系原点　D. 对刀点

2. 下列西门子数控系统程序名称错误的是(　　)。

A. YY-23. MPF　B. RT5rt. MPF　C. L70. SPF　D. WW2_9. SPF

3. 某数控车床,返回参考点后,机械坐标系显示值为(　　)。

A. X0 Z0　　B. 开机时显示的值　　C. X-300 Z-400　　D. X300 Z400

4. 通常所说的对刀是指(　　)。

A. 测量工件　　B. 测量刀具　　C. 定位　　D. 端面车削

5. 数控车床手动进给时,运行方式选择(　　)。

A. JOG　　B. MDA　　C. AUTO　　D. 回参考点

6. 选择程序控制方式时,ROV 表示(　　)。

A. 所有到进给轴和主轴的给定值被禁止输出

B. 按快速修调键,修调开关对于快速进给也生效

C. 当运行到前面有斜线标志的程序段时,程序跳过不执行

D. 采用空运行进给速度快速模拟刀具运动轨迹

7. 数控车床的程序保护开关处于(　　)位置时,可以对程序进行编辑。

A. ON　　B. IN　　C. OUT　　D. OFF

8. 数控车床机床锁定开关的作用是(　　)。

A. 程序保护　　B. 试运行程序　　C. 关机　　D. 屏幕坐标值不变化

二、简答题

1. 写出使用试切法外圆车刀的对刀步骤。

2. 数控车床操作面板由哪几部分组成?说出每部分有哪些功能按键,每个按键有什么用途,怎样操作使用。

项目 5　阶梯轴、锥面轴零件编程与加工

项目描述

本项目通过加工阶梯轴、锥面轴零件，让学生掌握数控加工工艺的制定原则，掌握加工零件的工艺规程内容，能正确熟练选用工卡量具，编制加工程序完成阶梯轴、锥面轴零件的加工。

项目学习目标

知识目标

1. 了解台阶轴、锥面轴零件的结构和工艺特点；
2. 掌握 G90 指令的编程格式；
3. 掌握切削用量三要素的选择要求。

能力目标

1. 会根据零件结构和工艺特点合理选择加工刀具，制定加工工艺文件；
2. 能独立使用所学知识完成台阶轴、圆锥面零件的编程；
3. 能够在数控车床上独立完成台阶轴、圆锥面零件的加工，并对零件进行精度控制。

素养目标

1. 培养学生树立工匠精神；
2. 通过分组实操训练，培养学生的团队精神；
3. 通过实操调试，培养学生分析问题和解决问题的能力；
4. 通过课内 5S 管理，培养学生的职业精神。

任务 5.1　阶梯轴零件编程与加工

任务描述

完成图 5.1 所示阶梯轴的工艺分析，编制工艺卡片，并完成零件的加工。毛坯尺寸为 $\phi30\times100$，材料为 45 号钢。

知识目标

1. 掌握阶梯轴类零件的工艺与程序编制知识；

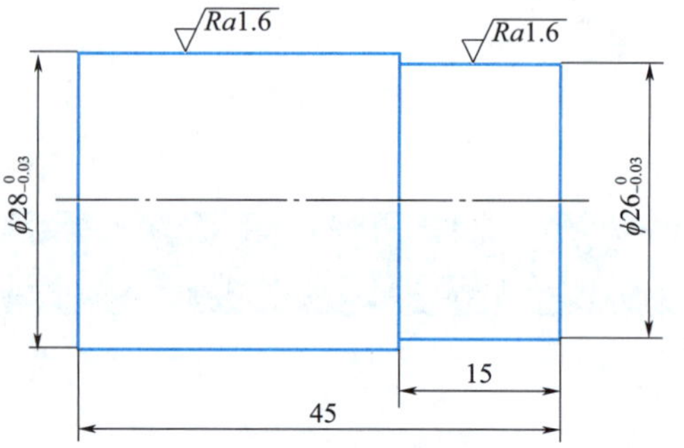

图 5.1　阶梯轴零件图

2. 了解外径千分尺的结构，掌握外径千分尺的使用方法。

能力目标

1. 能够根据给定的图纸进行加工工艺的编制；
2. 能对阶梯轴零件进行程序编制；
3. 会选用符合车削的最佳切削用量，并调整加工方案。

素养目标

1. 培养学生良好的道德修养、乐观向上的人生价值观和工匠精神；
2. 培养学生自觉遵守安全及技能操作规程的工作习惯；
3. 加强表达和沟通能力，培养学生的团队合作精神。

相关知识

一、数控车床加工零件工艺性分析

数控车床加工，必须根据数控车床的性能特点和应用范围，对零件加工工艺进行分析。具体要分析的内容大致有以下几个方面：

(1)分析零件图纸所给标示构成零件轮廓的几何元素条件是否充分。

(2)分析零件图纸尺寸的标注方法是否适应数控加工的特点。通常零件图的尺寸标注方法都是根据装配要求和零件的使用特性分散地从设计基准引注，这样的标注方法会给工序安排、坐标计算和数控加工增加许多麻烦。而数控加工零件图则要求从同基准引注尺寸或直接给出相应的坐标值(或坐标尺寸)，这样有利于编程和协调设计基准、工艺基准、测量基准与编程零点的设置和计算。

(3)材质的加工性分析。分析提供的毛坯材质本身的机械性能和热处理状态，毛坯的铸造品质和被加工部位的材料硬度，是否有白口、夹砂、疏松等。判断其加工的难易程度，为刀具材料和切削用量的选择提供依据。

(4)零件毛坯的可安装性分析。分析被加工零件的毛坯是否便于定位和装夹，是否需要增加工艺辅助装置，安装基准需不需要进行加工，装夹方式和装夹点的选取是否会有碍刀具的运动，夹压变形是否对加工质量造成影响等，为工件定位、安装和夹具设计提供依据。

(5)刀具运动的可行性分析。分析工件毛坯(或坯件)外形和内腔是否有碍刀具定位、运动和切削,有无加工干涉现象,对有碍部位的检验是否通过,为刀具运动路线的确定和程序设计提供依据。

(6)加工余量状况的分析。分析毛坯(或坯料)是否留有足够的加工余量,孔加工部位是通孔还是盲孔,有无加工干涉等,为刀具选择、加工安排和加工余量分配提供依据。

(7)分析零件结构工艺性是否有利于数控车床加工。分析零件的外形、内腔是否可以采取统一的几何类型或尺寸,尽可能减少刀具数量和换刀次数。

(8)分析加工工序的划分是否有利于数控车床加工,各工序尺寸是否容易保证, 是否对加工质量有影响,是否能提高加工效率,是否经济合理。

二、数控加工工艺文件的制定

数控加工工艺文件是编程人员在编制加工程序单时做出的与程序单相关的技术文件,主要包括数控加工工序卡片、数控加工刀具卡片、数控加工程序单等,是数控零件加工、产品验收的依据,也是操作人员应遵守执行的规程。对于不同的数控车床,加工工艺文件的格式和内容也不完全相同。

(1)数控加工工序卡。数控加工工序卡主要反映的是使用的辅具、刃具的切削参数及切削液等,是操作者配合数控程序进行数控加工的主要指导性工艺文件,是编程工作的原始资料。在加工内容比较简单时,可在工序卡中附工序简图,并在图中注明编程原点及对刀点。

(2)数控加工刀具卡。数控加工刀具卡主要反映刀具编号、刀具结构、刀具几何尺寸、刀片型号和材料、加工零部件的名称等,是组装和调整刀具的依据。

(3)数控加工程序单。数控加工程序单是一种记录数控加工工艺过程、工艺参数及刀具位移数据等数字信息的文件,操作者根据程序单向数控系统输入加工程序,实现数控加工。

三、切削用量的确定方法

对于不同的加工方法,需要选用不同的切削三要素。合理的切削三要素指在保证零件加工精度和表面粗糙度的前提下,充分发挥刀具的切削性能和机床性能,最大限度提高生产效率、降低成本。

粗车时,应尽量保证较高的金属切除率和必要的刀具使用寿命。选择切削三要素时,应首先选取尽可能大的背吃刀量 a_p,其次根据机床动力和刚度的限制条件,选取尽可能大的进给量 f,最后根据刀具使用寿命的要求,确定合适的切削速度 v_c。增大背吃刀量 a_p 可使走刀次数减少,增大进给量 f 有利于断屑。

精车时,对加工精度和表面粗糙度要求较高,加工余量不大且较均匀,故一般选用较小的进给量 f 和背吃刀量 a_p,而尽可能选用较高的切削速度 v_c。

四、车削加工进刀方式

对于车削加工,进刀时采用快速走刀接近工件切削起始点附近的某个点,再改用切削进给,以减少空走刀的时间,提高加工效率。切削起始点的确定与毛坯余量大小有关,应以刀具快速走到该点时刀尖不与工件发生碰撞为原则。

五、车刀的分类及装夹

1. 车刀的分类

(1)按被加工表面特征分为尖形车刀、圆弧形车刀、成型车刀。

(2)按车刀结构分为整体式车刀、焊接式车刀、机械夹固式车刀。

(3)按加工方式分为外圆车刀、端面车刀、内孔车刀、螺纹车刀、切断刀。

2. 车刀的正确安装方法

根据工件及加工工艺要求选择恰当的刀具和刀片,将选择好的刀具装夹在刀架上。车刀安装的正确性直接影响车削过程和工件的加工质量,故在装夹车刀时必须注意下列事项:

(1)安装前保证刀杆及刀片定位面的清洁,无损伤。

(2)将刀杆安装在刀架上时,应保证刀杆方向正确。

(3)车刀装夹在刀架上的伸出部分应尽量短,以增强其刚度,伸出长度应为刀杆长度的1~1.5倍。车刀下面垫片的数量要尽量少,并与刀架边缘对齐,且至少用两个螺钉平整压紧,以防振动。

(4)安装刀具时需注意使刀尖等高于主轴的回转中心。车刀刀尖高于工件轴线,会使车刀的实际后角减小,车刀后方与工件之间的摩擦增大;车刀刀尖低于工件轴线,会使车刀的实际前角减小、切削阻力增大。刀尖不对中心,在车至端面中心时会留有凸头,使用硬质合金车刀时,若忽视这一点,车到中心会造成车刀刀尖碎裂。

课堂互动

(1)如何检验刀具是否安装正确?举例说明。

(2)刀具装高了或装低了,对加工有什么影响?举例说明。

(3)假如装90°外圆偏刀时,刀具主切削刃与工件之间的夹角小于90°能够加工吗?对加工有什么影响?

六、外径千分尺简介

外径千分尺简称千分尺,又称螺旋测微器,如图5.2、图5.3所示,是比游标卡尺更精密的长度、直径测量仪器,测量精度为0.01 mm。

1. 外径千分尺的结构

外径千分尺由固定的尺架、测砧、测微螺杆、固定套管、微分筒、锁紧装置、微调旋钮等组成。固定套管上有一条水平线,这条线上、下各有一行间距为1 mm的刻度线,下面的刻度线恰好在上面两相邻刻度线中间。微分筒上的刻度线是将圆周分为50等份的水平线,微分筒可旋转。

固定砧和固定套筒压合在尺架上相应的孔内,测微螺杆的左端为可动测砧,两测砧都镶有硬质合金头,测微螺杆右端的螺母部分与固定套筒右端的螺母配合,组成精密螺旋副。

2. 螺旋刻线原理

外径千分尺使用前应校正零位,测量前先检查零点读数。当量杆和测砧并合时,微分筒的边缘对齐主尺的零刻度线且微分筒圆周上的零线也正好对准基准线,如图5.4(a)所示,则此时零点读数为0.000 mm;如果未对准则应记下零点读数。顺刻度方向读出的零点读数记为正值,逆刻度方向读出的零点读数记为负值。测量值为测量读数值减去零点读数值。测量时测力要适当，靠近工件时改用微调旋钮，当发生“吱吱”响声时，表示两测砧已与被测件接触好，此时即可读数。

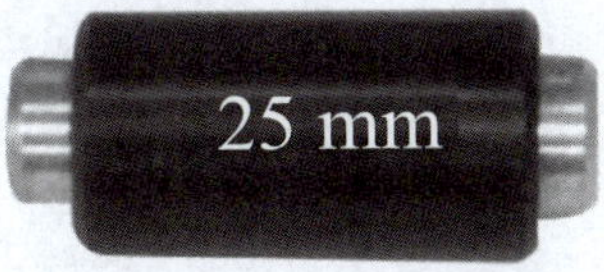

（a）外径千分尺校对块

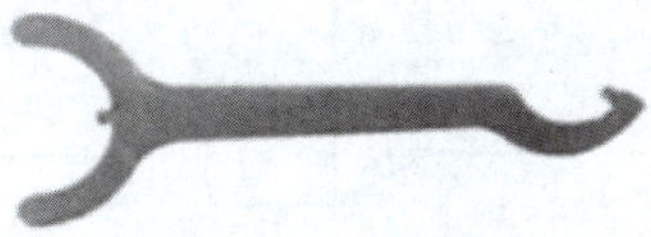

（b）外径千分尺校对扳手

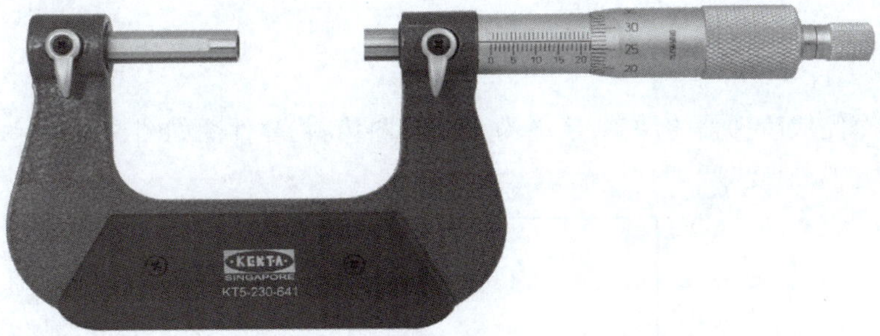

（c）千分尺

图 5.2　普通外径千分尺

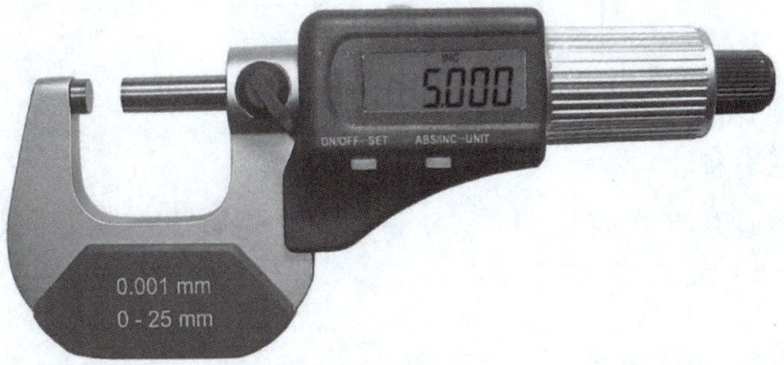

图 5.3　数显外径千分尺

外径千分尺的刻度由固定刻度和可动刻度两部分构成，固定刻度又分为整刻度和半刻度，每个刻度为 1 mm，当微分筒旋转一周时，测微螺杆前进或后退一个螺距，即 0.5 mm。微分筒上的刻度等分为 50 小格，每小格为 0.5 mm/50 = 0.01 mm，故其最小测量精度为 0.01 mm。

3. 外径千分尺的读数

（1）外径千分尺主尺分度值为 0.5 mm，所以在读数时要特别注意半毫米刻度线是否显露出来。例如，图 5.4（b）所示读数为 5.386 mm，图 5.4（c）所示读数为 5.886 mm。

（2）不论是读取零点读数或夹持物体测量时，都不能直接旋转微分筒，必须利用尾钮带动微分筒旋转。尾钮中的棘轮装置可以保证夹紧力不会过大，否则不仅测量不准，还会夹坏待测物或损坏外径千分尺的精密螺旋。

（3）外径千分尺用毕后，在测量杆和测量砧之间应留有一定的间隙，以免测量杆受热膨胀，导致外径千分尺损坏。实验室通常使用量程为 0~25 mm 的一级外径千分尺，分度值为 0.01 mm，示值误差限为 0.004 mm。

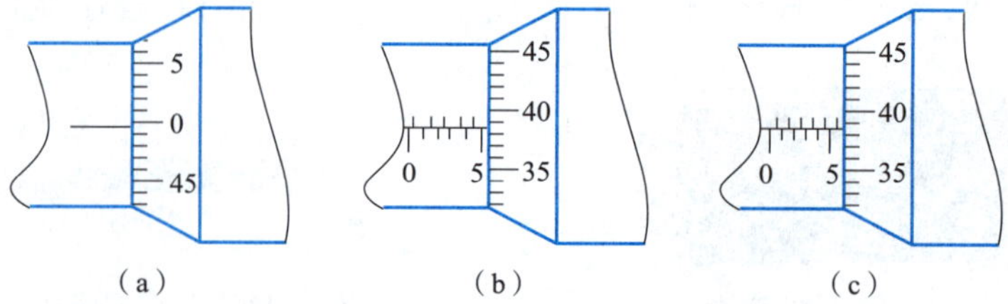

图 5.4　普通外径千分尺读数

七、加工案例

使用基本指令完成阶梯轴的加工，毛坯为 $\phi30$ 塑料棒料，零件图如图 5.5 所示。

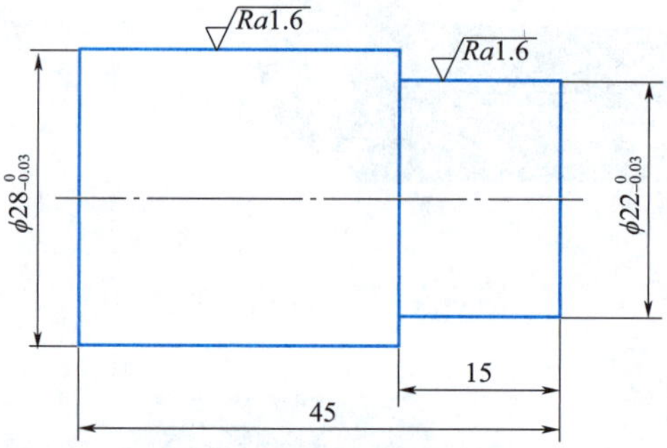

图 5.5　阶梯轴零件图

1. 图样及工艺性分析

该零件图素较为简单，单件加工，材料为塑料件，切削性能好，但是尺寸精度及表面粗糙度要求较高，需要分粗精加工完成。

2. 装夹方式

材料为圆棒料，材料预留足够夹持长度，可在三爪卡盘上直接找正夹紧加工。

3. 刀具选择

选择主偏角为 93°外圆右偏刀完成加工。

4. 制定工艺文件

(1)工件坐标系设定在工件右端面中心，采用主偏角为 93°外圆右偏刀，一次装夹完成，加工工艺卡片见表 5.1。

表 5.1　阶梯轴加工工艺卡片

工步	工步内容	刀具号	刀具规格 /mm	主轴转速 /(r/min)	进给量 /(r/min)	背吃刀量 /mm	加工余量 /mm
1	车端面	T01	25×25	1 200	0.1	1	0
2	粗车 $\phi27.5\times45$ 外圆	T01	25×25	500	0.2	2	0.5
3	粗车 $\phi22.5\times15$ 外圆	T01	25×25	500	0.2	2	0.5
4	精车 $\phi22\times15$、$\phi28\times45$	T01	25×25	1 200	0.1	0.5	0

(2)填写刀具卡,见表 5.2。

表 5.2 阶梯轴加工刀具卡

序号	刀具号	刀具规格名称	数量	加工表面	刀尖半径/mm	备注
1	T01	93°外圆右偏刀	1	车端面、车外圆	0.4	

(3)编制加工程序,程序清单见表 5.3。

表 5.3 程序清单

程序内容	程序说明
O0001	程序名
M3 S500 T0101	粗车选择主轴转速、刀具
G0 X32 Z2	快速定位到毛坯外部
G1 X28.5 F0.2	粗车 ϕ27.5×45 外圆,留 0.5 mm 精加工余量
Z-45	
G0 X32	
Z2	退刀
G1 X24	粗车 ϕ22.5×15 外圆,分两次进刀车削,第一车车到外圆直径 24
Z-15	
G0 X32	
Z2	
X22.5	第二次车至 22.5. 留 0.5 mm 精加工余量
Z-15	退刀
G0 X32	
Z2	
S1200 F0.1	精车,提高主轴转速,进给量 0.1 mm
G1 X22	精车轨迹
Z-15	
X28	
Z-30	
G0 X32	
G0 X100 Z100	退刀至安全点
M5	主轴停止
M2	程序结束

知识拓展

如果给定的毛坯尺寸较大,如图 5.6 所示,采用单步编程会造成程序冗长,有没有简单的指令解决这个问题?下面介绍一个新指令的功能:G90——单一固定形状循环加工圆柱面。

(1)编程格式:

```
G90 X(U)_Z(W) _F_
```

其中,X_ Z_为纵向切削终点的坐标值(绝对值);U_ W_为至纵向切削终点的移动量(相对值);F_为切削进给速度。

(2)说明:如图 5.7 所示,x 方向进刀,z 方向切削,按顺序 1、2、3、4 进行,1、4 为快速移动,2、3 为切削进给。

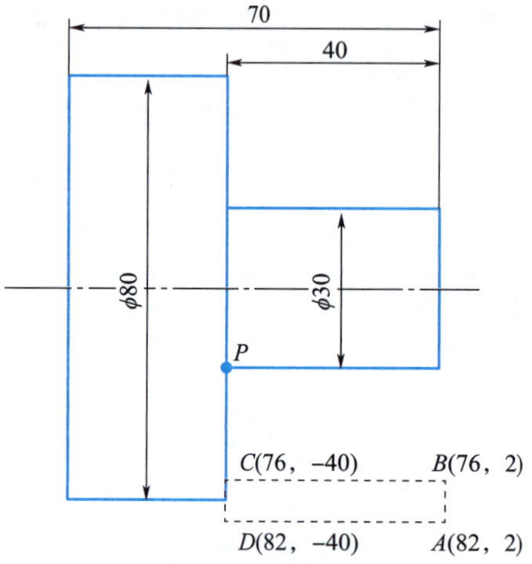

图 5.6　阶梯轴零件图

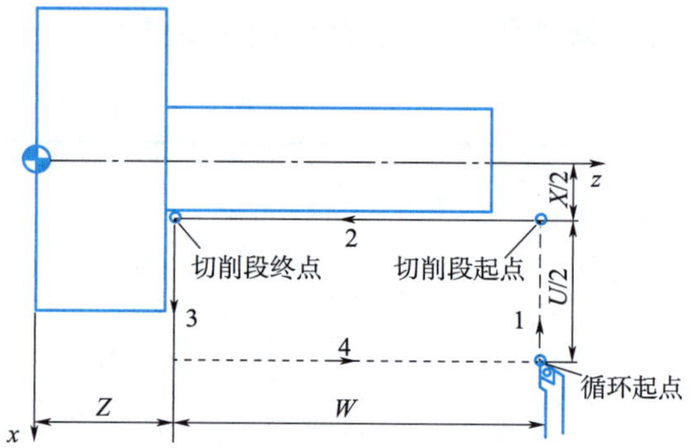

图 5.7　单一固定形状循环加工圆柱面走刀轨迹

图 5.7 中　1——快速进刀(相当于 G00 指令);

2——切削进给(相当于 G01 指令);

3——退刀(相当于 G01 指令);

4——快速返回(相当于 G00 指令)。

图 5.6 所示零件采用 G90 编程,刀具从起点按 x 方向快速进刀,走一个矩形循环 $A \rightarrow B \rightarrow C \rightarrow D \rightarrow A$。具体为第一步,刀具 G00 快速定位到 A(X82,Z2)点,刀具 G00 快速定位到 B(X76,Z2)点;第二步,G01 速度车削 40 mm 长度即 C(X76,Z-40)点;第三步,G00 速度快速退刀至 D(X82,Z-40)点;第四步,G00 速度快速退刀至 Z2,即 A(X82,Z2)点,形成一个矩形的循环。继续循环车削直至得到最终尺寸。

参考车削程序见表 5.4。

表 5.4　参考车削程序

程 序 内 容	程 序 说 明
O0002	程序名称
M03 S700 T0101 F0.2	主轴正转 700 r/min,1 号刀具 1 号刀补,走刀量 0.2 mm/r
G00 X82 Z2	刀具从起点快速定位到工件坐标系(X82,Z2)点
G90 X76 Z-40	第一刀车削到直径 X76、长度 Z-40
X72	第二刀车削到直径 X72、长度 Z-40
X68	第三刀车削到直径 X68、长度 Z-40
X64	第四刀车削到直径 X64、长度 Z-40
X60	第五刀车削到直径 X60、长度 Z-40
X56	第六刀车削到直径 X56、长度 Z-40
…	…
X30	最后一刀车削到直径 X30、长度 Z-40
G00 X100 Z100	退刀至安全点
M30	程序结束

任务5.2　锥面轴零件编程与加工

任务描述

加工图5.8所示含有锥面的阶梯轴，该零件只需加工端面、外圆面和外圆锥面，粗糙度要求不高，其中外圆尺寸精度要求较高，同时要测量锥度。

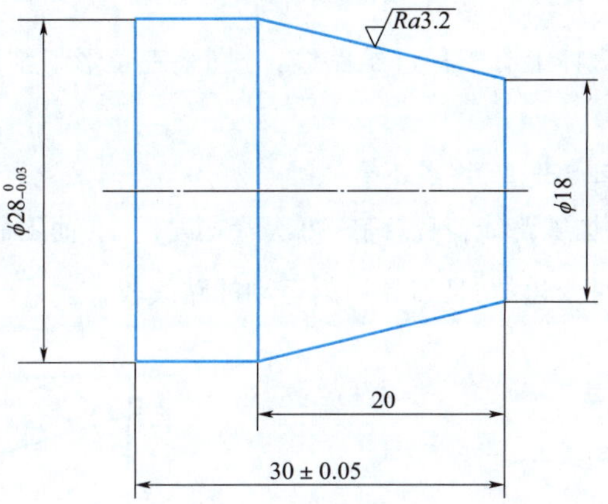

图5.8　锥面轴零件图

知识目标

1. 了解圆锥的分类及处理方法；
2. 掌握使用基本指令编写圆锥的编程方法；
3. 能够运用加工指令编写圆锥类零件加工程序。

能力目标

1. 能根据加工内容合理选择车削刀具，并能正确安装刀具；
2. 会用数控车床面板输入循环指令程序；
3. 能够熟练掌握在数控车床上加工圆锥类零件的方法。

素养目标：

1. 培养学生良好的道德修养、乐观向上的人生价值观和工匠精神；
2. 培养学生自觉遵守安全及技能操作规程的工作习惯；
3. 加强表达和沟通能力，培养学生的团队合作精神。

相关知识

一、锥面轴的概念

在机床和工具中，有许多实用圆锥面配合的场合，如车床主轴锥孔与顶尖的配合、车床尾座锥孔与麻花钻锥柄的配合等。

加工圆锥面时,除了尺寸精度、形位公差和表面粗糙度具有较高要求外,还有角度(或锥度)的精度要求。角度的精度用加、减角度的分或秒表示。对于精度要求较高的圆锥面,常用涂色法检验,其精度以接触面的大小评定。圆锥的各部分尺寸如图 5.9 所示,锥度 C 的计算公式为

$$C = \frac{D - d}{L} \tag{5.1}$$

二、圆锥车削进给路线的选择

在车床上车削圆锥时大体上有三种进给路线,分别是三角形切削路线、阶梯切削路线和相似三角形切削路线。

1. 三角形切削路线(起点改变,终点不变)

按图 5.10 所示的斜线加工路线,只需确定每次背吃刀量 a_p,而不需要计算终刀距,编程方便。但在每次切削中背吃刀量是变化的,且刀具切削运动的路线较长。

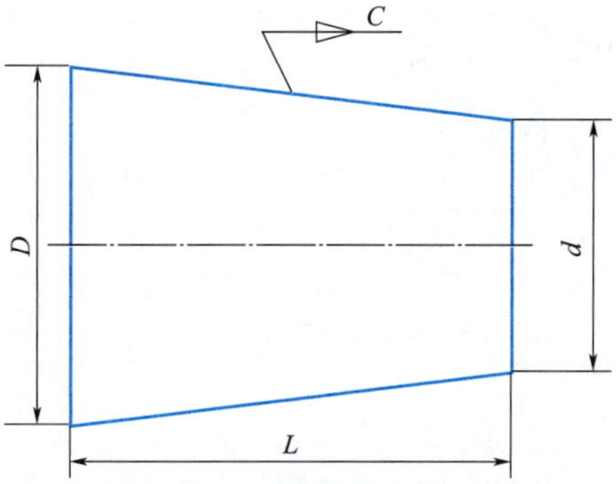

图 5.9　锥度的计算

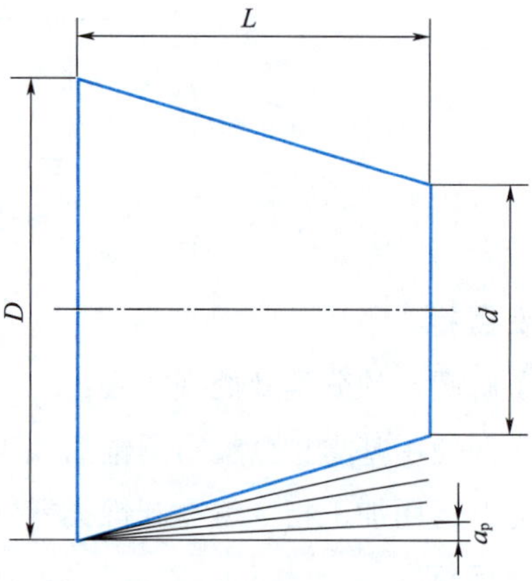

图 5.10　三角形切削路线

2. 阶梯切削路线

按图 5.11 所示的阶梯切削路线,二刀粗车,最后一刀精车;二刀粗车的终刀距 S 要作精确计算,可由相似三角形得到。

此种加工路线在粗车时刀具背吃刀量相同,但精车时背吃刀量不同,同时刀具切削运动的路线最短。

3. 相似三角形切削路线

按图 5.12 所示的相似斜线切削路线,也需计算粗车时终刀距 S,可由相似三角形得到。按此种路线加工,刀具切削运动的距离较短。

三、编程实例

使用基本指令按指定路线完成图 5.13 所示锥面的加工。

三种切削方式的参考程序分别见表 5.5 至表 5.7。

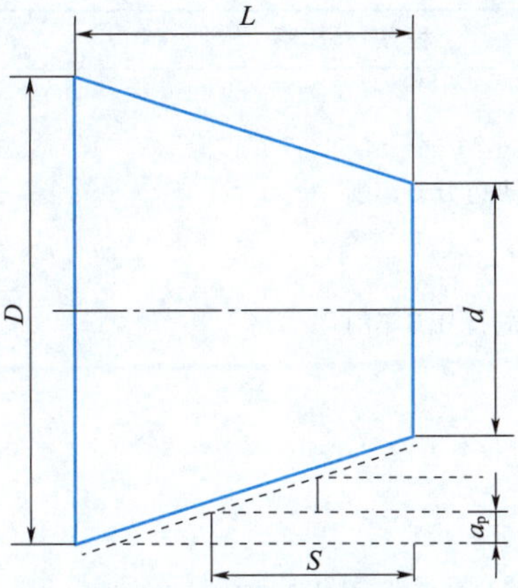

图 5.11　阶梯切削路线

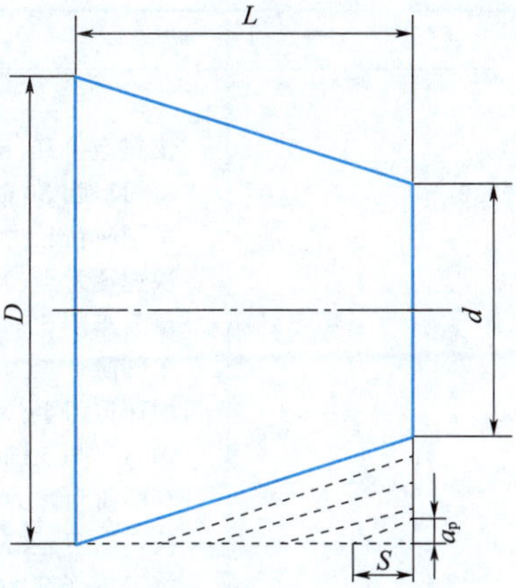

图 5.12　相似三角形切削路线

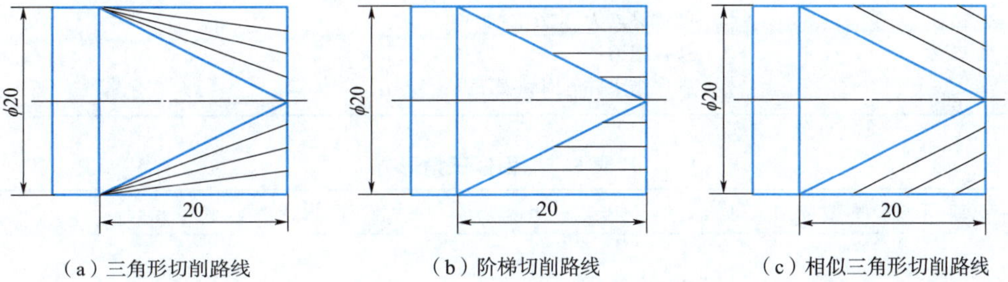

图 5.13　锥度车削方法示意图

表 5.5　三角形切削路线

加 工 程 序	程 序 说 明
…	…
G00 X20 Z0	快速定位到(X20,Z0)处
G01 X15 F0.2	每刀车削 5 mm 至 X15 处进行分刀车削
X20 Z-20	圆锥终点为(X20,Z-20)
G00 Z0	快速 z 向退刀至 Z0 处
G01 X10	每刀车削 5 mm 至 X10 处进行分刀车削
X20 Z-20	圆锥终点为(X20,Z-20)
G00 Z0	快速 z 向退刀至 Z0 处
G01 X5	每刀车削 5 mm 至 X5 处进行分刀车削
X20 Z-20	圆锥终点为(X20,Z-20)
G00 Z0	快速 z 向退刀至 Z0 处
G01 X0.5	每刀车削 5 mm 至 X0.5 处进行分刀车削,留 0.5 mm 进行精车削
X20 Z-20	圆锥终点为(X20,Z-20)
G00 Z0	快速 z 向退刀至 Z0 处
G01 X0 F0.2	最后车削 0.5 mm,精车削
X20 Z-20	圆锥终点为(X20,Z-20)
G00 X100 Z100	快速退刀
M30	程序结束并返回到程序开头

表 5.6 阶梯切削路线

加工程序	程序说明
…	…
G00 X20 Z0	快速定位到(X20,Z0)处
G01 X15 F0.2	每刀车削 5 mm 至 X15 处进行分刀车削
Z-15	车削阶台长为 15 mm
G00 X20 Z0	快速退刀至(X20,Z0)处
G01 X10	每刀车削 5 mm 至 X10 处进行分刀车削
Z-10	车削阶台长为 10 mm
G00 X20 Z0	快速退刀至(X20,Z0)处
G01 X5	每刀车削 5 mm 至 X5 处进行分刀车削
Z-5	车削阶台长为 5 mm
G00 X20 Z0	快速退刀至(X20,Z0)处
G01 X0.5	每刀车削至 X0.5 处进行粗车削锥度,留 0.5 mm 进行精车削
X20 Z-20	圆锥终点为(X20,Z-20)
G00 Z0	快速 z 向退刀至 Z0 处
G01 X0 F0.1	最后车削 0.5 mm,精车削
X20 Z-20	圆锥终点为(X20,Z-20)
G00 X100 Z100	快速退刀
M30	程序结束并返回到程序开头

表 5.7 相似三角形

加工程序	程序说明
…	…
G00 X20 Z0	快速定位到(X20,Z0)处
G01 X15 F0.1	每刀车削 5 mm 至 X15 处进行分刀车削
X35 Z-20	圆锥终点为(X35,Z-20)
G00 Z0	快速 z 向退刀至 Z0 处
G01 X10	每刀车削 5 mm 至 X10 处进行分刀车削
X30 Z-20	圆锥终点为(X30,Z-20)
G00 Z0	快速 z 向退刀至 Z0 处
G01 X5	每刀车削 5 mm 至 X5 处进行分刀车削
X20 Z-20	圆锥终点为(X25,Z-20)
G00 Z0	快速 z 向退刀至 Z0 处
G01 X0.5	每刀车削 5 mm 至 X0.5 处进行分刀车削,留 0.5 mm 进行精车削
X20.5 Z-20	圆锥终点为(X20.5,Z-20)
G00 Z0	快速 z 向退刀至 Z0 处
G01 X0 F0.1	最后车削 0.5 mm,精车削
X20 Z-20	圆锥终点为(X20,Z-20)
G00 X100 Z100	快速退刀
M30	程序结束并返回到程序开头

知识拓展

1. G90——单一固定形状循环加工圆锥面

(1)编程格式:

```
G90 X(U)_Z(W)_R_F_
```

其中,X、Z 为循环切削终点处的坐标;U、W 为切削终点相对于循环起点的增量坐标;R 为圆锥面切削起点处的 x 坐标值减终点 x 标值的 1/2(通常为负值,为 0 时则表示圆柱面);F 为循环切削过程中的进给速度。

(2)走刀路线:进刀(1R 快速)→切削(2F 切削进给)→退刀(3F 切削进给)→返回(4R 快速),如图 5.14 所示。

视频

G90 指令应用

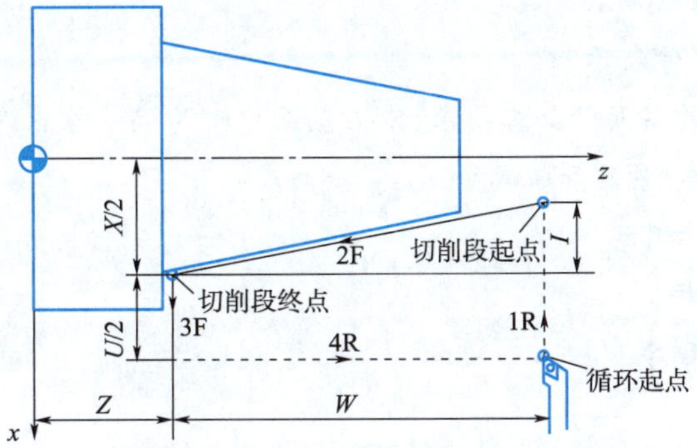

图 5.14　G90 圆锥面加工走刀路线

2. G94——端面单一形状固定循环指令

(1)编程格式:

```
G94 X(U)_ Z(W)_ R_ F_
```

其中,X、Z 为循环切削终点处的坐标;U、W 为切削终点相对于循环起点的增量坐标;R 为锥端面切削起点处的 z 坐标值减去其终点处的 z 坐标值;F 为循环切削过程中的进给速度。

(2)走刀路线:加工平端面的走刀路线如图 5.15 所示。加工锥端面的走刀路线如图 5.16 所示。

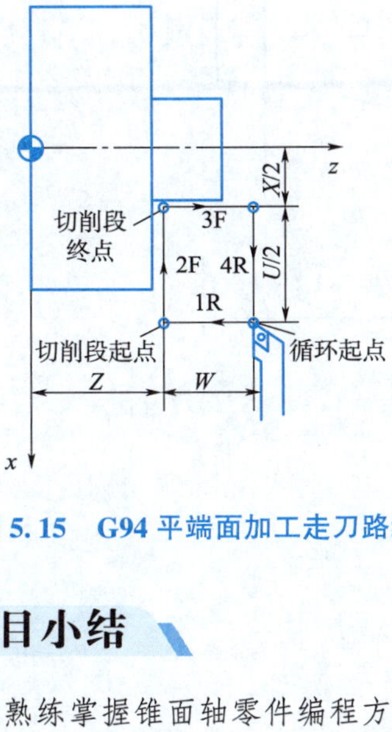

图 5.15　G94 平端面加工走刀路线

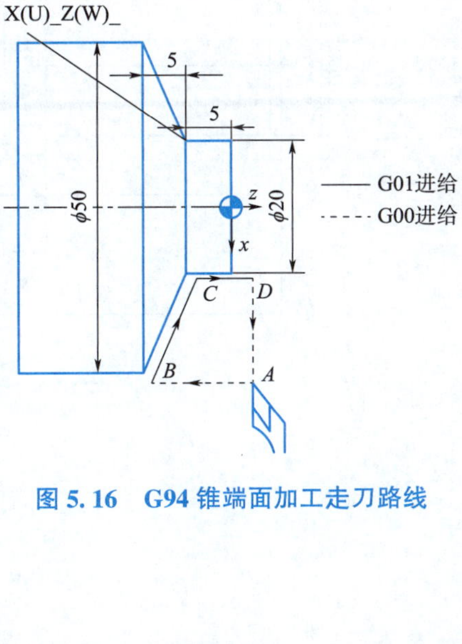

图 5.16　G94 锥端面加工走刀路线

项目小结

通过熟练掌握锥面轴零件编程方法,可在编程的时间和编程的质量上更近一步。程序的优化和辅助时间的减少是提升加工速度的有效方法，切削三要素的正确选择和相关量具的正确使用是保证加工质量的有效途径。

复习与思考

1. 想一想如果锥度没有给定锥比，而是给定圆锥半角，应该如何计算大、小端直径？

2. 车削锥度有哪些检测方法？

3. 圆锥半角用什么符号表示？

4. 根据图 5.17 所示的锥面轴加工要求，以右端面中心为编程原点建立编程坐标系，制定加工方案，合理选择所需的刀具、量具和工具。

(1) 制定合理的刀具卡片。

(2) 制定合理的工艺卡。

(3) 编写零件的加工程序。

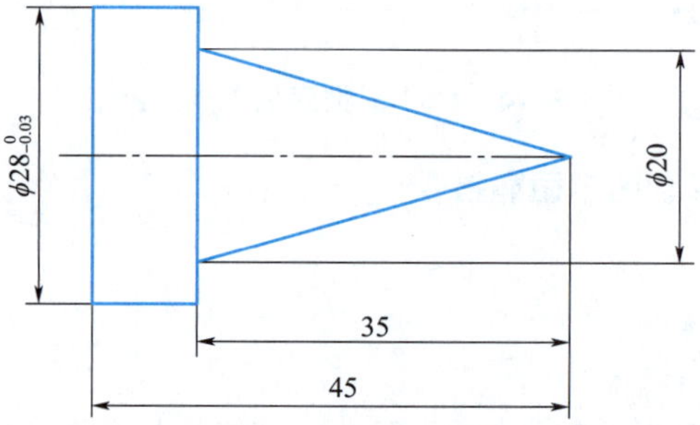

图 5.17 锥面轴零件图

5. 多台阶轴零件图如图 5.18 所示，毛坯尺寸为 $\phi25\times60$，要求编制其加工程序。

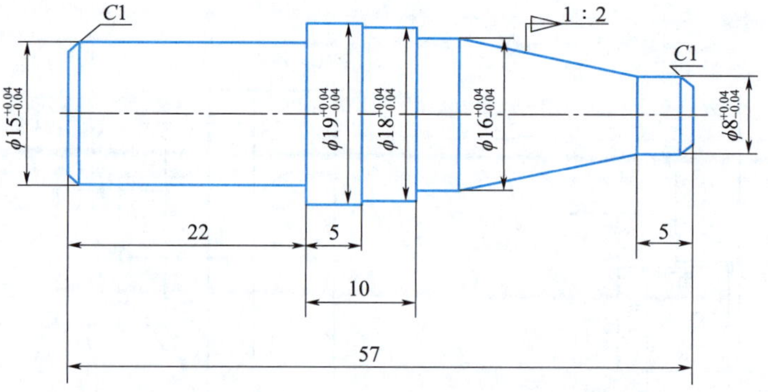

图 5.18 多台阶轴零件图

项目 6 成型面零件编程与加工

项目描述

数控车床的控制装置能够同时对两个坐标轴进行联动控制，加工时不仅能控制起点和终点，还能控制整个加工过程中每点的速度和位置，可以加工台阶、圆锥、复杂形状成型面类的零件。成型面零件种类很多，用途也很广泛，小到家庭用品，如碗、勺子、酒杯，大到工程机械等。本项目通过加工含有凸、凹圆弧的零件，让学生掌握成型面零件刀具的选择方法、加工工艺制定方法、尺寸控制方法等，达到能熟练操作数控车床完成成型面零件加工的目的。

项目学习目标

知识目标

1. 了解成型面零件的结构和工艺特点；
2. 掌握圆弧指令 G02/G03 的编程格式；
3. 掌握 G71、G70、G72、G73、CYCLE(95)等循环指令各参数的含义；
4. 了解基点和节点的概念；
5. 掌握手工编程中数字的计算方法。

能力目标

1. 会根据零件结构和工艺特点合理选择加工刀具并制定加工工艺文件；
2. 能独立使用所学知识完成成型面零件的编程；
3. 能够在数控车床上独立完成成型面类零件的加工，并对零件进行精度控制。

素养目标

1. 培养学生树立工匠精神；
2. 通过分组实操训练，培养学生的团队精神；
3. 通过实操调试，培养学生分析问题和解决问题的能力；
4. 通过课内 5S 管理，培养学生的职业精神。

任务 6.1 子弹工艺品编程与加工

任务描述

完成子弹工艺品（见图 6.1）的编程及加工，已知毛坯尺寸为 $\phi12\times80$，材料为黄铜。

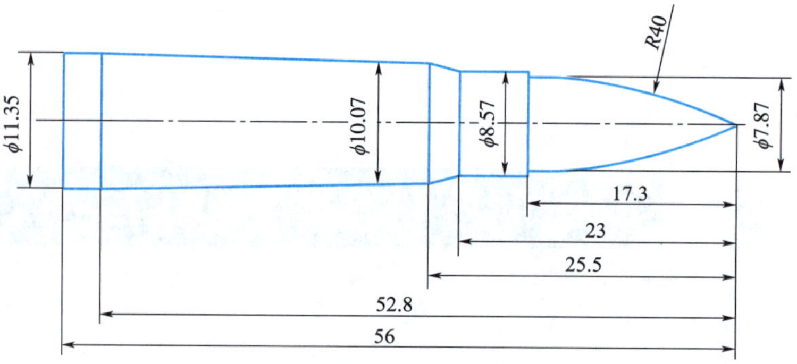

图 6.1　子弹工艺品零件图

知识目标

1. 了解弧面零件的结构工艺特点；
2. 掌握圆弧的顺逆方向判定方法；
3. 掌握圆弧 G02/G03 指令的编程格式；
4. 掌握 G70、G71、G72、CYCLE(95)等循环指令的编程格式。

能力目标

1. 会根据加工内容合理选择车削刀具，并能正确安装刀具；
2. 能够合理选择进刀点和退刀点的位置；
3. 熟练运用加工指令编写加工程序并完成加工。

素养目标

1. 培养学生良好的道德修养、乐观向上的人生价值观和工匠精神；
2. 培养学生自觉遵守安全及技能操作规程的工作习惯；
3. 加强表达和沟通能力，培养学生的团队合作精神。

相关知识

一、弧面零件的结构工艺特点

1. 结构特点

零件表面轮廓是平面曲线轮廓，圆弧面有凸凹之分、内外之别。成型面零件如图 6.2 所示。

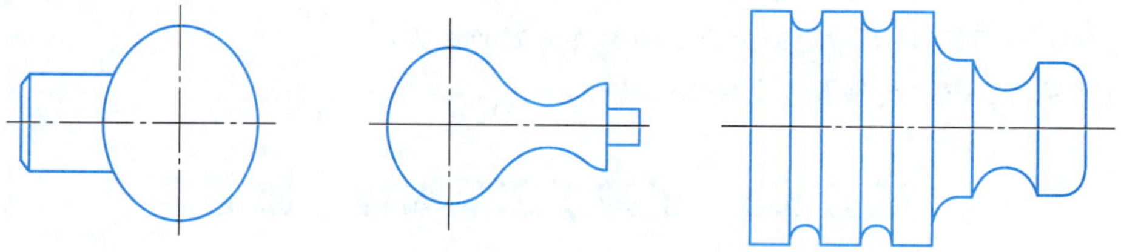

图 6.2　成型面零件

2. 弧面的加工方法

通用机床：使用成型刀型面加工法、靠模加工法或双手配合控制刀架运动轨迹切削法，特点是加工精度难以满足零件质量要求，加工效率低，工人劳动强度大。

数控车床：具有圆弧插补指令（G02/G03）功能，可以在加工平面内按给定的轨迹和进给速度运动，切削出零件圆弧轮廓形状。

（1）加工凹圆弧成型表面切削用刀具的选择。加工凹弧成型表面，使用的刀具有成型车刀、尖形车刀、棱形偏刀等。加工半圆弧或半径较小的圆弧表面选用成型车刀；精度要求不高时可采用尖形车刀；加工成型表面后还需加工台阶表面可选用 90°棱形偏刀，副偏角较大，可防止干涉（车刀副切削刃与凹圆弧表面干涉情况）。凹圆弧加工刀具及副切削刃干涉情况如图 6.3 所示。

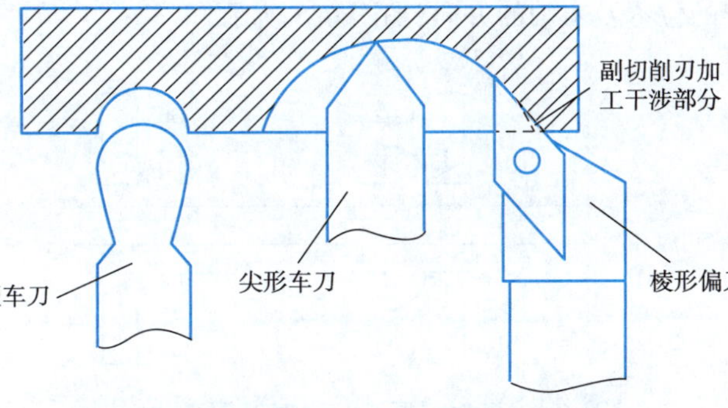

图 6.3 凹圆弧加工刀具及副切削刃干涉情况

（2）加工凸圆弧成型表面切削用刀具的选择。加工凸圆弧成型表面，使用的刀具有成型车刀、棱形偏刀及尖形车刀。加工半圆形表面选用成型车刀；加工精度较低的凸圆弧时可选用尖形车刀；加工圆弧表面后还需车台阶表面时应选用棱形偏刀。选用尖形车刀及棱形偏刀时主、副偏角应足够大，否则加工时会发生干涉现象。凸圆弧加工刀具及主、副切削刃干涉情况如图 6.4 所示。

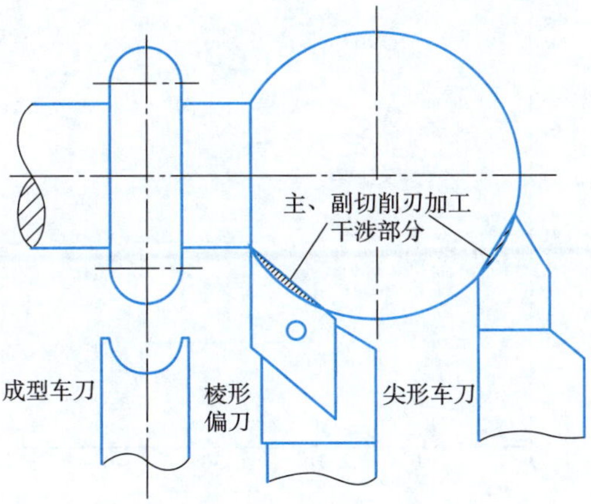

图 6.4 凸圆弧加工刀具及主、副切削刃干涉情况

二、FAUNC 系统圆弧插补指令（G02/G03）

1. 编程格式

```
G02/G03 X(U)_ Z(W)_ R_ F_
G02/G03 X(U)_ Z(W)_ I_ K_ F_
```

其中,G02 表示顺时针圆弧插补;G03 表示逆时针圆弧插补。X_ Z_为圆弧终点坐标的绝对值,U_ W_为圆弧终点坐标的相对值。R_为圆弧半径;F_为进给速度。I_ K_为圆的圆心相对起点分别在 x 和 z 坐标轴的增量值。

2. 说明

(1)顺时针圆弧与逆时针圆弧的判别。在使用圆弧插补指令时,需要判断刀具是沿顺时针方向还是逆时针方向加工零件。判别方法是:从圆弧所在平面(数控车床为 xz 平面)的另一个轴(数控车床为 y 轴)的正方向看该圆弧,顺时针方向为 G02,逆时针方向为 G03。在判别圆弧的顺逆方向时,一定要注意刀架的位置及 y 轴的方向,如图 6.5 所示。

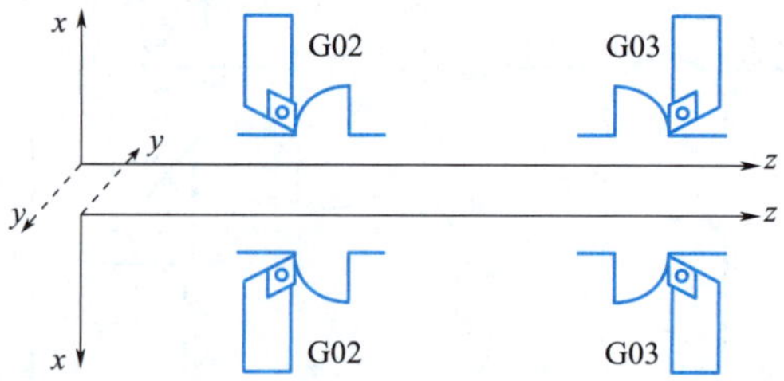

图 6.5　顺时针圆弧与逆时针圆弧的判别

(2)圆心坐标的确定。圆心坐标 I、K 值为圆弧起点到圆弧圆心的矢量在 x、z 轴向上的投影,如图 6.6 所示。I、K 为增量值,带有正负号,且 I 值为半径值。I、K 的正负取决于该矢量方向与坐标轴方向的异同,相同的为正、相反的为负。若已知圆心坐标和圆弧起点坐标,则 $I=x_{圆心}-x_{起点}$(半径差),$K=z_{圆心}-z_{起点}$。图 6.6 中 I 值为-10,K 值为-20。

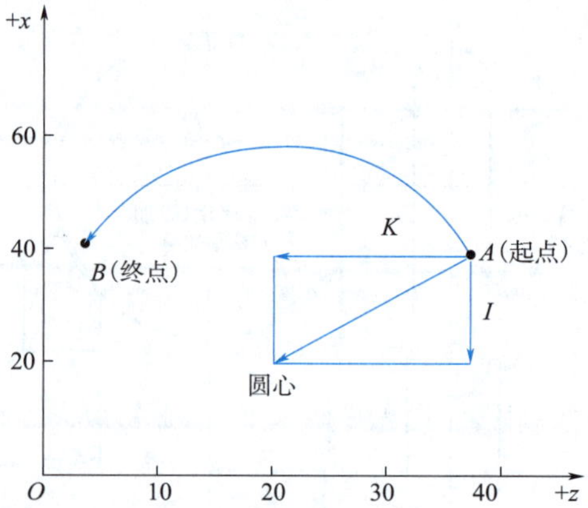

图 6.6　圆心坐标的确定

(3)圆弧半径的确定。圆弧半径 R 有正值与负值之分。当圆弧所对的圆心角小于或等于180°时,R 取正值;当圆弧所对的圆心角大于 180°且小于 360°时,R 取负值,如图 6.7 所示。通常情况下,在数控车床上加工的圆弧的圆心角小于 180°。

3. 实例

编写图 6.8 所示圆弧的精加工程序,刀位点起始点为 P_1,各种方式的下圆弧编程见表 6.1。

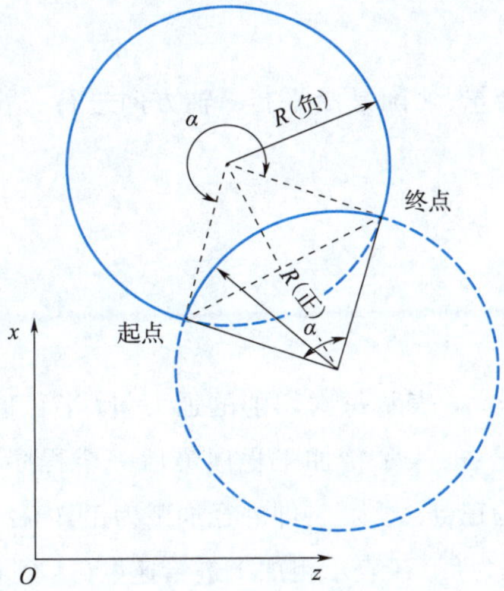

图 6.7　圆弧半径的确定

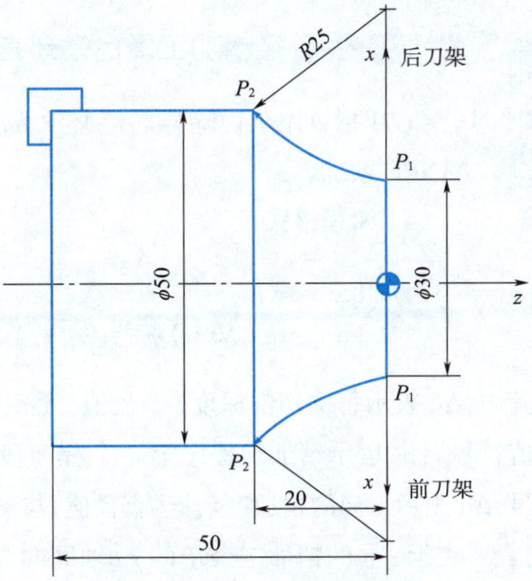

图 6.8　圆弧精加工编程实例

表 6.1　各种方式下圆弧编程

刀架形式	编程方式	指定圆心 *I*、*K*	指定半径
后刀架	绝对值编程	G02 X50 Z-20 I25 K0 F0.3	G02 X50 Z-20 R25 F0.3
	增量值编程	G02 U20 W-20 I25 K0 F0.3	G02 U20 W-20 R25 F0.3
前刀架	绝对值编程	G02 X50 Z-20 I25 K0 F0.3	G02 X50 Z-20 R25 F0.3
	增量值编程	G02 U20 W-20 I25 K0 F0.3	G02 U20 W-20 R25 F0.3

三、西门子系统圆弧插补指令（G02/G03）

1. 编程格式

```
G02/G03 X_ Z_ CR=_
G02/G03 X_ Z_ I_K_
```

其中，G02 表示顺时针圆弧插补；G03 表示逆时针圆弧插补。X_ Z_为圆弧终点坐标值，其值可以是绝对坐标，也可以是增量坐标，在增量方式下，其值为圆弧终点坐标相对于圆弧起点的增量值。CR_为圆弧半径；I_ K_为圆的圆心相对起点分别在 x、z 坐标轴的增量值。

顺时针圆弧与逆时针圆弧的判别与 FAUNC 系统一致。

2. 实例

编写图 6.8 所示圆弧的精加工程序，刀位点起始点为 P_1，各种方式的下圆弧编程见表 6.2。

表 6.2　各种方式下圆弧编程

指定圆心 *I*、*K* 编程方式	指定半径	备　注
G02 X50 Z-20 I25 K0 F0.3	G02 X50 Z-20 CR=25 F0.3	P_1-P_2

注意：在程序编制时，为了减少计算量，可以根据图纸中给出的尺寸，选择简便的方法，如本例图纸中没有告知圆心到起点的相对坐标，而告知了半径 R，故采用指定半径方式更简便。

● 视频

G71 与 G70 指令

四、内/外径粗加工复合循环指令 G71

G71 指令用于切除棒料毛坯大部分加工余量,切削是沿平行 z 轴方向进行,适用于 FANUC 系统。

1. 编程格式

```
G71 UΔd Re
G71 Pns Qnf UΔu WΔw Ff(S_ T_)
```

其中,Δd 表示每次切削深度(半径值,无正负值符号);e 表示每次切削的退刀量(半径值,无正负值符号);ns 表示精加工程序第一个程序段的顺序号;nf 表示精加工程序最后一个程序段的顺序号;Δu 表示 x 向的精加工余量(直径值,与 x 轴同向为正,反之为负;即外径加工为正,内径加工为负);Δw 表示 z 向的精加工余量(与 z 轴同向为正,反之为负);f 表示粗加工进给速度(ns 到 nf 程序段之间的 f 为精加工进给速度)。

2. 走刀路线

G71 循环指令的刀具切削路径如图 6.9 所示。C 为粗加工循环的起点,A 为毛坯外径与端面轮廓的交点。只要给出 $A \to A' \to B$ 之间的精加工形状及径向精车余量 $\Delta u/2$、轴向精车余量 Δw 及切削深度 Δd 即可完成 $A \to A' \to B \to A$ 区域的粗加工循环。

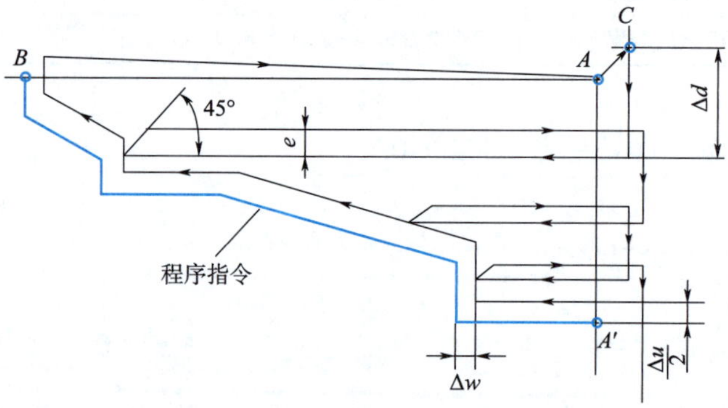

图 6.9 G71 走刀路线

3. G71 编程时的注意事项

(1)G71 程序段本身不进行精加工,粗加工是按 ns 至 nf 给定的精加工编程轨迹 $A \to A' \to B$,沿平行于 z 轴方向进行。

(2)G71 程序段不能省略除 F、S、T 以外的地址符。G71 程序段中的 F、S、T 只在循环时有效,精加工时处于 ns 至 nf 程序段之间的 F、S、T 有效。

(3)循环中第一个程序段(即 ns 段)必须包含 G00 或 G01 指令,即 $A \to A'$的动作必须是直线或点定位运动,但不能有 z 轴方向上的移动。

(4)ns 至 nf 程序段中,不能包含子程序。

(5)G71 循环时可以进行刀具位置补偿,但不能进行刀尖半径补偿,因此在 G71 指令前必须用

G40 取消原有的刀尖半径补偿。在 ns 至 nf 程序段中可以含有 G41 或 G42 指令，对精车轨迹进行刀尖半径补偿。

五、精加工复合循环指令 G70

用 G71 指令完成粗加工循环后，使用 G70 指令可实现精加工，适用于 FANUC 系统。精车时的加工量是粗加工循环时留下的精车余量，加工轨迹是工件的轮廓线。

1. 编程格式

```
G70 Pns Qnf
```

其中，ns 表示循环开始的第一个程序段的序号；nf 表示循环结束最后一个程序段的序号。

2. G70 编程时的注意事项

(1)在 G71 程序段中规定的 F、S、T 对 G70 无效，但在执行 G70 时顺序号 ns 至 nf 程序段之间的 F、S、T 有效。

(2)当 G70 循环加工结束时，刀具返回到起点。

(3)ns 至 nf 程序段不能调用子程序。

(4)在没有使用 G71、G72 指令时，一般不直接使用 G70 精加工，因为被吃刀量会很大；但在工件加工完成后，再修改刀补控制尺寸时，可以直接执行 G70。

六、端面粗加工复合循环指令 G72

G72 适用于 z 向余量小、x 向余量大的棒料粗加工，如盘类零件，适用于 FANUC 系统。

1. 编程格式

```
G72 WΔd Re
G72 Pns Qnf UΔu WΔw Ff (S_ T_)
```

其功能与 G71 基本相同，不同之处是 G72 只完成端面方向粗车，刀具路径按径向方向循环。

2. 走刀路线

在切削循环过程中，刀具沿 z 方向进刀，平行于 x 轴切削。其走刀路线如图 6.10 所示，C 为粗加工循环的起点，A 为毛坯外径与端面轮廓的交点。只要给出 $A \to A' \to B$ 之间的精加工形状及径向精车余量 $\Delta u/2$、轴向精车余量 Δw 及切削深度 Δd 即可完成 $A \to A' \to B \to A$ 区域的粗加工循环。

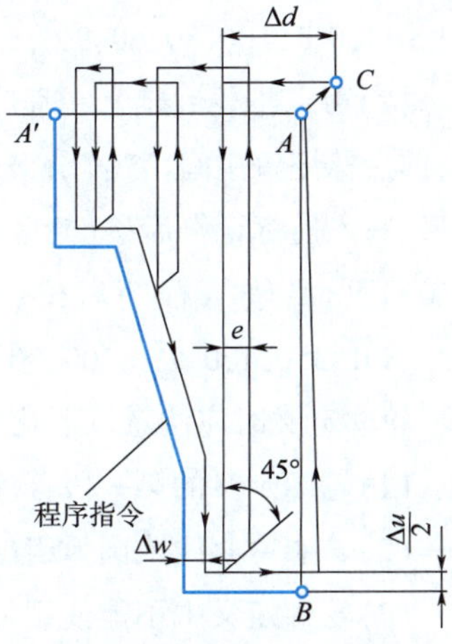

图 6.10　G72 走刀路线

七、西门子 802D 毛坯切削循环 CYCLE95

CYCLE95 指令可以对由精车路线定义的轮廓进行粗精加工，此功能非常实用和强大，该指令适用于西门子 802D 系统。

视频

CYCLE95
指令

CYCLE95 指令沿坐标轴分层平行切削，可以为纵向也可以为横向，不仅适合加工轴类工件也适合加工盘类工件，分层加工比较适合毛坯直径相同的情况，根据指定参数可以对工件内、外部进行加工，还能对有凹、凸面的工件进行加工。

1. 编程格式

```
CYCLE95(NPP,MID,FALZ,FALX,FAL,FF1,FF2,FF3,VARI,DT,DAM,VRT)
```

各参数说明见表 6.3。

表 6.3　CYCLE95 参数表

参　　数	数 值 种 类	参 数 说 明
NPP	字符	轮廓子程序名称
MID	实数	粗车时最大切削深度，无符号，x 向时为半径
FALZ	实数	z 向精车余量，无符号
FALX	实数	x 向精车余量，无符号，半径
FAL	实数	沿轮廓方向的精加工余量
FF1	实数	非退刀槽加工的进给速度
FF2	实数	进入凹凸面切削时的进给速度
FF3	实数	精加工的进给速度
VARI	实数	加工类型范围值：1～12
DT	实数	粗加工时用于断屑的停顿时间，单位：s
DAM	实数	粗加工因断屑而中断时所经过的路径长度
VRT	实数	粗车时，从轮廓退刀的距离，x 向时为半径，无符号

1）NPP

NPP 参数用于定义轮廓的名称，有如下两种形式：

（1）把轮廓定义为子程序，但轮廓子程序的名称应遵循编程说明中有关名称的规定。在程序输入过程中，如果定义轮廓的子程序已经存在，可直接输入程序名后继续输入后面的程序；如果定义轮廓的子程序还没有输入，可以在输入名称后按【新建】键，创建轮廓子程序后，自动进入子程序编辑页面，输入程序后按【工艺界面】键，返回循环帮助页面。例如，程序 CYCLE95（ZHOULK01，3，0.1，0.1，0.5，100，80，60，9，，，1，）中 ZHOULK01 为子程序名。

（2）可以把轮廓定义在程序内部，前后用符号加以标记。在循环程序段中用标记符定义此参数，前后标记符中间用“：”分开。如果轮廓已经定义，直接写入前后标记符即可；如果轮廓还没有定义，写入前标记符后按【轮廓附加】键，按照输入的名称自动生成前后标志符，然后程序将跳入轮廓编辑页面，输入程序后按【工艺界面】键，返回循环帮助页面。例如，CYCLE95（BIAOJI01：BIAOJI01，3，0.1，0.1，，100，80，60，9，0，0，1）

轮廓定义时应注意以下几点：

（1）轮廓定义的第一段程序段必须是 G00、G01、G02 或 G03 指令中的一个。

（2）轮廓由直线或圆弧组成，并可以使用倒角和倒圆。

（3）轮廓定义中不能使用刀尖圆弧半径补偿。

（4）轮廓必须包括至少三个具有在两个进给轴的加工平面中运动的程序段。

2) MID

MID 参数用于定义粗加工时,每次切削的最大切削深度,并不一定是每一刀实际的切削深度,系统会根据总切削深度和所给的 MID 计算每刀的实际切削深度,这样切削时每次粗车的切削深度将保持相同,可以达到最佳的切削条件。如粗加工的总余量为 10 mm,MID 设为 3 mm,实际切削时每刀的切削深度是 2.5 mm,并不是前三刀为 3 mm 最后一刀为 1 mm。而且在加工有凹凸面的工件时,以每个凹面为一个计算量,如图 6.11 所示。

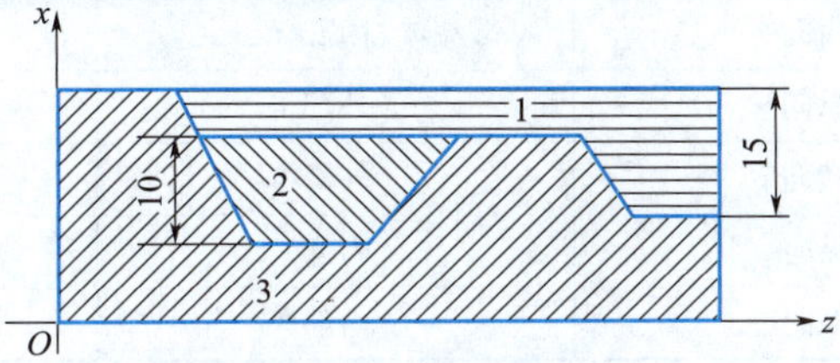

图 6.11 MID 参数

该工件编程中 MID 设为 4 mm,加工 1 区域每刀实际切削深度为 3.75 mm,加工 2 区域每刀的实际切削深度为 3.333 mm。

3) FALZ、FALX、FAL

FALZ 表示 z 方向的精加工余量;FALX 表示 x 方向的精加工余量(半径);FAL 表示沿轮廓方向的精加工余量。系统允许三个参数分别单独赋值,也可全部赋值。

4) FF1、FF2、FF3

FF1 表示一般加工时的进给速度;FF2 表示进入凹槽时的进给速度;FF3 表示精加工时的进给速度,如图 6.12 所示。

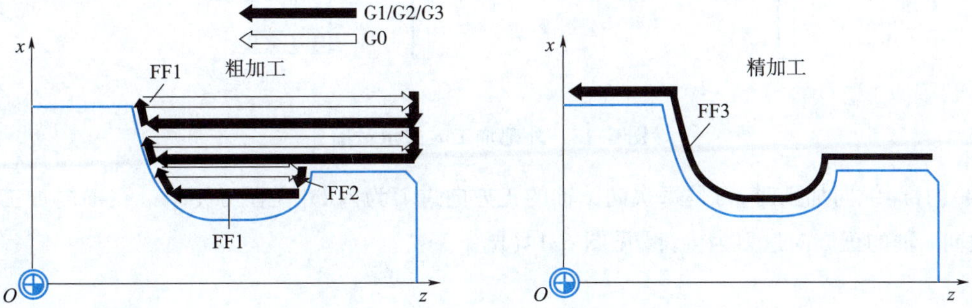

图 6.12 FF1~FF3 示意图

5) VARI

VARI 系数表示加工类型,共 12 种,用数字 1~12 定义,具体见表 6.4。

表 6.4 毛坯切削循环加工方式

数　值	纵向/横向	外部/内部	粗加工/精加工/综合加工
1	纵向	外部	粗加工
2	横向	外部	粗加工

续上表

数　值	纵向/横向	外部/内部	粗加工/精加工/综合加工
3	纵向	内部	粗加工
4	横向	内部	粗加工
5	纵向	外部	精加工
6	横向	外部	精加工
7	纵向	内部	精加工
8	横向	内部	精加工
9	纵向	外部	综合加工
10	横向	外部	综合加工
11	纵向	内部	综合加工
12	横向	内部	综合加工

对表 6.4 的说明如下：

(1)纵向：x 方向进给，z 方向切削。

(2)横向：z 方向进给，x 方向切削。

(3)外部：纵向加工时，刀具每次向 x 轴的负方向进刀为外部[见图 6.13 (a)]；横向加工时，刀具每次向 z 轴的负方向进刀为外部[见图 6.13(b)]。

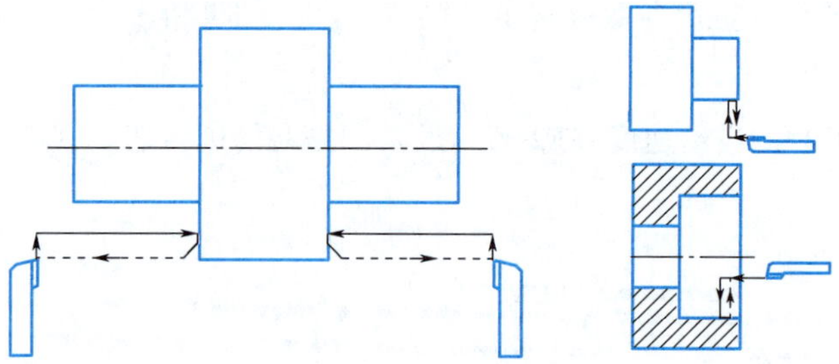

(a)　　(b)

图 6.13　外部加工方式示意图

(4)内部：纵向加工时，刀具每次向 x 轴的正方向进刀为内部[见图 6.14(a)]；横向加工时，刀具每次向 z 轴的正方向进刀为内部[见图 6.14(b)]。

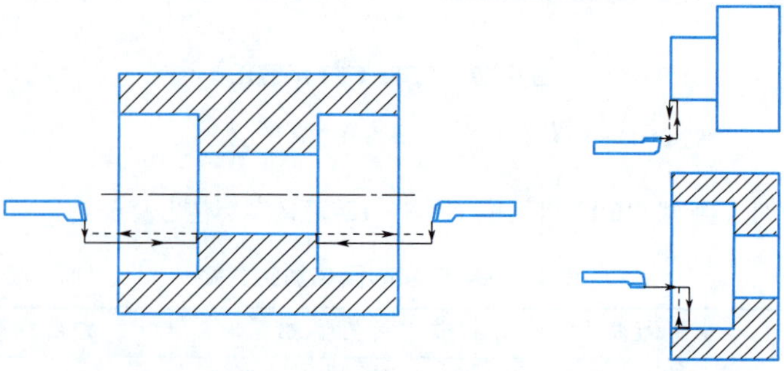

(a)　　(b)

图 6.14　内部加工方式示意图

(5)粗加工:粗车采用分层加工方式去除余量,加工完成后,形状已经成型,但留有精加工余量。

(6)精加工:精车采用沿轮廓轨迹方式进行一次性加工。

(7)综合加工:指先对工件进行粗加工然后马上进行精加工。

6)DT、DAM

指粗加工时指定刀具的停顿,DT 指定停顿时间,DAM 指定进行断屑之前的最大距离,即指定该参数后刀具切削 DAM 后停顿 DT。

7)VRT

指粗加工时从轮廓退刀的距离,x 方向退刀为半径值,指定为“0”时自动退刀 1 mm。

2. 加工路线

现在以纵向外部综合加工为例说明 CYCLE95 循环的具体加工路线,纵向外部综合加工可分为无凹凸面轮廓加工和有凹凸面轮廓加工。

1)无凹凸面轮廓加工

指精加工路线中的数值单项递减或单项递增,具体加工路线如图 6.15 所示。

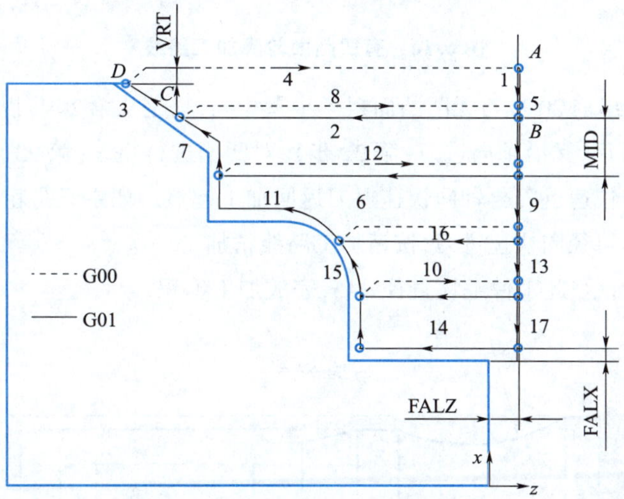

图 6.15　无凹凸面轮廓加工路线图

(1)刀具快速定位到 A 点,该点系统自动计算,计算方式为最大(小)轮廓±精车余量±VRT。

(2)刀具以 G00 方式平行 x 轴由 A 点进到 B 点(轨迹 1),切削深度由 MID 定义。

(3)刀具以 G01 方式和 FF1 指定速度由 B 点加工到 C 点(轨迹 2)。

(4)刀具以 G01/G02/G03/方式和 FF1 指定速度由 C 点加工到 D 点(轨迹 3),切出工件轮廓。

(5)刀具以 G00 速度和轨迹快速由 D 点返回 A 点(轨迹 4),完成一个加工循环。

(6)重复以上过程,分多次进刀完成粗车加工。

(7)如果只是粗车加工刀具快速返回 A 点,返回时两轴同时返回 A 点;如果综合加工将执行一次精加工路线,完成零件切削;如果只是精加工两轴分别返回 A 点,且先返回进刀轴。

2)有凹凸面轮廓加工

指精加工轮廓中的数值可以单项递减递增,也可以不是单项递减递增,具体加工路线如图 6. 16 所示。

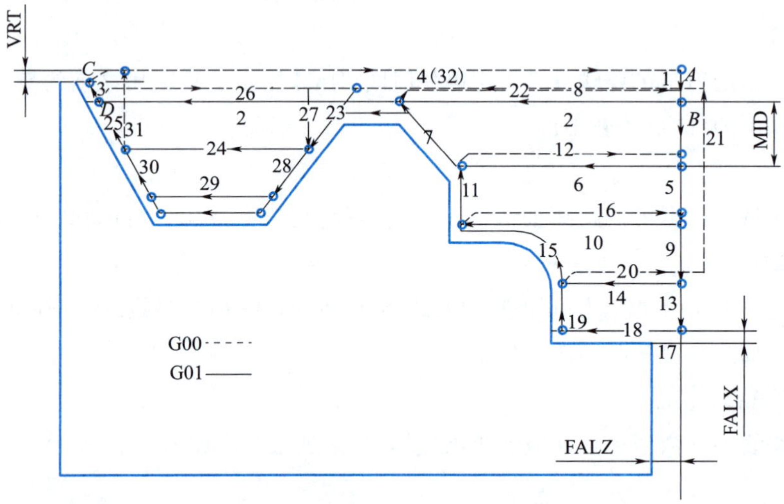

图 6. 16　有凹凸面轮廓加工路线

由图 6. 16 可以看出前 20 步与无凹凸面粗车步骤相同,只是从第 20 步以后没有精车。刀具快速径向退刀(第 21 步)后,又沿轴向进刀(第 22 步),对凹槽进行粗车(第 23~30 步)分两次分层车削,粗车完成后先径向快速退刀再轴向快速退刀返回加工起点。如果只是粗加工,此时加工完毕;如果是综合加工,刀具再径向快速进刀,按精加工路线精加工一次。

例如,如图 6. 17 所示,此工件毛坯直径 $\phi45$,完成加工编程。

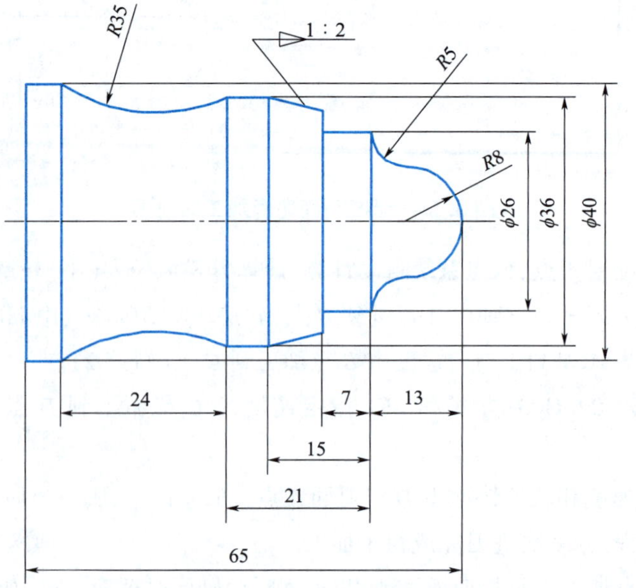

图 6. 17　毛坯工件实例图

程序编制见表 6.5。

表 6.5　参考程序

西门子 802D	程 序 说 明
LKLX01.MPF	主程序名
N10 G90 G95 M03 S500	绝对值编程,每转进给量,主轴正转,500 r/min
T1D1	选 1 号刀具
N20 G00 X47 Z2	快速定刀
N30 CYCLE95("LKLX",	NPP:轮廓子程序名称
1.500,	MID:进给深度
0.100,	FALZ:沿纵向轴(z 向)的精加工余量
0.100,	FALX:沿横向轴(x 向)的精加工余量
0.500,	FAL:沿轮廓的精加工余量
0.15,	FF1:非退刀槽加工的进给速度
0.08,	FF2:进入凹凸切削时的进给速度
0.08,	FF3:精加工时的进给速度
9,	VARI:加工类型(纵向外部综合加工)
0,	DT:粗加工时,用于切屑的停顿时间
0,	DAM:粗加工因断屑而中断时所经长度
1.000)	VRT:粗加工时从轮廓的退刀距离
N40 G00 X100 Z100	快速退刀
N50 M30	程序结束
LKLX.SPF	子程序
N10 G00 X0 Z5	快速点定位
N20 G01 Z0 F0.1	靠近工件端面
N30 G03 X16 Z-8 CR=8	精车 $R8$ 的圆弧
N40 G02 X26 Z-13 CR=5	精车 $R5$ 的圆弧
N50 G01 Z-20	车削 $\phi26$ 的外圆
N60 X32	车刀移至圆锥的小端
N70 X36 Z-28	车削圆锥
N80 Z-34	车削 $\phi36$ 的外圆
N90 G02 X40 Z-58 CR=35	车削 $R35$ 的凹圆弧
N100 G01 Z-65	车削 $\phi40$ 的外圆
N110 X47	退刀
N120 RET	程序停止

八、编写实例

编写图 6.18 所示成型面实例的加工程序,已知毛坯为 $\phi30$ 的棒料。

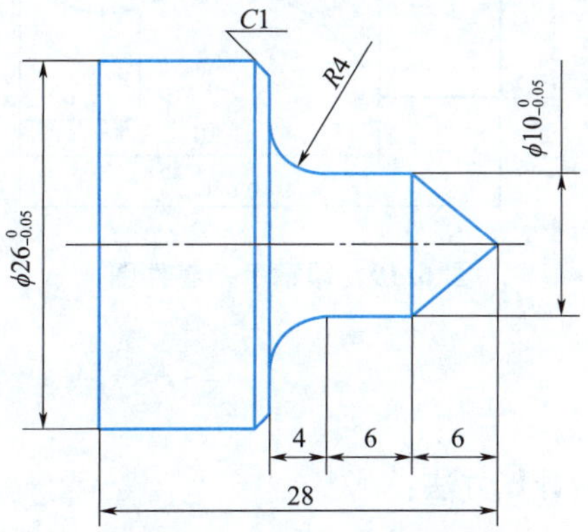

图 6.18　成型面实例图

参考程序见表 6.6。

表 6.6　参考程序

FAUNC	西门子 802D
O0001	XFZ.MPF
G99 G21	G95 G90 G71
M03 S500 T0101 F0.2	M03 S500 T1D1 F0.2
G00 X30 Z2	G00 X30 Z2
G71 U2 R1	CYCLE95 ("JJ",2,0,0.5,0.5,0.2,0.2,0.1,9,0,0,1)
G71 P1 Q2 U0.5	G0 X100 Z200
N1 G0 X0	M5
G1 Z0 F0.1	M2
X10 Z-6	JJ.SPF
Z-12	G0 X0
G3 X18 Z-16 R4	G1 Z0 F0.1
G1 X24	X10 Z-6
X28 Z-17	Z-12
Z-28	G3 X18 Z-16 CR=4
N2 G0 X30	G1 X24
G70 P1 Q2	X28 Z-17
G0 X100 Z100	Z-28
M5	G0 X30
M2	RET

任务 6.2　印章手柄零件编程与加工

任务描述

图 6.19 所示为印章手柄零件图，毛坯为 $\phi30\times67$ 的 45 号钢，编写其加工程序。

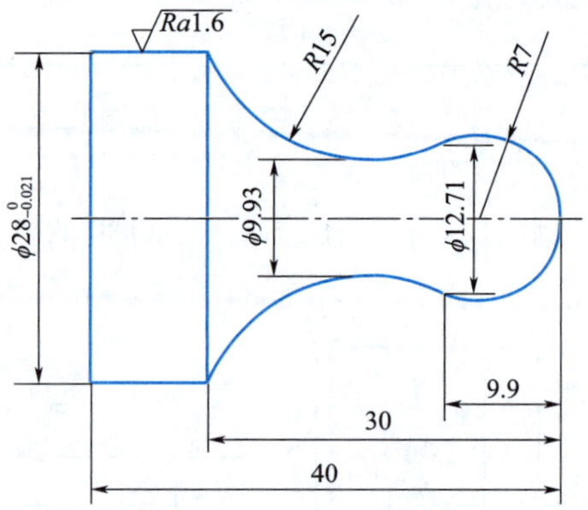

图 6.19　印章手柄零件图

知识目标

1. 掌握基点和节点的概念；
2. 掌握手工编程中的数值计算方法；
3. 理解 G73 参数的含义。

能力目标

1. 学会编制印章手柄加工程序；
2. 能独立完成印章手柄的加工。

素养目标

1. 培养学生良好的道德修养、乐观向上的人生价值观和工匠精神；
2. 培养学生自觉遵守安全及技能操作规程的工作习惯；
3. 加强表达和沟通能力，培养学生的团队合作精神。

相关知识

一、数值计算

根据零件图样，按照已确定的加工路线和允许的编程误差，计算数控系统所需输入的数据，称为数控加工的数值计算。

1. 直接计算

直接通过图样上的标注尺寸即可获得编程尺寸。进行直接计算时，可取图样上给定的基本尺寸或极限尺寸的中值，经过简单的加、减运算后即可完成。

例如，在图 6.20(b)中，除尺寸 42.1 外，其余尺寸均属直接按图 6.20(a)中标注尺寸经计算后得到的编程尺寸。其中，ϕ59.94 、ϕ20 及 140.08 三个尺寸为分别取两极限尺寸平均值后得到的编程尺寸。

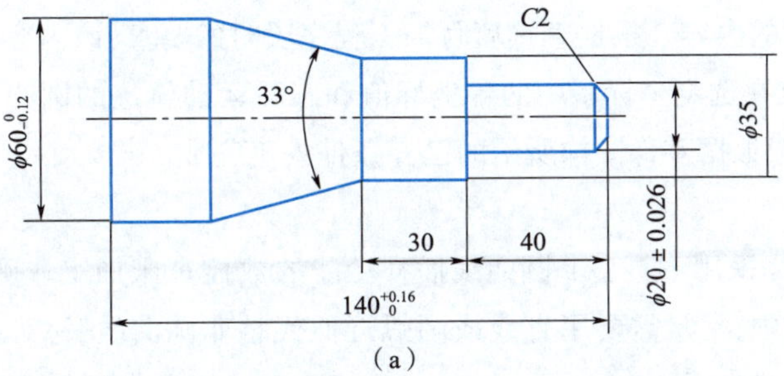

(a)

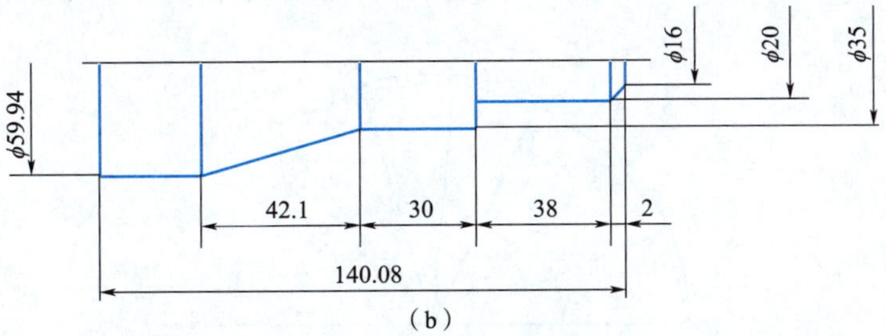

(b)

图 6.20　标注尺寸换算

在取极限尺寸中值时，应根据数控系统的最小编程单位进行圆整。当数控系统最小编程单位规定为 0.01 mm 时，如果遇到有第三位（或更多位）小数值时，基准孔按照“四舍五入”原则进位，基准轴则将第三位进位。

2. 间接计算

间接计算是指需要通过平面几何、三角函数等计算方法进行必要的计算后，才能得到其编程尺寸的方法。用间接计算方法计算出来的尺寸，可以是直接编程时所需的基点坐标尺寸，也可以是计算某些基点坐标值所需要的中间尺寸。例如，图 6.15（b）所示的尺寸 42.1 就是通过间接计算后得到的编程尺寸。

二、基点与节点

编制加工程序时，需要进行的坐标值计算有基点的直接计算、节点的拟合计算及刀具中心轨迹的计算等。

1. 基点

（1）基点的含义。构成零件轮廓的不同几何素线的交点或切点称为基点，可以直接作为运动轨迹的起点或终点。如图 6.21 所示，A、B、C、E 和 F 点都是该零件轮廓上的基点。

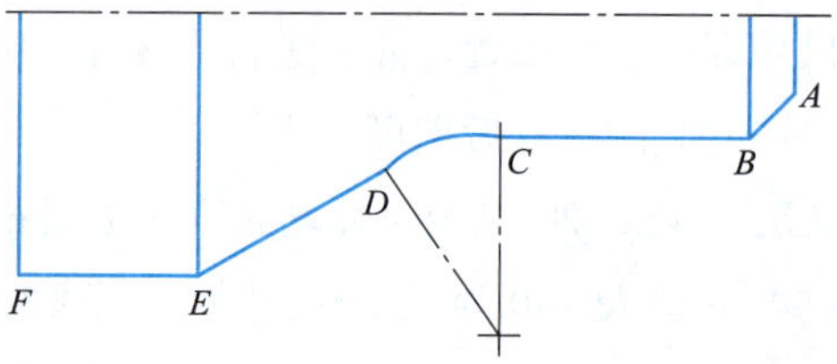

图 6.21　基点

（2）基点直接计算的内容。根据直接填写加工程序段时的要求，该内容主要包括每条运动轨迹（线段）的起点或终点在选定坐标系中的各坐标值和圆弧运动轨迹的圆心坐标值。基点直接计算的方法比较简单，一般根据零件图样所给的已知条件人工完成。

2. 节点

（1）节点的含义。当采用不具备非圆曲线插补功能的数控车床加工非圆曲线轮廓的零件时，在加工程序的编制工作中，常常需要用直线或圆弧近似代替非圆曲线，称为拟合处理。拟合线段的交点或切点称为节点。如图 6.22 所示，点 B_1 ~ B_5 即为直线拟合非圆曲线时的节点。

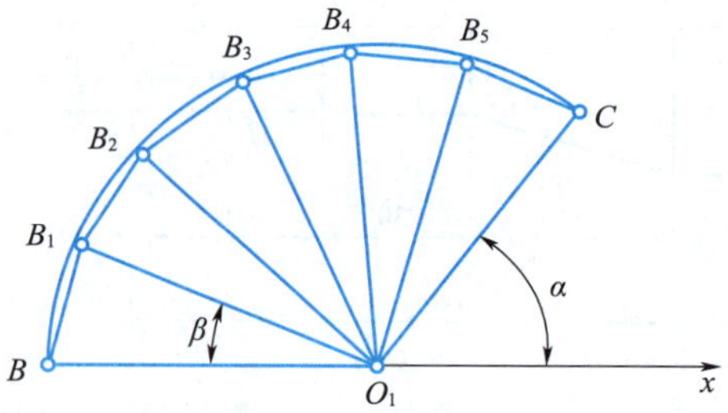

图 6.22　节点

（2）节点拟合计算的内容。节点拟合计算的难度及工作量都较大，故适合通过计算机完成，有时也可由人工计算完成,但对编程人员的数学处理能力要求较高。拟合结束后,还必须通过相应的计算,对每条拟合段的拟合误差进行分析。

视频

刀具圆弧半径

三、刀具的半径补偿

数控车床编程时,通常都将车刀刀尖作为一点考虑,但实际上刀尖处存在圆角,如图 6.23 所示。

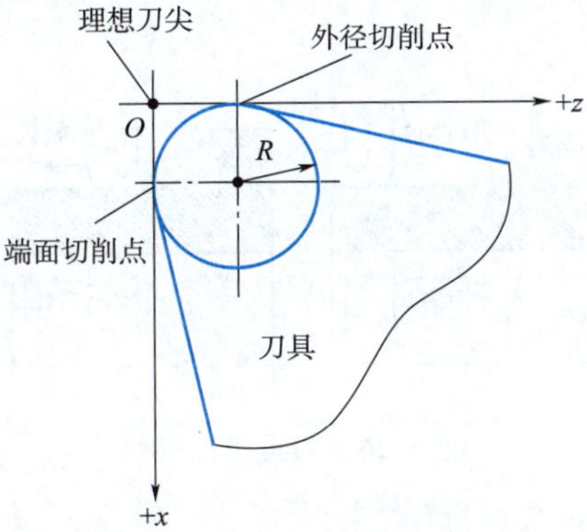

图 6.23 刀尖与刀尖圆弧

圆弧刀尖按理论刀尖点编出的程序进行端面、外径、内径等与轴线平行或垂直的表面加工时,不会产生误差;但在进行倒角、锥面及圆弧切削时,则会产生少切或过切现象,如图 6.24 所示。刀具圆弧位置如图 6.25 所示。具有刀尖圆弧自动补偿功能的数控系统能根据刀尖圆弧半径计算出补偿量,避免少切或过切现象的产生。

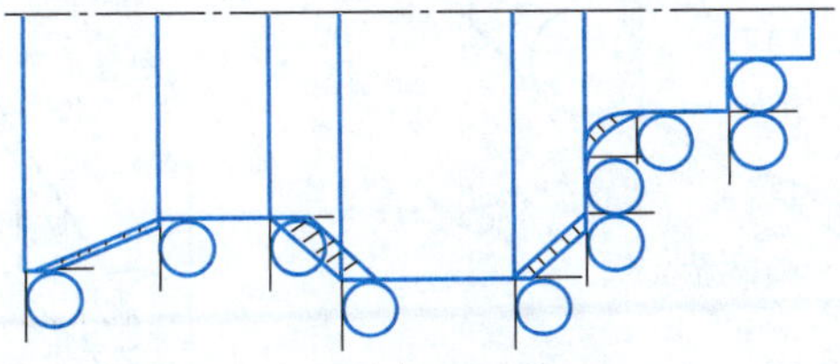

图 6.24 圆弧刀尖的加工误差

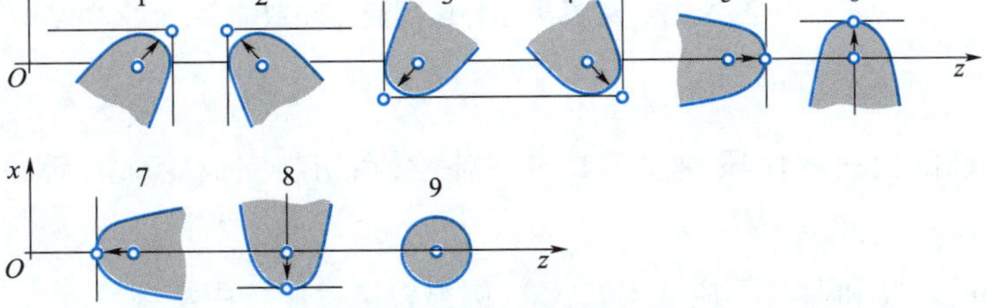

图 6.25 刀具圆弧位置

视 频

刀具圆弧半径补偿指令

四、刀具的半径补偿指令

1. 指令格式

```
G40/G41/G42 G01/G00 X(U) Z(W) F
```

其中,G40 表示取消刀具半径补偿,按编程轨迹进给;G41 表示刀具半径左补偿,沿进给方向看,刀尖偏在轨迹的左侧;G42 表示刀具半径右补偿,沿进给方向看,刀尖偏在轨迹的右侧,如图 6.26 所示。

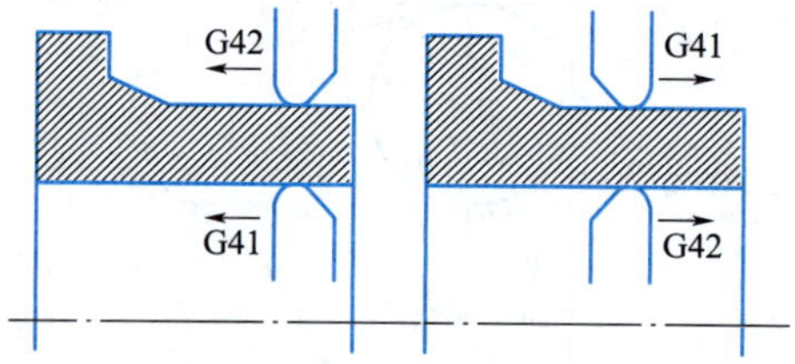

图 6.26 刀具半径补偿

2. 刀具半径补偿的建立和取消

只能通过 G00 或 G01 指令建立和取消刀具半径补偿,如图 6.27 所示。

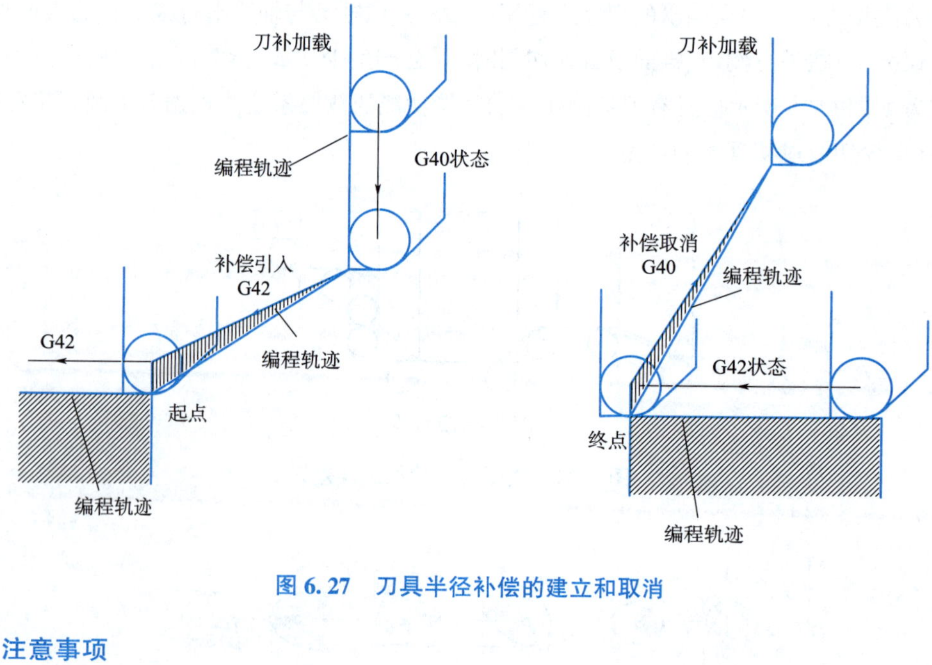

图 6.27 刀具半径补偿的建立和取消

3. 注意事项

(1)在精车轮廓的前一程序段建立刀具半径补偿,在切削完成轮廓的后一个程序段用指令 G40 取消补偿。

(2)刀径补偿的建立和取消不应在 G02、G03 圆弧轨迹程序行中实施。

(3)必须在刀具补偿参数设定页面的相应刀具补偿号半径处填入刀尖圆弧半径;在假想刀尖方向处,填入该刀具的假想刀尖号码;编制程序时的刀具补偿号不能为 00。

4. 应用实例

编写图 6.28 所示零件的精加工程序，要求应用刀具半径补偿指令。

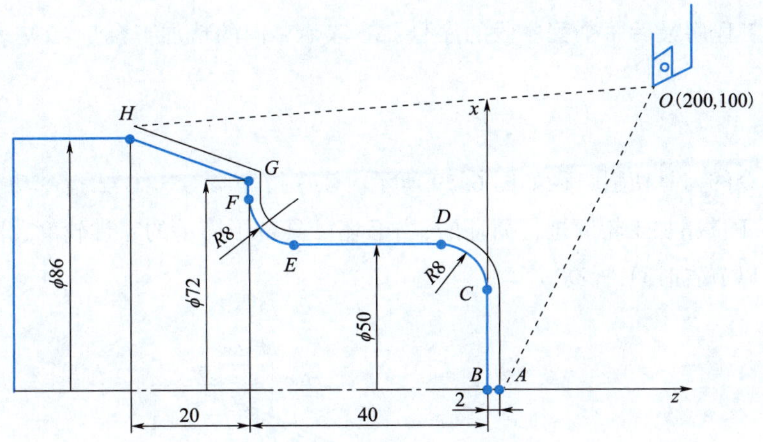

图 6.28　刀具半径补偿实例

（1）确定刀具。选用 93°外圆车刀，刀具编号及补偿号为 T0202。

（2）编写程序。选择工件右端面与轴线的交点为编程原点，参考程序如下：

```
O5001
G50 X200 Z100 T0202
S1200 M03 M08
G00 G42 X0 Z2
G01 Z0 F0.1
X34
G03 X50 Z-8 R8
G01 Z-32
G02 X66 Z-40 R8
G01 X72
X86 W-20
G00 G40 X200 Z100 T0200
M30
```

五、仿形粗车复合循环指令 G73（FANUC 系统）

视频

G73 指令

G73 指令可以切削固定的图形，适合切削铸造成型、锻造成型或已粗车成型的工件。当毛坯轮廓形状与零件轮廓形状基本接近时，用该指令比较方便，对零件的单调性没有要求。

1. 指令格式

```
G73 UΔi WΔk Rd
G73 Pns Qnf UΔu WΔw Ff(S_T_)
```

其中，Δi 表示 x 方向粗加工毛坯的预留量(半径值)，$\Delta i=\dfrac{d_{毛坯}-d_{工件最小尺寸}-a_{P第一刀}}{2}$；Δk 表示 z 方向粗加工毛坯的预留量(半径值)；d 表示切削次数；ns 表示精加工程序第一个程序段的序号；nf 表示精加工程序最后一个程序段的序号；ΔU 表示 x 向的精加工余量；ΔW 表示 z 向的精加工余量。

2. 走刀路线

G73 循环指令的刀具切削路径如图 6.29 所示。G73 指令与 G71、G72 指令功能相同，只是刀具路径是平行于工件精加工轮廓进行循环的，当毛坯已具备了简单的零件轮廓，此时粗加工使用 G73 循环指令可以节省时间，提高效率。

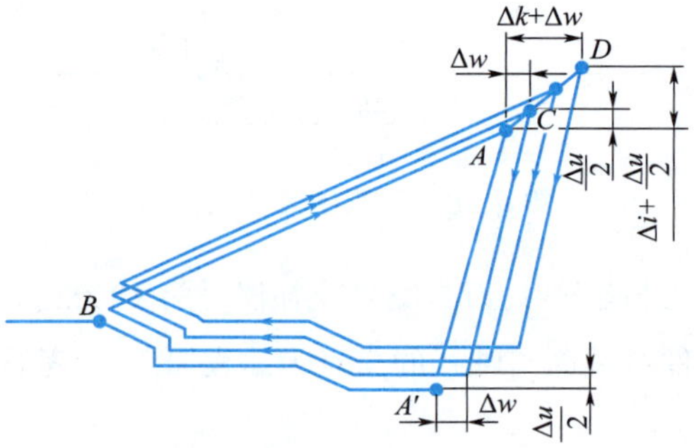

图 6.29 G73 走刀路线

六、编程案例

完成图 6.30 所示零件的编程，已知零件毛坯为 ϕ30 的棒料。

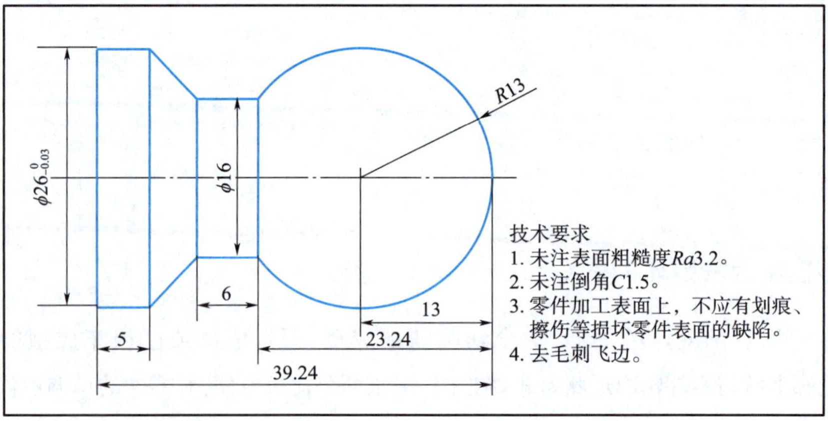

图 6.30 G73 指令 U(i) 的计算

图 6.30 所示毛坯尺寸为 ϕ30，如果直接用 G73 指令编写程序，零件最小直径为 X16，$\Delta i=(30-16)/2=6$。参考程序见表 6.7 和表 6.8。

表 6.7　参考程序(FANUC)

加工程序	程序说明
O0001	程序名
G99	进给单位选定
M3 S700 T0101 F0.15	给定转速、刀具、进给量
G00 X31	x 向快速定位
Z2	z 向快速定位
G73 U6 R3	粗加工循环赋值 x 向总切削量、循环次数
G73 P10 Q20 U1 F0.15	粗加工循环赋值精加工余量、进给量
N10 G00 X0	循环首段 x 向定位
G01 Z0 F0.1	z 向走刀
G03 X16 Z-23.24 R13	
G01 Z-29.24	描述精加工路线
X26 Z-34.24	
Z-39.24	
N20 G0 X32	精加工最后一段，x 轴退刀
M3 S1500 T0101 F0.08	辅助指令
G00 X31	定义循环点
Z2	
G70 P10 Q20	精加工循环
G00 X150 Z150	快速回退至安全换刀点并取消刀具补偿
M30	程序结束并返回起始点

注意：西门子 802D 系列的编程，对于非单调的轮廓不受影响，只需要使用 CYCLE95 循环即可完成零件加工。

表 6.8　参考程序(西门子)

加工程序	程序说明
XFLX.MPF	主程序名
M03 S500 T1D1 F0.2	给定转速、刀具、进给量
G00 X30 Z2	x 向快速定位，z 向快速定位
CYCLE95 ("LX",2,0,0.5,0.5,0.2,0.2,0.1,9,0,0,1)	CYCLE95 循环赋值
G0 X100 Z200	退刀
M5	主轴停止
M2	程序结束
LX.SPF	轮廓子程序名
G00 X0	
G01 Z0	精加工轮廓
G03 X16 Z-23.24 CR=13	
G01 Z-29.24	
X26 Z-34.24	
Z-39.24	
G00 X32	
RET	程序结束

项目小结

本项目通过加工含有凹圆弧、凸圆弧的零件，使学生掌握该类零件的刀具选择方法、加工工艺制定方法、尺寸控制方法等，根据成型面的结构特点，熟练使用系统提供的圆弧加工指令及其复合循环指令独立完成成型面零件的加工。

复习与思考

1. 写出 G02/G03 指令的格式及各参数的含义,并简述顺逆圆弧插补的判别方法。

2. 酒杯零件如图 6.31 所示,毛坯为 ϕ30×80 棒料,材料为 45 号钢,各基点坐标已给出,试编写其加工程序。

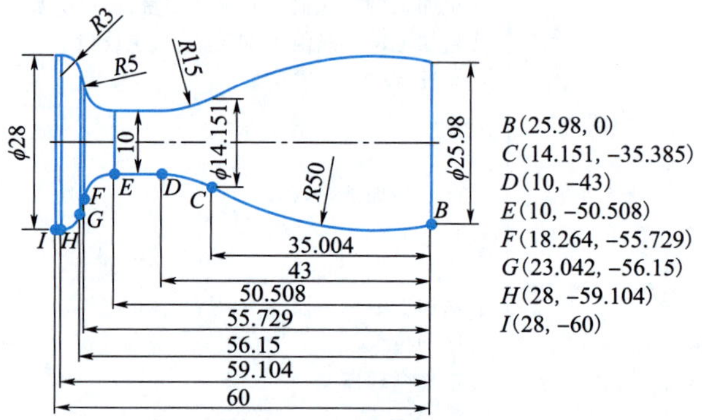

图 6.31 酒杯零件

3. 根据图 6.32 所示外成型面编程加工图的尺寸要求,以右端面中心为编程原点建立编程坐标系,制定加工方案,合理选择所需的刀具、量具、工具。毛坯为 ϕ35×80 的棒料。

(1) 制定合理的刀具卡片。

(2) 编写零件的加工程序。

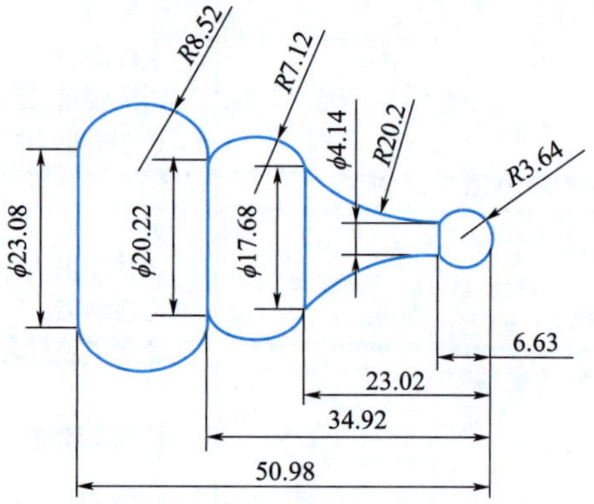

图 6.32 外成型面编程加工图

项目7 槽类零件编程与加工

项目描述

在生产中经常见到各种各样的槽，有的槽是用于安装V形带的沟槽，有的槽是用于滑轮和圆带传动的带轮沟槽，有的槽既可以用作定位，也可以在液压传动中控制液压的大小、液压油的方向，当把圈固定在槽内时，槽与圈可共同起到密封作用，有的槽则是用于螺纹、磨削和插齿加工的退刀槽。本项目通过外沟槽和内沟槽两种常用的典型槽类零件加工，让学生掌握常用切槽刀具的安装和选用要点，同时熟练运用槽加工相关编程指令完成槽类零件的编程与加工。

项目学习目标

知识目标

1. 理解槽类零件的加工方法；
2. 掌握槽类零件的相关指令；
3. 掌握沟槽的检测方法。

能力目标

1. 能使用基本指令正确编写槽类零件的加工程序；
2. 能独立操作数控车床完成工件外槽和内槽的加工；
3. 掌握工件外槽加工中的质量控制方法；
4. 掌握多把刀的对刀方法以及多把刀的加工编程方法。

素养目标

1. 通过分组实操训练，培养学生的团队精神；
2. 通过实操调试，培养学生分析问题和解决问题的能力。

任务7.1 外槽零件编程与加工

任务描述

外槽零件图及三维效果图如图7.1所示，毛坯尺寸为$\phi 50\times 100$，材料为45号钢，分析其加工工艺，编写加工程序并在数控车床上加工。

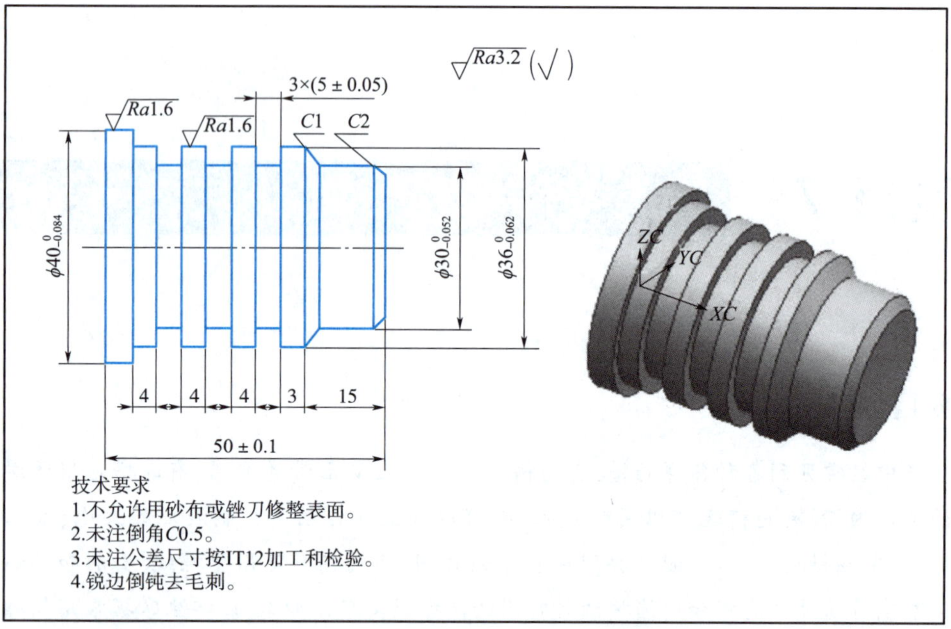

图 7.1　外槽零件图及三维效果图

知识目标

1. 了解槽的类型；
2. 掌握外沟槽的加工方法；
3. 理解槽加工复合循环指令 G75 和 CYCLE93。

能力目标

1. 能用 AutoCAD 软件绘制简单的轴类零件；
2. 会根据尺寸链关系计算未知尺寸；
3. 能制订槽类零件的数控加工工艺；
4. 能合理选择沟槽刀的使用方法、切削用量。

素养目标

1. 培养学生良好的道德修养、乐观向上的人生价值观和工匠精神。
2. 培养学生自觉遵守安全及技能操作规程的工作习惯。
3. 加强表达和沟通能力，培养学生的团队合作精神。

相关知识

一、槽加工基础

1. 槽的形状

常用的槽有矩形槽、梯形槽、圆弧槽、45°外沟槽等，如图 7.2 所示。矩形槽除了在螺纹、磨削和插齿用作退刀之外，还有一些其他功能和作用；梯形槽是安装 V 形带的沟槽；圆弧槽用作滑轮和圆带传动的带轮沟槽。

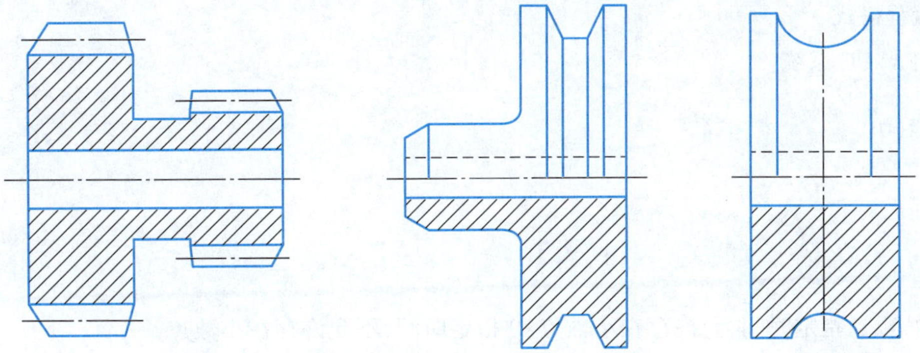

（a）矩形槽　　（b）梯形槽　　（c）圆弧槽

图 7.2　常见沟槽

2. 槽的作用

(1)退刀作用:在加工内外螺纹、镗内孔和磨内孔等退刀时使用。

(2)密封作用:用作在内沟槽中嵌入油毛毡等密封软介质,可防止设备内油液溢出。

(3)通道作用:可用作液压和气压滑阀中通油和通气的导槽。

(4)定位作用:内孔中安装滚动轴承,为了不使其移位,可在沟槽内安放挡圈。

(5)存油作用:用于储油润滑。

视频

槽的分类及加工方法

3. 槽的种类

根据沟槽宽度不同,槽可分为宽槽和窄槽两种。沟槽的宽度不大,采用刀头宽度等于槽宽的车刀,一次车出的沟槽称为窄槽;沟槽宽度大于切槽刀头宽度,需要几次切槽才能车出沟槽的称为宽槽。

4. 外槽的加工工艺

根据图纸上槽的尺寸,设定合理的切槽次数和进给量,在切槽之前必须明确切槽刀的基准点以及切槽起点。切槽起点 x 方向的值必须大于工件的最大轮廓,以避免出现撞刀现象。

切槽注意事项:

(1)在整个加工程序中应采用同一个刀位点(一般把左刀尖作为刀位点)。

(2)注意合理安排切槽后的退刀路线,避免刀具与零件碰撞,造成车刀与零件的损坏。

(3)切槽时,刀刃宽度、切削速度和进给量都不宜太大。

(4)槽底可以采用暂停指令实现光整加工,提高槽底加工质量。

二、槽加工相关编程指令

1. 直线插补指令 G01

编程格式:

```
G01 X_ Z_ F_
```

其中,X、Z 表示切削终点坐标; F 表示进给量。

2. 暂停指令 G04

该指令可以使刀具作短时间(几秒)无进给光整加工,主要用于车削环槽、不通孔以及自动加工螺纹等场合。

1)编程格式

(1)FANUC 系统:

```
G04 X(U)
```

或

```
G04 P_
```

其中,X、U 指定时间,允许存在小数点;P 指定时间,不允许存在小数点。

(2)西门子 802D 系统:

```
G04 F_
```

或

```
G04 S_
```

其中,F 表示延时,单位为 s;S 表示延时,暂停主轴转数。

2)应用场合

(1) 车削沟槽或钻孔时,为使槽底或孔底得到准确的尺寸精度及光滑的加工表面,在加工到槽底或孔底时,应暂停适当时间。

(2) 使用 G96 车削工件轮廓后,改为 G97 车削螺纹时,可暂停适当时间,使主轴转速稳定后再执行车螺纹,以保证螺距加工精度要求。

3. FANUC 外径切槽循环指令 G75

该指令适用于在外圆面上切槽或切断加工。

(1)编程格式:

```
G75 R(e)
G75 X(U)_Z(W)_P(Δi) Q(Δk) R(Δd) F_
```

其中,e 表示退刀量;X(U)表示槽深;Z(W)表示切槽处的 z 坐标值或增量值;Δi 表示每次循环的切削量(不带符号);Δk 表示 z 方向的移动量;Δd 表示刀具在槽底的退刀量;F 表示径向切削时的进给量。

注意:对于程序段中的 Δi、Δk 值,在 FANUC 系统中,不能输入小数点,而应直接输入最小编程单位,如 P1500 表示径向每次切深量为 1.5 mm。例如:

```
G75 R0.5
G75 U6 W5 P1500 Q2000 F0.1
```

(2)G75 指令运动轨迹。G75 指令刀具循环轨迹如图 7.3 所示。

(3)G75 编程实例。外径切槽循环指令 G75 应用举例:如图 7.4 所示,编制槽的加工程序,使用刀宽为 4 mm。

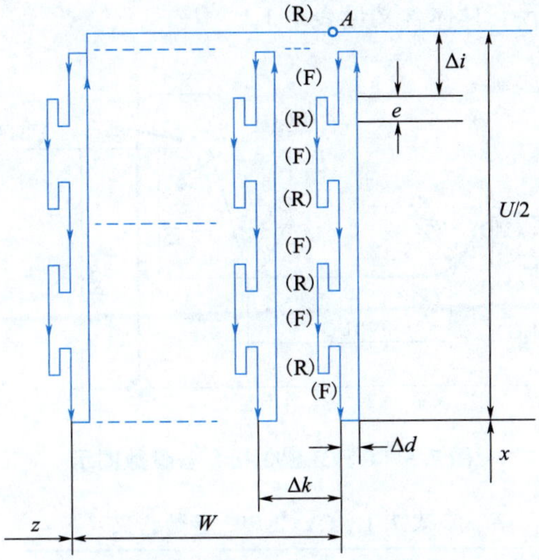

图 7.3　G75 指令刀具循环轨迹图

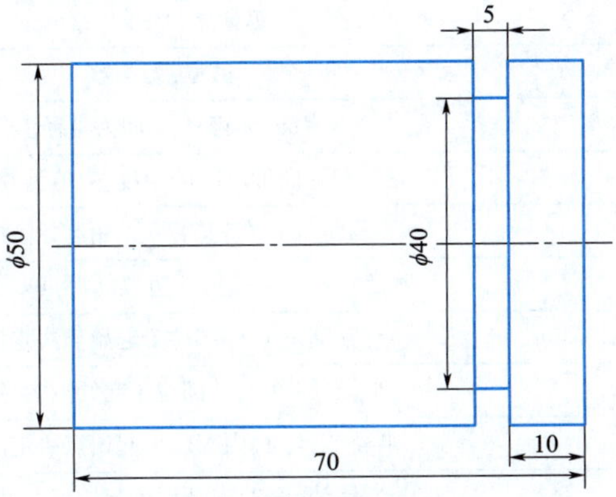

图 7.4　外径切槽循环指令 G75 应用举例

参考程序如下：

```
O0003
G21 G99
S500 M03 F0.08 T0202
G00 X55 Z-14
G75 R1
G75 X40 Z-15 P1000 Q1000
G00 X100
Z100
M05
```

4. 西门子外径切槽循环 CYCLE93

编程格式：

```
CYCLE93(SPD,SPL,WIDG,DIAG,STA1,ANG1,ANG2,RCO1,RCO2,RCI1,RCI2,FAL1,FAL2,IDEP,
DTB,VARI)
```

各参数图示如图 7.5 所示，具体含义见表 7.1。

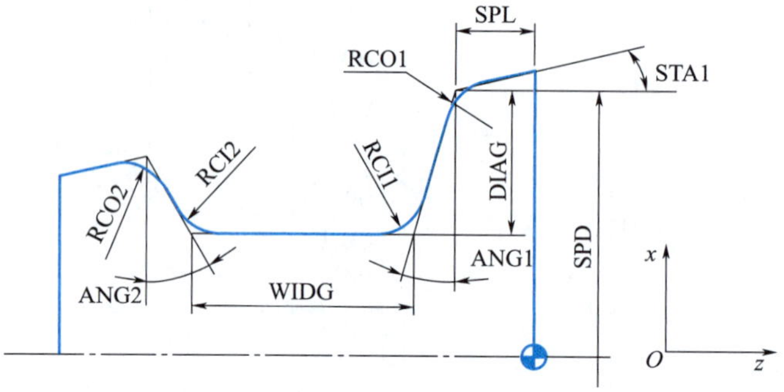

图 7.5　CYCLE93 指令各参数图示

表 7.1　CYCLE93 参数含义

参　数	含　义
SPD	横向坐标轴起始点，直径值
SPL	纵向坐标轴起始点
WIDG	槽宽，无符号
DIAG	槽深，无符号（x 向为半径值）
STA1	轮廓和纵向轴之间的角度，数值为 0°～180°
ANG1	侧面角 1，在切槽一边，由起始点决定
ANG2	侧面角 2，在切槽另一边，数值为 0°～89.999°
RCO1	半径/倒角 1，外部位于起始点决定的一边
RCO2	半径/倒角 2，外部位于起始点的另一边
RCI1	半径/倒角 1，内部位于起始点决定的一边
RCI2	半径/倒角 2，内部位于起始点的另一边
FAL1	槽底面精加工余量
FAL2	槽侧面精加工余量
IDEP	切入深度，无符号（x 向为半径值）
DTB	槽底停留时间
VARI	加工类型，数值为 1～8 和 11～18

1）纵向与横向加工

（1）纵向加工。纵向加工是指槽的深度方向为 x 方向、槽的宽度方向为 z 方向的加工方式。以纵向外部槽为例，其切槽循环参数和加工动作如图 7.6 所示。刀具定位到循环起点后，沿深度方向（x 轴方向）切削，每次切深 IDEP 指令值后，回退 1 mm 后再次切深，切槽循环中，没有用于指定刀具切深后的回退量参数，其值由系统直接设定为 1 mm。刀具如此循环直至切深至距轮廓为 FAL1 指令值处，x 向快退至循环起点的 x 坐标处，刀具沿 z 方向平移，重复以上动作，直至 z 方向切出槽宽。分别用刀尖（A 点和 B 点）对左右槽侧各进行一次槽侧的粗切削，槽侧切削后各留 FAL2 值的精加工余量。用刀尖（B 点）沿轮廓 CD 进行精加工并快速退回 E 点，然后用刀尖（A 点）沿轮廓 FD 进行精加工并快速退回 E 点。最后退回循环起点，完成全部切槽动作。

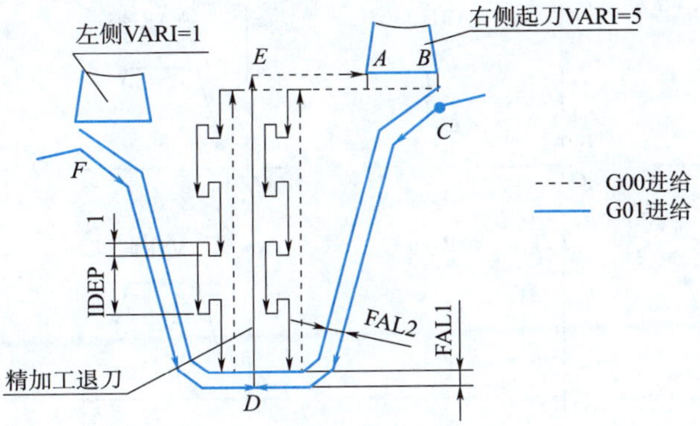

图 7.6　纵向切槽循环参数和加工动作

(2)横向加工。横向加工是指槽的深度方向为 z 方向、槽的宽度方向为 x 方向的加工方式。以横向右侧槽为例,其切槽循环参数和加工动作如图 7.7 和图 7.8 所示。刀具定位至循环起点,刀具先沿 $-z$ 方向分层切深至距离轮廓 FAL1 指令值处,再沿 $+z$ 方向快速回退至循环起点的 z 坐标处。刀具沿 x 向平移,重复以上动作,循环至切出槽宽。粗切槽两侧,相似于纵向切槽;精切槽轮廓,相似于纵向切槽。

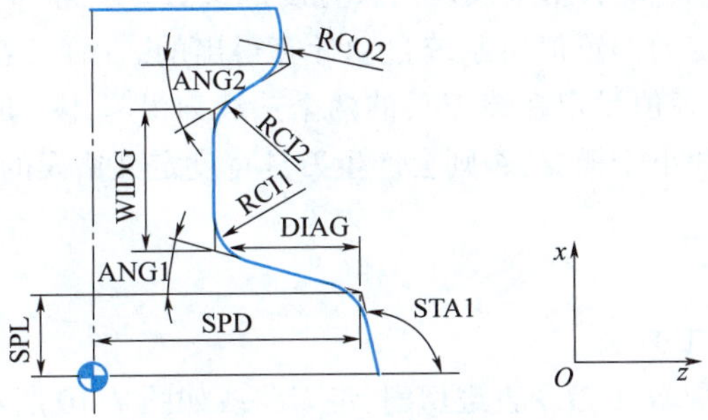

图 7.7　横向切槽循环参数

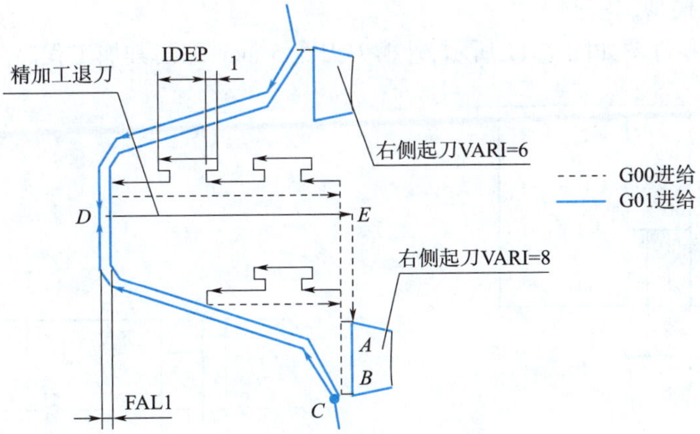

图 7.8　横向切槽加工动作

2)左侧与右侧

切槽循环加工类型中关于左侧起刀和右侧起刀的判断方法是:站在操作者位置观察刀具,无论是纵向切槽还是横向切槽,当循环起点位于槽的右侧时,称为右侧起刀,反之称为左侧起刀,如图 7.9 所示。

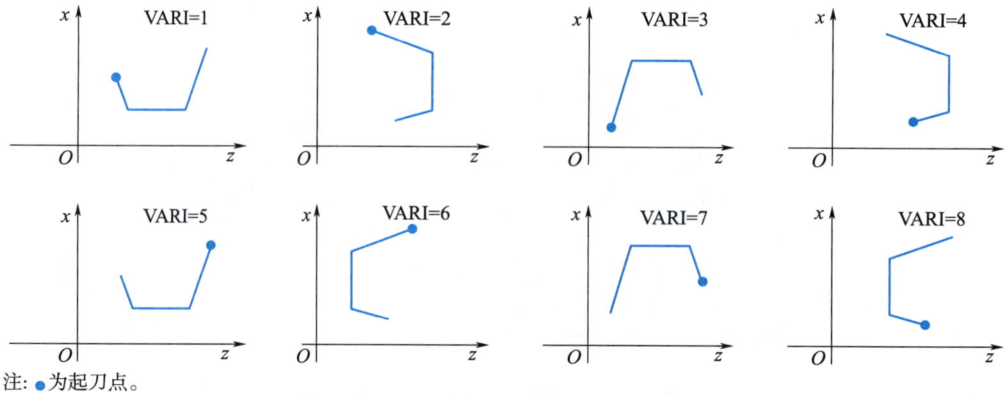

图 7.9 切槽加工类型的判断

3）外部与内部

切槽循环加工类型中关于外部和内部的判断方法是：当刀具在 x 轴方向朝负 x 方向切入时，均称为外部加工，反之则称为内部加工。

4）刀宽的设定

802D 系统的切槽循环中，没有用于设定刀具宽度的参数。实际所用刀具宽度是通过该切槽刀两个连续的刀沿号中设定的偏置值由系统自动计算得出的。因此，在加工前，必须对切槽刀的两个刀尖进行对刀，并将对刀值设定在该刀具的两个连续刀沿号中。加工编程时，只需激活第一个刀沿号。应注意刀宽必须小于槽宽，否则会产生刀具宽度定义错误的报警。

视频

窄槽加工

三、窄槽加工

1. 窄槽的加工方法

加工窄槽可用 G01 指令直进切削，走刀路线如图 7.10 所示。精度要求较高时，切槽至要求尺寸后，可用 G04 指令使刀具在槽底停留几秒，以光整槽底。

2. 窄槽加工案例

窄槽零件图如图 7.11 所示，外槽刀刀宽 5 mm，编制其加工程序。

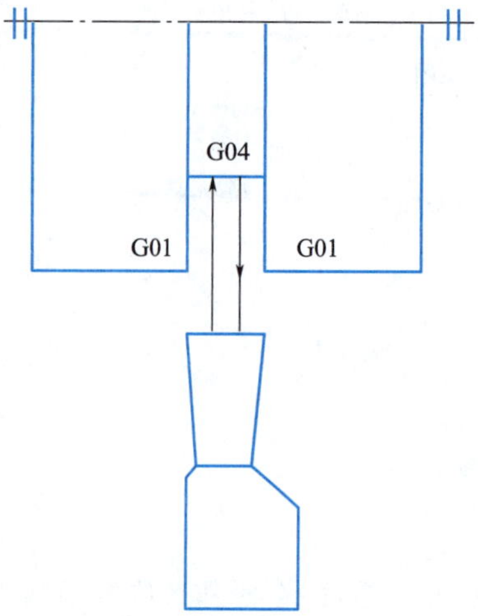

图 7.10 窄槽走刀路线

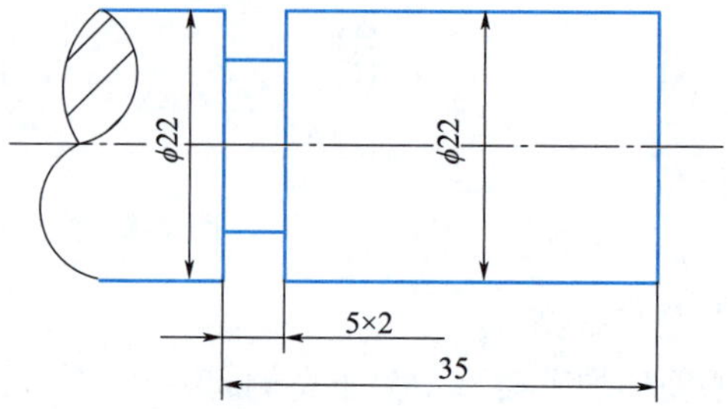

图 7.11 窄槽零件图

参考程序如下：

```
T0303
G00 X25 Z-35                //刀位点为左刀尖
G01 X18 F0.08
G04 X3                      //槽底暂停 3 s
G01 X25 F0.3
G00 X150 Z150
```

视频

宽槽加工

四、宽槽加工

1. 宽槽加工方法

当槽宽度尺寸较大(大于切槽刀刀头宽度)，应采用多次进刀法加工，并在槽底及槽壁两侧留有一定精车余量，然后根据槽底、槽宽尺寸进行精加工。宽槽加工具体路线如图 7.12 所示。

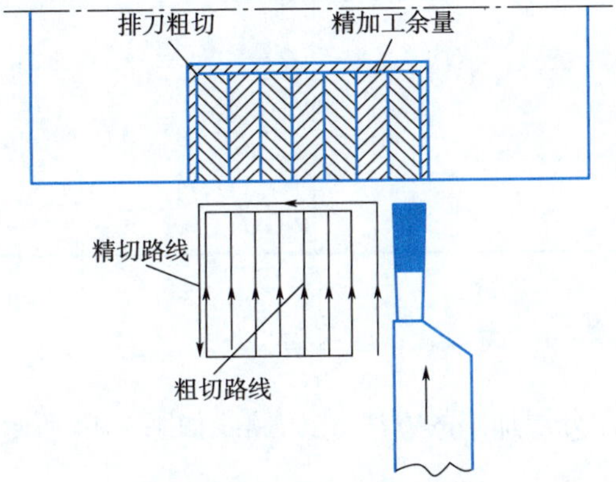

图 7.12　宽槽加工路线

说明：根据加工走刀轨迹可知，宽槽的加工可以采用 G01 指令，也可使用 G75 指令进行加工。

2. 宽槽加工案例

如图 7.13 所示，要加工宽为 15 mm、深为 7 mm 的宽槽，零件小批量加工，槽底表面粗糙度 3.2，刀宽 4 mm，参考程序见表 7.2。

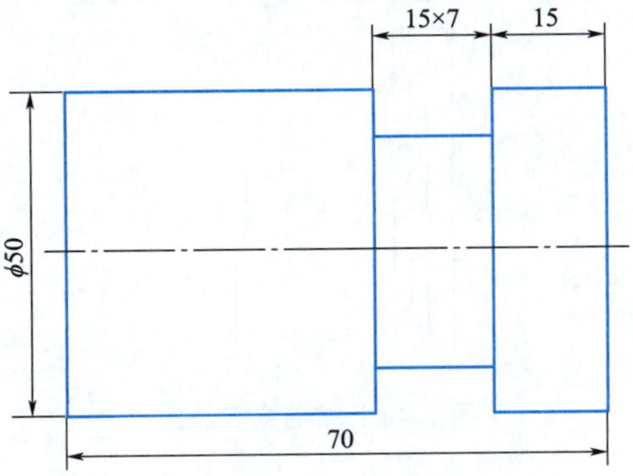

图 7.13　宽槽加工案例

表 7.2 宽槽加工案例参考程序

方法一:G01 指令	方法二:G75 指令
O0001 G97 G99 T0202 S500 M03 F0.08 G00 X55 Z-30 G01 X36 G04 X2 X55 F0.3 Z-26 X36 F0.08 G04 X2 X55 F0.3 Z-22 X36 F0.08 G04 X2 X55 F0.3 Z-19 X36 F0.08 G04 X2 X55 F0.3 G0 X100 Z100 M5 M2	O0002 G97 G99 T0202 S500 M03 F0.08 G00 X55 Z-30 G75 R0.5 G75 X36 Z-19 P1500 Q2000 G00 X100 Z100 M05 M02

五、深槽的加工方法

对于深槽的加工,应采用分层加工的方法,走刀路线如图 7.14 所示。

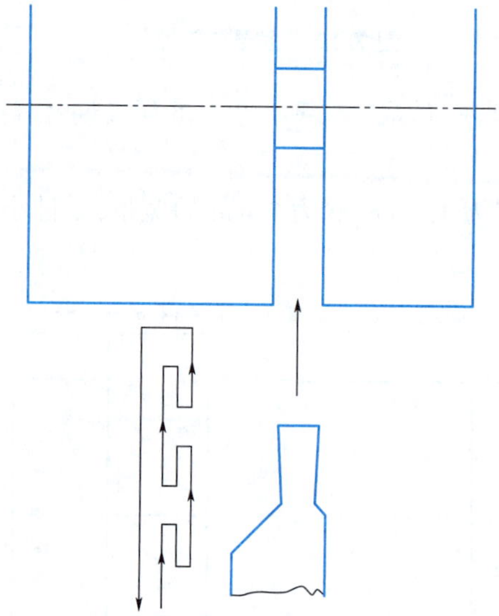

图 7.14 深槽走刀路线

六、工件切断

在切削加工中，若工件较长，需按要求切断后再车削，或在车削完成后把工件从原材料上切割下来，这样的加工方法称为切断。切断主要有以下方法：

(1)直进法。直进法是指在垂直于工件轴线的方向进行切断，如图7.15(a)所示。

(2)左右借刀法。在切削系统(刀具、工件、车床)刚性不足的情况下，可采用左右借刀法切断，如图7.15(b)所示。

(3)反切法。反切法是指将工件反转，用反切刀切断，如图7.15(c)所示。

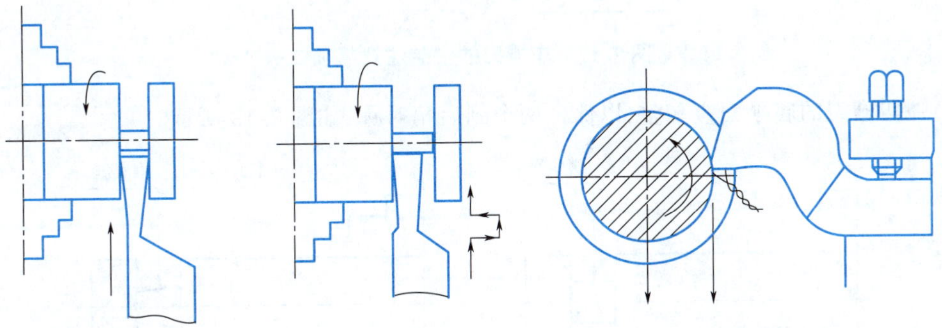

(a)直进法　　(b)左右借刀法　　(c)反切法

图7.15　切断方法

注意：切断要用切断刀。切断刀的形状与切槽刀相似，但因刀头窄而长，很容易折断。直进法常用于切断铸铁等脆性材料；左右借刀法常用于切断钢等塑性材料。

视频

外切槽刀的装夹

七、外切槽刀的装夹与对刀

1. 外切槽刀的安装

(1)安装外切槽刀时，外切槽刀不宜伸出过长，同时外切槽刀的中心线必须与工件中心线垂直，以保证两个副偏角对称，如图7.16所示。

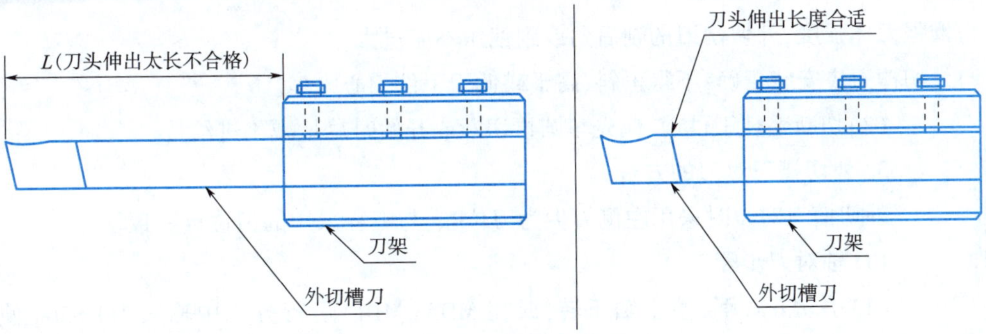

图7.16　车槽刀的安装注意事项一

(2)外切槽刀的主切削刃必须与工件中心等高，否则不能车到中心，而且容易崩刀，甚至折断外切槽刀，如图7.17所示。

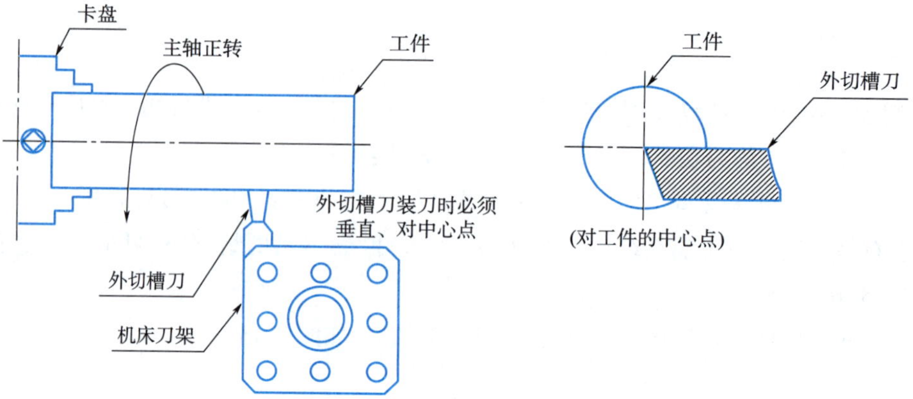

图 7.17　车槽刀的安装注意事项二

(3)外切槽刀的底平面应平整,以保证两个副后角对称,如图 7.18 所示。

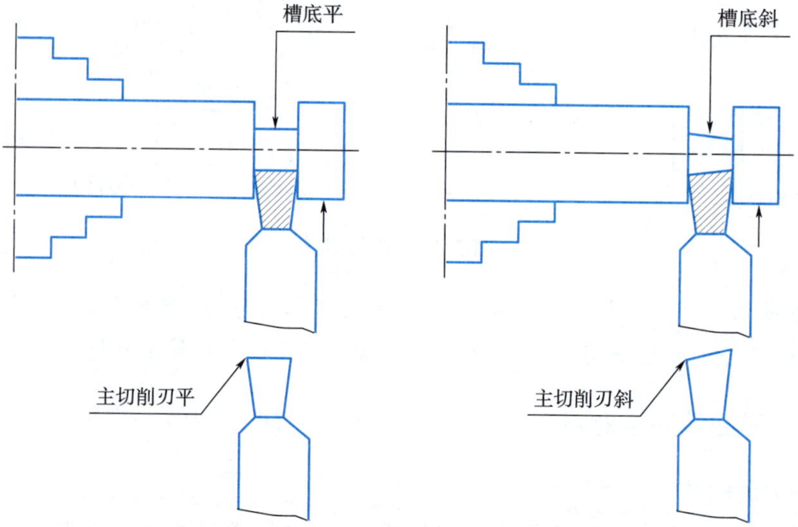

图 7.18　车槽刀的安装注意事项三

2. 防止刀体折断的方法(见图 7.19)

(1)增强刀体强度,外切槽刀的副后角或副偏角不应过大。

(2)外切槽刀应安装正确,不得歪斜、高于或低于工件中心太多。

视频

外切槽刀对刀操作

(3)切断毛坯工件前,应先车圆再切断或开始时尽量减小进给量。

3. 外切槽刀对刀的方法

外切槽刀对刀时采用左侧刀尖为刀位点,与编程采用的刀位点一致。

1)z 轴对刀步骤

(1)手动方式下,使主轴正转,或在 MDA(MDI)运行方式中输入 M3 S500 使主轴正转。

(2)手动方式下,移动刀具,使切槽刀左侧刀尖刚好接触工件右端面。注意刀具接近工件时,进给倍率为 1%~2%,如图 7.20 所示。

(3)刀具沿$+x$ 方向退出,然后进行刀补参数的设置操作,设置操作步骤同外圆车刀对刀。注意设置刀补时应与实际要对刀的切槽刀保持一致。

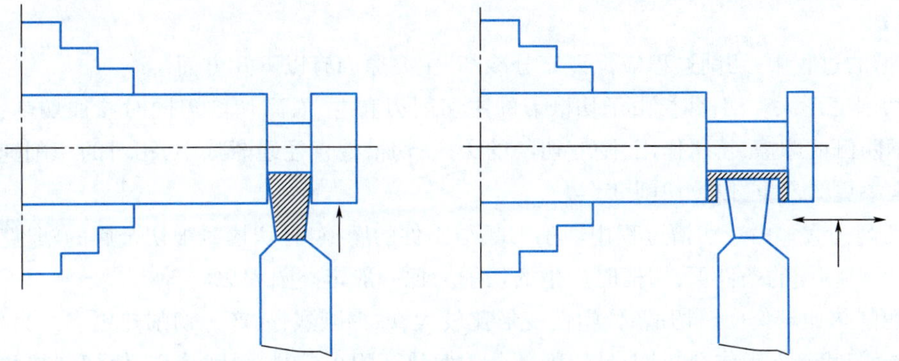

图 7.19　防止刀体折断的方法

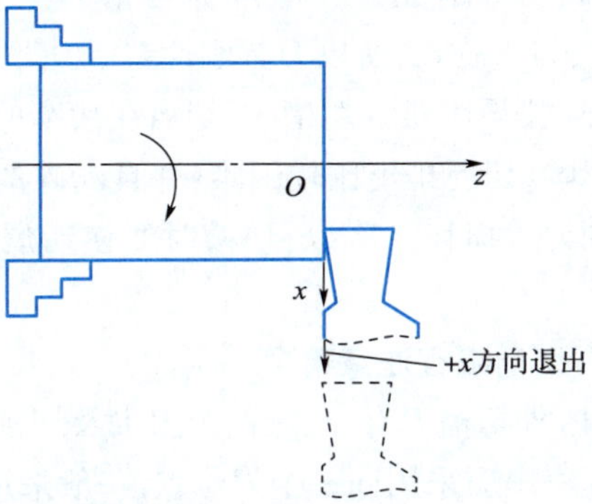

图 7.20　z 方向对刀示意图

2) x 轴对刀步骤

(1)手动方式下,使主轴正转,或在 MDA(MDI)运行方式中输入 M3 S500 使主轴正转。

(2)手动方式下,移动刀具,使切槽刀主刀刃刚好接触工件外圆(或车一段外圆)。注意刀具接近工件时,进给倍率为 1%～2%,如图 7.21 所示。

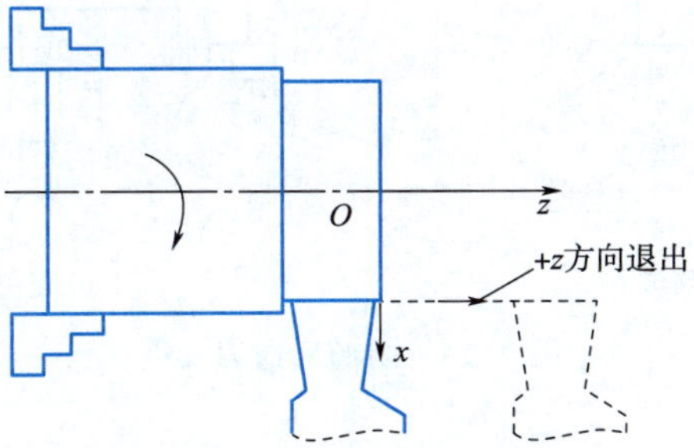

图 7.21　x 方向对刀示意图

(3)进行刀补参数的设置操作,设置操作步骤同外圆车刀对刀。注意设置刀补时应与实际要对刀的外切槽刀保持一致。

八、切槽加工应注意的问题

1. 冷却

在车槽的过程中，切削过程应保证充分冷却，主要原因有以下几方面。

(1)切削变形大。切槽时，由于切槽刀的主切削刃和左、右副切削刃同时参加切削，切屑排出时，受到槽两侧的摩擦、挤压作用，随着切削的深入，切槽处直径逐渐减小，相对的切削速度逐渐减小，挤压现象更为严重，以致切削变形大。

(2)切削力大。由于切槽过程中切削刀具与工件的摩擦，且切槽时被切金属的塑性变形大，所以在切削用量相同的条件下，切槽时产生的切削力比一般车外圆大 2%～5%。

(3)切削热比较集中。切槽时，塑性变形比较大，摩擦剧烈，故产生切削热更多。另外，外切槽刀处于半封闭状态下工作，同时刀具切削部分的散热面积小，切削温度较高，使切削热集中在刀具切削刃上，因此会加剧刀具的磨损。

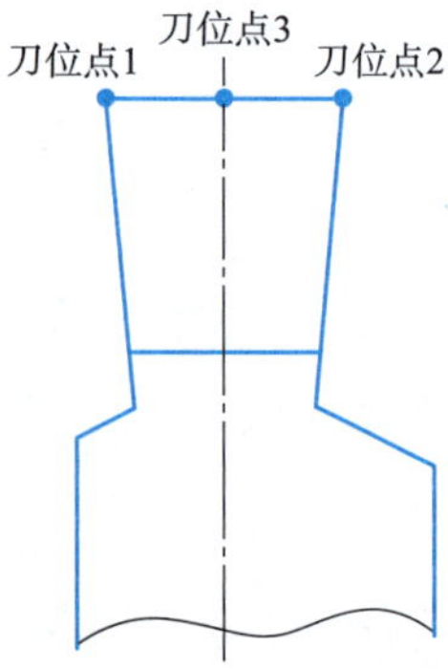

图 7.22　外切槽刀刀位点

(4)刀具刚性差。通常外切槽刀主切削刃宽度较窄(一般在 2～6 mm)，刀头狭长，所以刀具刚性差，切槽过程中容易产生振动。

(5)排屑困难。切槽时，切屑在狭窄的切槽内排出，受到槽壁摩擦阻力的影响，切屑排出比较困难；并且断碎的切屑还可能卡塞在槽内，引起振动和刀具损坏。所以，切槽时要使切屑按一定的方向卷曲，使其顺利排出。

2. 切槽编程注意事项

(1)外切槽刀有左、右两个刀尖及切削刃中心处三个刀位点，在整个加工程序中应采用同一个刀位点，一般采用左侧刀尖作为刀位点，可使对刀、编程更加方便，如图 7.22 所示。

(2)切槽过程中退刀路线应合理，避免产生撞刀现象；切槽后应先沿径向(x 向)、再沿轴向(z 向)退刀，退刀实例如图 7.23 所示。

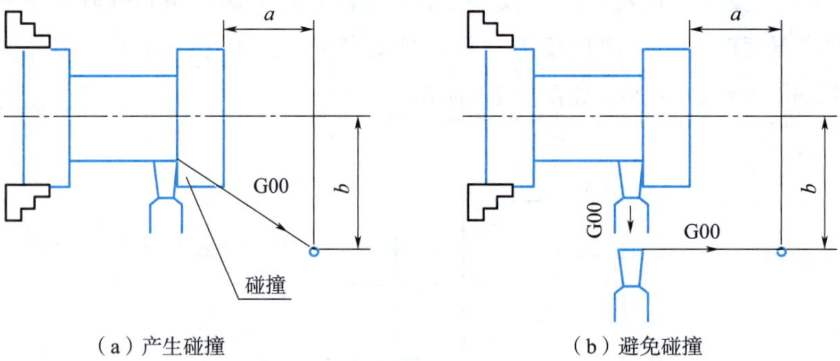

图 7.23　切槽后退刀实例

知识拓展

1. 子程序的定义

在编制加工程序时，有时会遇到一组程序段在一个程序中多次出现，或者几个程序中都要使用它，可以把这类程序做成固定程序，并单独加以命名，事先存储起来，这组程序段称为子程序。

2. 子程序的格式

子程序的格式与主程序基本相同，即在子程序的开头，地址符 O 后写子程序号，但结束标记不同，主程序用 M02 或 M30 表示主程序结束，在子程序的结尾用 M99 指令（西门子系统用 RET 返回）表示子程序结束、返回主程序，调用子程序指令的下一程序段，继续执行主程序。

说明：子程序重复执行过程中，刀具的运动轨迹一般有规律地变化，所以一般采用相对坐标编程。

3. 子程序的调用

子程序可以在存储器方式下调出使用，主程序可以调用子程序，一个子程序也可以调用下一级子程序，子程序执行完毕后返回到主程序中，并调用主程序段的下一指令运行，如图 7.24 所示。

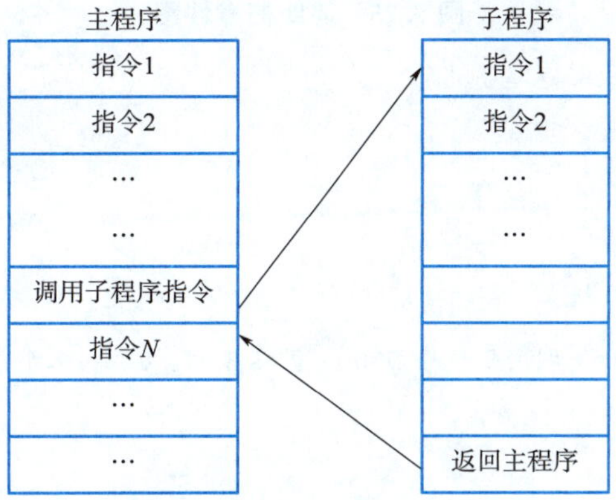

图 7.24　子程序调用图示

调用子程序的编程格式如下：

(1) M98 P△×；

其中，△表示重复调用的次数（最多调用 999 次，如果省略，则调用 1 次）；×表示被调用的子程序号（调用次数大于 1 时，子程序号前面的 0 不可省略）。

例如，M98 P20010 的含义是：调用 0010 号子程序 2 次。

(2) M98 P_L_；

其中，P_表示调用的子程序号；L_表示重复调用子程序的次数。

例如，M98 P0010 L2 的含义是：调用 0010 号子程序 2 次。

4. 子程序的应用原则

(1) 零件上有若干处相同的轮廓形状。在这种情况下只编写一个子程序，然后用主程序调用该子程序即可。

(2) 程序的内容具有相对独立性。在加工较复杂的零件时，往往包含许多独立的工序，有时工序之间的调整也是允许的，为了优化加工顺序，把每个工序编成一个独立子程序，主程序中只需加入换刀和调用子程序等指令即可。

5. 应用子程序加工等距槽

编制图 7.25 所示等距槽的加工程序。因槽宽为 4 mm，则选用刀头宽度也为 4 mm 的切断刀进行加工，工件原点设在工件的右端面，刀位点在切断刀左刀尖。

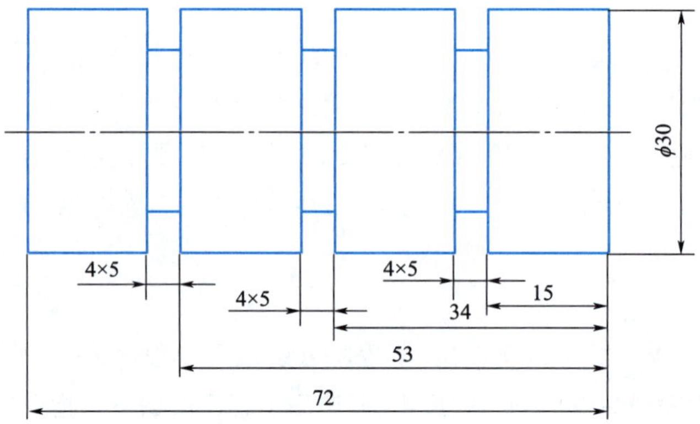

图 7.25　等距槽零件图

主程序如下：

```
O0001
M03 S300 T0101
G00 X32
Z0
M98 P30002              //调用子程序 O0002 循环 3 次,切右端三个槽
G00 X100
Z100
M05
M30
```

切槽子程序如下：

```
O0002
G00 W-19                //刀具左移 19
G01 U-12.0 F0.1         //切直径为 20 的槽
U12.0                   //退刀至 x=32 处
M99                     //跳出子程序
```

本零件加工时共调用 3 次子程序，第一次调用时刀具起点在 $z=0$ 处，在子程序中 z 方向向左相对位移 19，即为右部第一个槽的切削起点 $z=-19$ 处；第二次调用为子程序切中间槽时，即为中间槽的切削起点 $z=-38$ 处；第三次调用为子程序切左槽时，即为左槽的切削起点 $z=-57$ 处。

任务 7.2　内槽零件编程与加工

任务描述

内槽零件图及三维效果图如图 7.26 所示，毛坯尺寸为 $\phi50\times100$，材料为 45 号钢，分析其加工工艺，编写加工程序并在数控车床上加工。

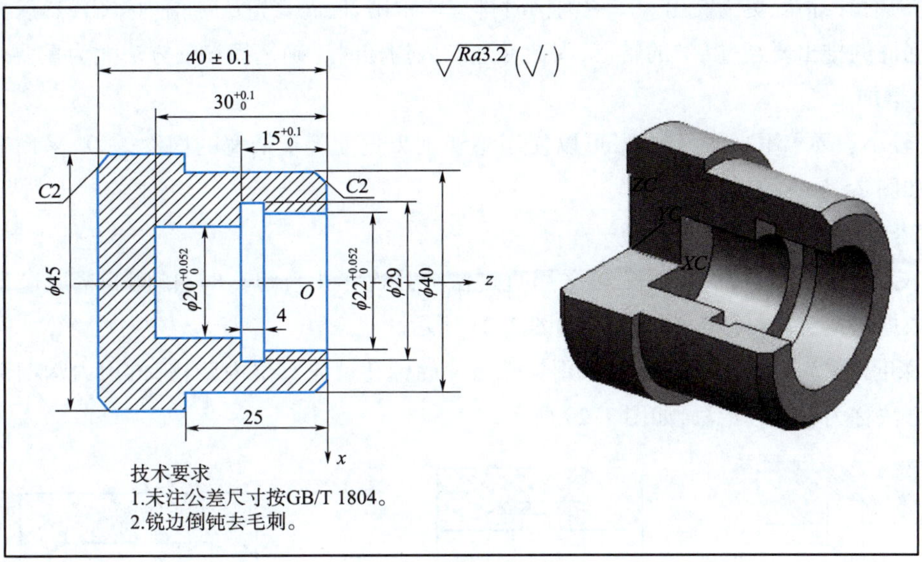

图 7.26　内槽加工零件图及三维效果图

知识目标

1. 了解常用内槽刀的特点，掌握内槽加工的基本方法；
2. 掌握典型数控车床的安全操作规程；
3. 掌握数控车床内槽编程指令；
4. 掌握内槽加工的一般步骤。

能力目标

1. 会进行典型内槽零件图的识读；
2. 掌握内槽刀的对刀操作；
3. 能初步掌握内槽加工的工艺路线分析能力；
4. 掌握常见内槽的检测方法。

素质目标

1. 培养学生严肃、严谨、认真的工作作风和工作态度；
2. 培养学生勤于学习、善于思考、举一反三的能力。

相关知识

一、内沟槽车刀的安装

内沟槽车刀与切断刀的几何形状基本一致，只是安装方向相反。安装时应使主刀刃与内孔中心等高，两侧副偏角对称。车内沟槽时，刀头伸出的长度应大于槽深，同时应保证刀杆直径与刀头在刀杆上伸出的长度之和小于内孔直径。

二、内沟槽的车削方法

车削内沟槽时，刀杆直径受孔径和槽深的限制，比镗孔时的直径还要小，特别是车孔径小、沟槽深的内沟槽时,情况更为突出。车内沟槽时排屑非常困难,需要先从沟槽内排出,然后再从内孔中排出,切屑的排出要经过90°的转弯,因此在加工内沟槽时正确选择车削方法尤为重要。

1. 窄槽加工

宽度较小和要求不高的内沟槽,可以使用主切削刃宽度等于槽宽的内沟槽刀,采用直进法一次车出,如图7.27所示。

2. 宽槽加工

(1)较宽和要求较高的内沟槽,可采用直进法分几次车出。粗车时,槽侧和槽底应留精车余量,然后根据槽宽、槽深要求进行精车,如图7.28所示。

(2)深度浅、宽度大的内沟槽,可采用特殊角度的镗孔刀先车出内凹槽,再用内沟槽刀车出两侧面,该方法称为纵向进给法,如图7.29所示。

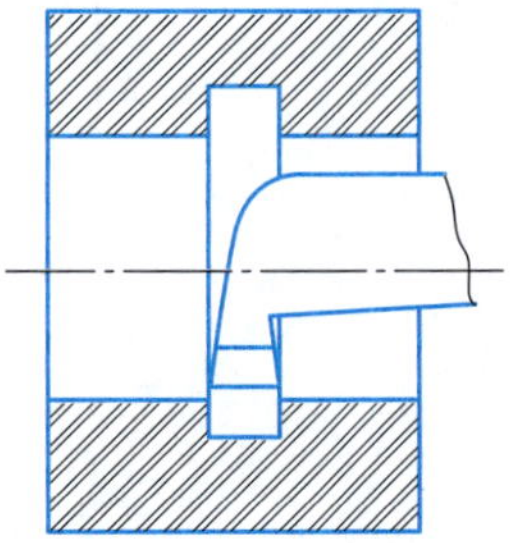

图7.27 直进法

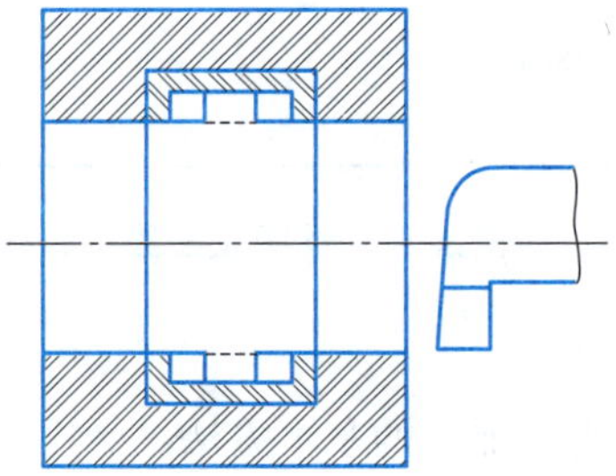

图7.28 多次直进法

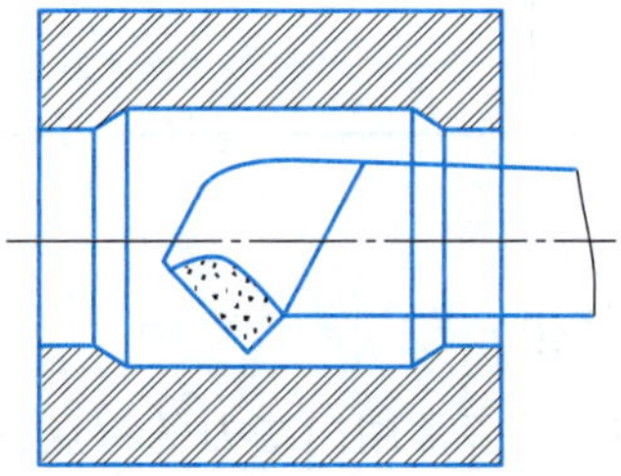

图7.29 纵向进给法

三、内槽的检测方法

1. 测量内槽直径

测量内槽直径的方法如图7.30所示。

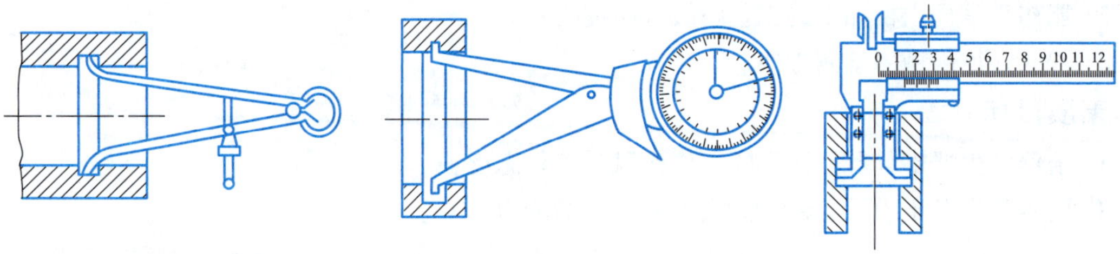

(a)卡钳测量　(b)带千分表内径量规测量　(c)特殊弯头游标卡尺测量

图7.30 测量内槽直径的方法

2. 测量内槽宽度

测量内槽宽度的方法如图7.31所示。

四、内槽加工案例

完成图7.32所示含有内轮廓和内沟槽的零件加工编程,内轮廓中的各个面均需要镗孔和内槽加工。

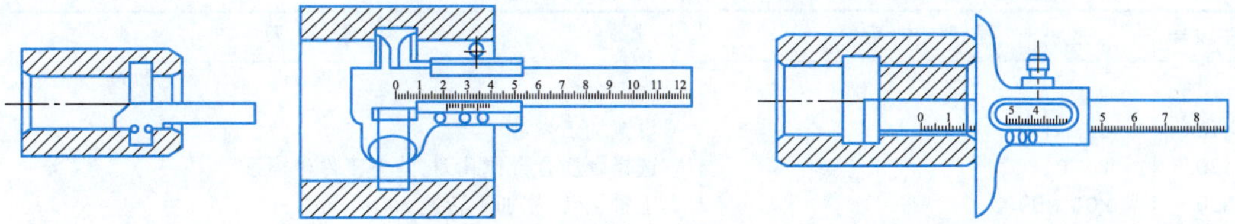

（a）样板检测　　（b）游标卡尺检测　　（c）钩形游标深度卡尺检测

图 7.31　测量内槽宽度的方法

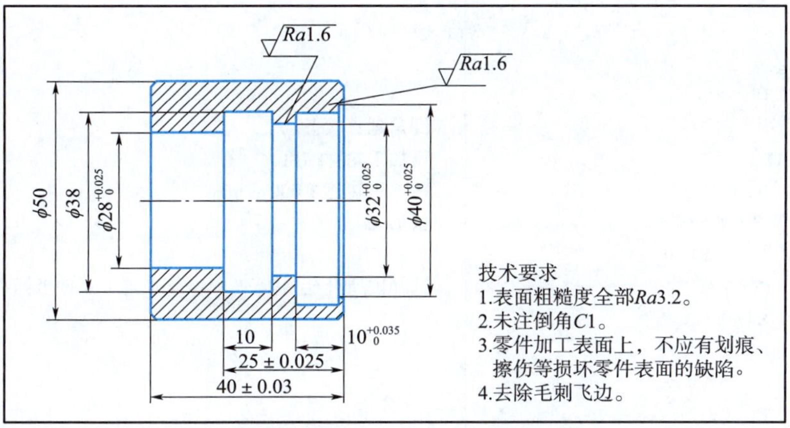

图 7.32　含有内轮廓和内沟槽的零件

1. 工艺分析

(1)采用三爪卡盘装夹毛坯(夹持 30 mm,伸出长度 10 mm),外轮廓不需要加工,采用 ϕ24 麻花钻钻通孔。

(2)采用 93°硬质合金镗孔刀(T0101)完成镗孔加工。

(3)采用刀宽 b 为 4 mm 的硬质合金内槽刀(T0202)完成内沟槽加工。

本例数控加工工艺卡片见表 7.3。

表 7.3　数控加工工艺卡片

工步号	工步内容	刀具号	刀具名称	刀具规格	主轴转速 /(r/min)	进给速度 /(mm/r)	背吃刀量 /mm	备注
1	钻通孔		麻花钻	ϕ24	400	0. 3	>40 mm	
2	粗镗孔加工	T0101	硬质合金镗孔刀	93°	500	0. 2	1	
3	精镗孔加工	T0101	硬质合金镗孔刀	93°	1 000	0. 05	0. 25	
4	内沟槽加工	T0202	硬质合金内槽刀	b=4 mm	450	0. 08	3	

2. 程序编制

本例参考程序见表 7.4。

表 7.4　程序清单

程序段号	程 序 内 容	程 序 注 释
	O0017	程序名称
N10	G21 G99	设置加工参数
N20	T0101	选择硬质合金镗孔刀,建立工件坐标系
N30	M03 S500	主轴正转,粗加工转速 500 r/min
N40	G00 X22 Z3	快移到循环点
N50	G71 U1 R0.5	粗加工,背吃刀量 1 mm
N60	G71 P70 Q130 U-0.5 W0.1 F0.2	粗车循环,x 方向留 0.5 mm 精车余量
N70	G00 X48	精加工轮廓开始,移动到倒角延长线上
N80	G01 X40 Z-1 F0.05 M08	倒角
N90	Z-10	
N100	X32	
N110	Z-25	
N120	X28	倒角延长线上
N130	Z-41	精加工轮廓结束
N140	M03 S1000	精加工转速 1 000 r/min
N150	G70 P70 Q130	精加工
N160	G00 X150 Z150	
N170	T0202	选择硬质合金内槽刀,b=4 mm,建立工件坐标系
N180	M03 S450	
N190	G00 X27	
N200	G01 Z-25 F0.2	
N210	X38 F0.08	
N220	X27 F0.2	
N230	Z-22	
N240	X38 F0.08	
N250	X27 F0.2	
N260	Z-19	
N270	X38 F0.08	
N280	X27 F0.2	
N290	Z3	
N300	G00 X150 Z150	
N310	M05	主轴停止
N320	M30	程序结束

项目小结

在生产与生活中,经常会遇到槽类零件,如直槽、内槽、端面槽等,为此通过本项目的学习,既要掌握常见直槽、内槽、端面槽的种类与形式,也要学会编制加工外槽、内槽的程序,并且掌握直槽、内槽和切断的操作要领;同时,要能够对直槽、内槽这类零件进行合理的工艺分析。

复习与思考

一、填空题

1. 车断工件主要采用__________、__________两种方法。

2. 常见的外沟槽有________沟槽、________沟槽、________沟槽。沟槽的形状一般为________、________、________。

3. 切断实心工件时，切入深度等于__________；切断空心工件时，切入深度等于__________。

4. 以横向进给时切断刀的主偏角一般取__________，主后角一般取__________。

5. 高速切槽时，必须浇注充分的切削液，若切削液磨钝，应及时________。为了增加刀头的支撑强度，常将切断刀的刀头下部做成__________形。

6. 切槽刀安装时刀尖必须与工件轴线__________，刀杆与工件轴线__________。

二选择题

1. 车断刀的主偏角为(　　)。

A. 0°　　B. 45°　　C. 75°　　D. 90°

2. 在 $\phi36$ 工件外圆表面车一个 10 mm×4 mm 的直槽，则高速钢车槽刀刃磨时，刀头宽度范围是(　　)mm。

A. 2~3　　B. 3~3.6　　C. 4~5　　D. 1.5~2.5

3. 如不用切削液，切削热的(　　)将传入工件。

A. 50%~86%　　B. 40%~10%　　C. 9%~3%　　D. 1%

4. 使用(　　)可提高刀具寿命。

A. 润滑液　　B. 冷却液　　C. 清洗液　　D. 防锈液

5. 减小(　　)对提高刀具寿命的影响最大。

A. 切削厚度　　B. 进给量　　C. 切削速度　　D. 切削深度

6. 精车时，以(　　)为主。

A. 提高刀具寿命　　B. 提高效率　　C. 保证刀具强度　　D. 保证加工精度

三、简答题

1. 简述车断刀的安装方法及注意事项。

2. 简述外沟槽加工的方法。

3. 简述车断时应注意的事项。

4. 内沟槽有何作用？在内槽刀安装时应注意哪些事项？

5. 试通过调用子程序编写图 7.33 所示多槽零件的加工程序并进行加工。

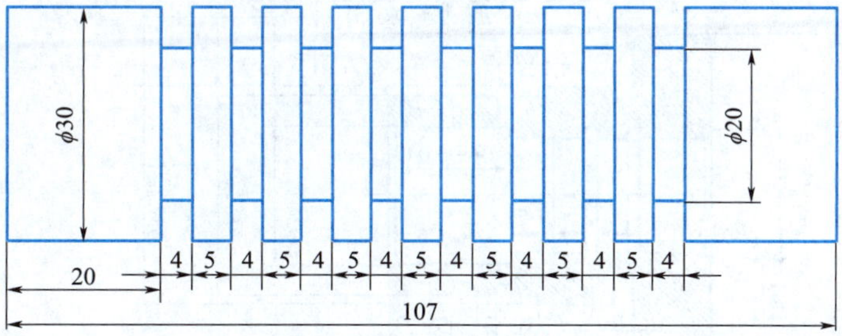

图 7.33　多槽零件图

6. 加工图 7.34 所示零件的等距窄槽与宽槽，毛坯为棒料，进行正确手工编程，并在数控车床上进行零件加工。(假设给定毛坯尺寸为 $\phi30\times60$)

提示：由分析可知，用 G75 指令加工等距槽和宽槽十分方便，加工等距槽时可自动调刀至下一个切槽起点，加工宽槽时能在切削过程中退刀以方便断屑，而对于不等距槽，则可采用调用子程序的方法实现加工。

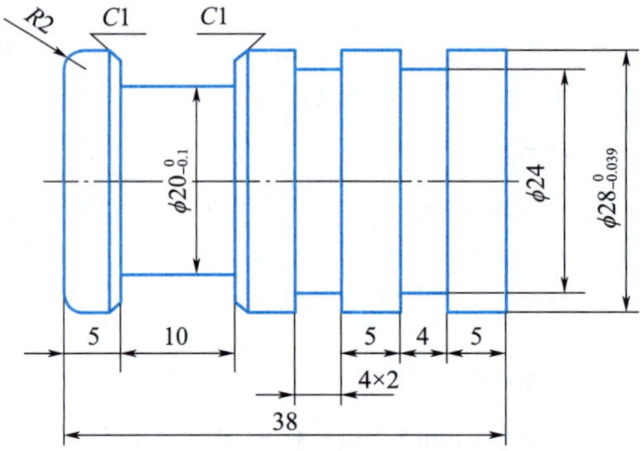

图 7.34　典型槽类零件图

7. 用 G01 指令编程切槽，零件如图 7.35 所示，刀宽为 4 mm。

8. 切断加工应选择刚性较好、不易和工件发生加工干涉的焊接切槽刀。如图 7.36 所示，工件毛坯尺寸为 $\phi50\times100$，要将其长度切为 70 mm，应该怎么做？

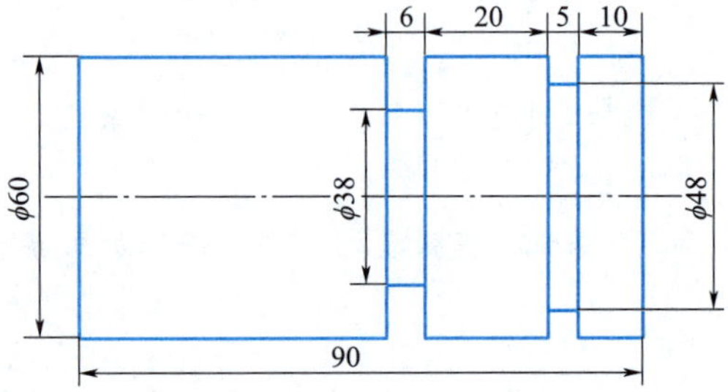

图 7.35　切槽加工零件图

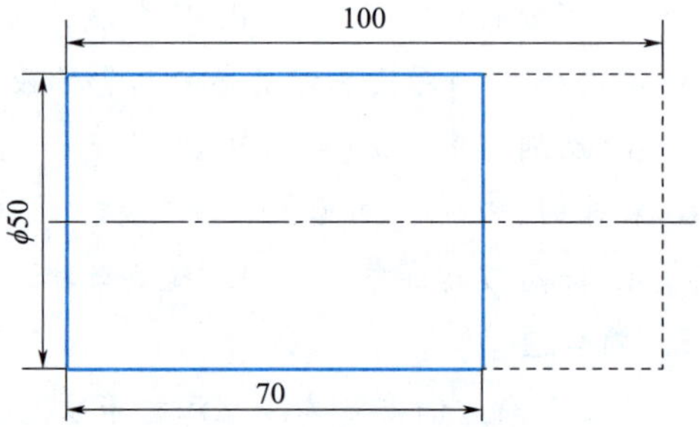

图 7.36　切断工件零件图

9. 完成图 7.37 所示带有内外槽的套类零件的加工编程。

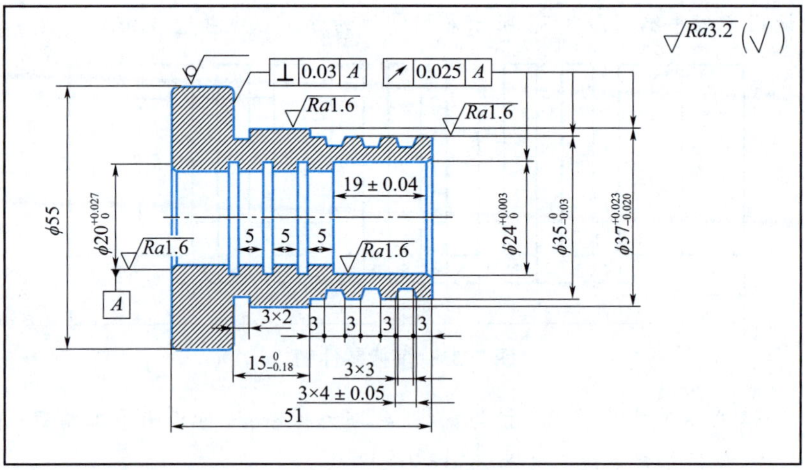

图 7.37　带有内外槽的套类零件图

项目8 螺纹类零件编程与加工

项目描述

螺纹在工业领域中的应用非常广泛，主要起连接、传动和密封作用。螺纹常用于零部件的装配，是一种在固体外表面或内表面的截面上，有均匀螺旋线凸起的形状。本项目通过三角形螺纹类零件图纸分析制定出螺纹的加工工艺，选择合适加工刀具，编制加工程序，并在数控车床上加工合格的螺纹类零件。

项目学习目标

知识目标

1. 理解螺纹类零件的加工方法；
2. 掌握螺纹类零件的相关指令；
3. 掌握螺纹的检测方法。

能力目标

1. 会使用螺纹指令对螺纹进行编程；
2. 能够在数控车床上独立完成螺纹类零件的加工；
3. 能熟练使用螺纹样板等量具检测螺纹。

素养目标

1. 培养学生树立工匠精神；
2. 通过分组实操训练，培养学生的团队精神；
3. 通过实操调试，培养学生分析问题和解决问题的能力；
4. 通过课内5S管理，培养学生的职业精神。

任务8.1 外螺纹零件编程与加工

任务描述

假设你为A机械厂的一名员工，A机械厂接到B企业的一批圆柱外三角螺纹零件加工订单，零件图样如图8.1所示，毛坯尺寸为$\phi35\times85$，材料为45号钢，现车间主任安排你在一小时之内制定出该零件的加工工艺,编写数控加工程序,并完成首次试切。

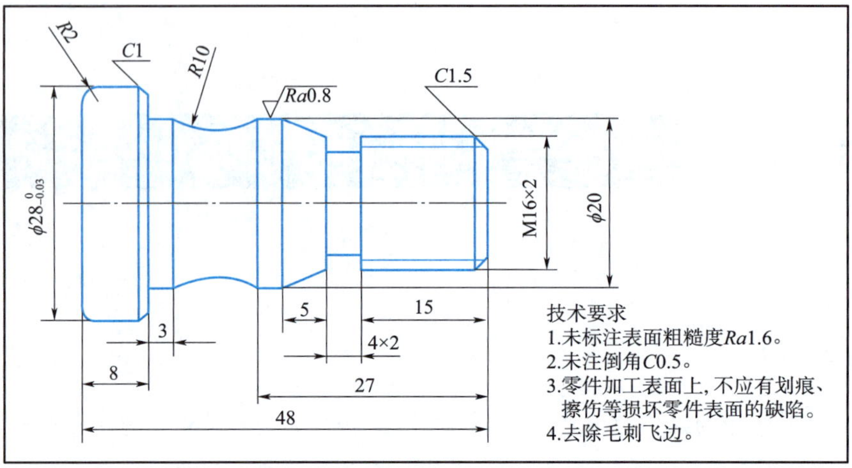

图 8.1　圆柱外三角螺纹零件图

知识目标

1. 理解三角外螺纹车刀的安装、对刀步骤及加工方法;
2. 掌握三角螺纹的几何参数含义。

能力目标

1. 能分析零件图,并制定比较合理的数控加工工艺;
2. 能比较熟练地完成外三角螺纹零件的加工。

素养目标

1. 培养学生良好的道德修养、乐观向上的人生价值观和工匠精神;
2. 培养学生自觉遵守安全及技能操作规程的工作习惯;
3. 加强表达和沟通能力,培养学生的团队合作精神。

相关知识

视频

螺纹的基础知识

一、螺纹的概念及相关知识

1. 螺旋线的形成原理

直角三角形△ABC 围绕着直径为 d_2 的圆柱旋转一周,斜边 AC 在圆柱表面上形成的曲线即为螺旋线。当斜边 AC 逆时针旋转时,形成的螺旋线为右旋螺旋线,如图 8.2(a)所示;当斜边 AC 顺时针旋转时,形成的螺旋线为左旋螺旋线。

如图 8.2(b)所示,如果直角三角形△ABC 和△DEF 相距 AD 距离围绕着直径为 d_2 的圆柱旋转一周,斜边 AC 和 DF 在圆柱表面上形成两条螺旋线,即双线螺旋线。

2. 螺纹的形成

图 8.3 所示为在车床上车削螺纹的示意图。当工件旋转时,螺纹车刀沿工件轴线方向作等速移动,即可在工件表面上形成螺旋线,经多次进给后便形成螺纹。相邻两螺纹之间的距离 P 定义为螺距。

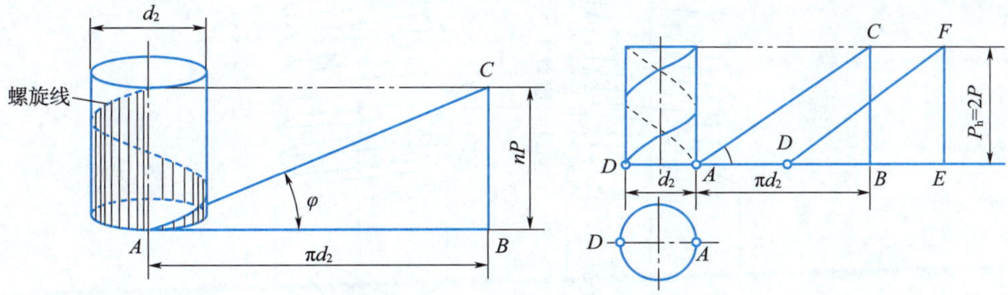

（a）右旋螺旋线　　（b）双线螺旋线

图 8.2　螺旋线的形成

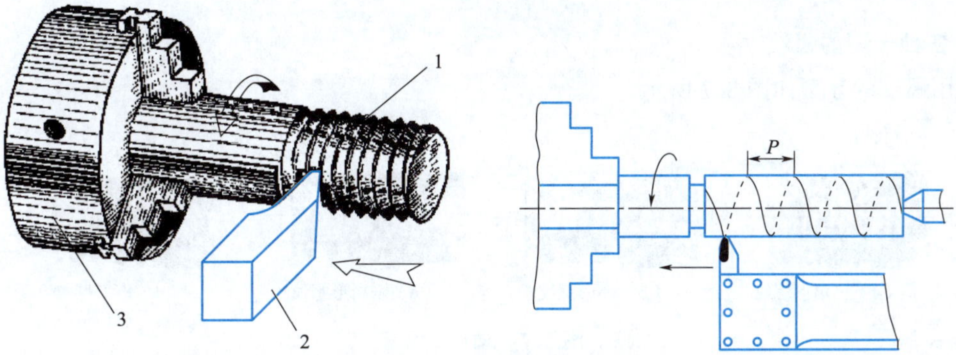

1—螺纹；2—螺纹车刀；3—三爪自定心卡盘。

图 8.3　车削螺纹示意图

因此，在圆柱或圆锥表面上，沿着螺旋线形成的具有相同剖面的连续凸起称为螺纹。凸起是指螺纹两侧面间的实体部分，又称牙，如图 8.4 所示；螺纹两侧面间的非实体部分称为沟槽。当车床主轴正转时，车刀自右向左进给将车削为右旋螺纹，车刀自左向右进给则车削为左旋螺纹。

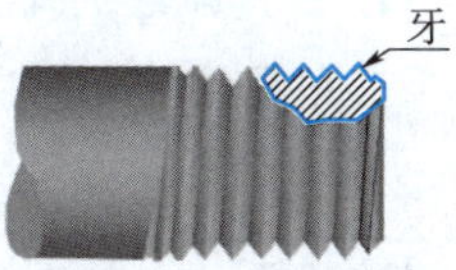

图 8.4　螺纹的牙

3. 右旋螺纹和左旋螺纹

顺时针旋转时旋入的螺纹为右旋螺纹，如图 8.5(a)所示，逆时针旋转时旋入的螺纹为左旋螺纹，如图 8.5(b)所示。

视频
螺纹标注识读

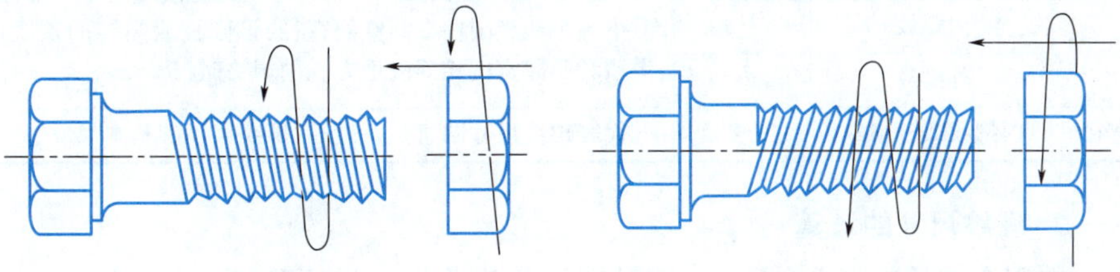

（a）右旋螺纹　　（b）左旋螺纹

图 8.5　螺纹的旋向

右旋螺纹和左旋螺纹的螺旋线方向可用图 8.6 所示的方法判别，即将螺纹铅垂放置，右侧牙高的为右旋螺纹，左侧牙高的为左旋螺纹。

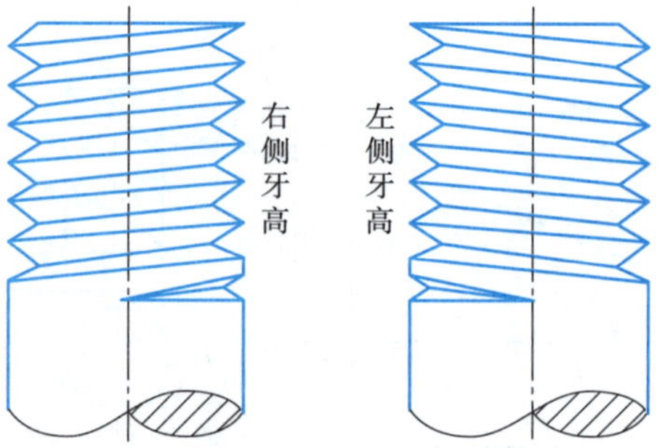

（a）右旋螺纹　　（b）左旋螺纹

图 8.6　螺纹旋向的判断

4. 各种牙型的螺纹

常用螺纹的牙型如图 8.7 所示。

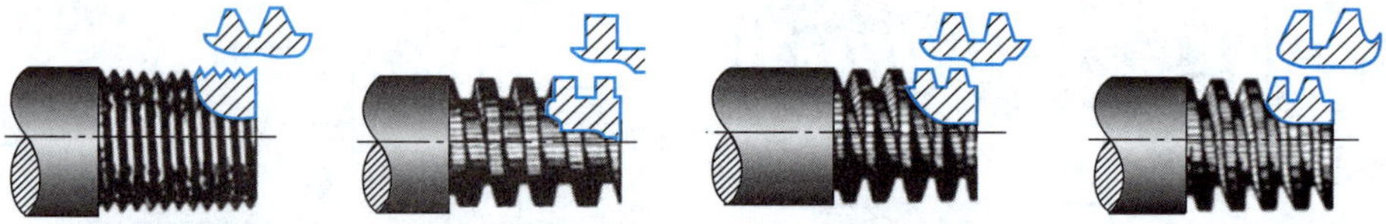

（a）三角形螺纹　　（b）梯形螺纹　　（c）锯齿形螺纹　　（d）矩形螺纹

图 8.7　螺纹的牙型

二、三角螺纹的几何参数及尺寸计算

1. 三角螺纹的几何参数

三角螺纹的几何参数及定义见表 8.1。

表 8.1　三角螺纹的几何参数及定义

螺纹直径	内、外螺纹	符　号	定　义
螺纹大径	内螺纹	D	与内螺纹牙底相切的假想圆柱或圆锥的直径
	外螺纹	d	与外螺纹牙顶相切的假想圆柱或圆锥的直径
螺纹小径	内螺纹	D_1	与内螺纹牙顶相切的假想圆柱或圆锥的直径
	外螺纹	d_1	与外螺纹牙底相切的假想圆柱或圆锥的直径
螺纹中径	内螺纹	D_2	指一个假想圆柱或圆锥的直径，该圆柱或圆锥的素线通过牙型上沟槽和凸起宽度相等的地方。同规格时，$D_2=d_2$
	外螺纹	d_2	
螺纹公称直径	内螺纹或外螺纹	D 或 d	代表螺纹尺寸的直径，一般指螺纹大径的基本尺寸

视频　螺纹加工尺寸计算

2. 螺纹尺寸的计算

在用车削螺纹指令编程前，需对螺纹的相关尺寸进行计算，以确定车削螺纹程序段中的有关参数。

（1）螺纹牙型高度。车削螺纹时，车刀总切削深度为牙型高度，即螺纹牙顶到牙底之间垂直于螺纹轴线的距离。根据国家标准《普通螺纹　基本尺寸》（GB/T 196—2003）规定，普通螺纹的牙型理论高度 $H=0.866P$，实际加工时，由于螺纹车刀刀尖半径的影响，螺

纹牙型的实际高度 h 计算公式为

$$h = H - 2\left(\frac{H}{8}\right) = 0.6495P \tag{8.1}$$

式中　H——牙型理论高度,mm;

h——牙型实际高度,mm;

P——螺距,mm。

(2)螺纹进刀与退刀距离。在加工螺纹时,沿螺距方向(z 向)刀具进给速度与主轴转速有严格的匹配关系。由于螺纹加工开始有一个加速过程,结束有一个减速过程,在加减速过程中主轴转速保持不变,因此,在这两段距离内螺距是变化的。车削螺纹时,为了避免在进给机构加减速过程中切削,应留有一定的升速进刀距离 δ_1 和减速退刀距离 δ_2,如图 8.8 所示。其数值与进给系统的动态特性、螺纹精度和螺距有关,一般 δ_1 不小于 2 倍导程,δ_2 不小于 1.5 倍导程。刀具实际 z 向行程包括螺纹有效长度 L 以及升降速段距离 δ_1 和 δ_2。

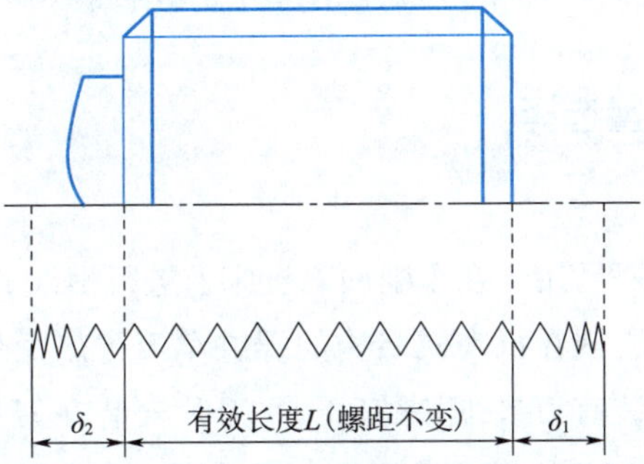

图 8.8　进刀与退刀距离

(3)螺纹顶径控制。在螺纹切削时,由于刀具的挤压使得最后加工出的顶径塑性膨胀,从而影响螺纹的装配和正常使用,考虑到这个问题,在螺纹切削前的圆柱加工中,先多切除一部分材料,将外圆柱车小、内圆柱车大,切除材料的值一般为 0.2~0.3 mm。

螺纹大径 $d_{大}$、螺纹小径 $d_{小}$ 可根据经验公式计算:

$$d_{大} = D - 0.1P \tag{8.2}$$

$$d_{小} = D - 1.3P \tag{8.3}$$

式中　D——螺纹的公称直径,mm。

例如,图 8.9 所示螺纹 M18×1.5,计算出该螺纹的大径、小径和牙高。

解:计算螺纹的大径 $d_{大}$、小径 $d_{小}$、牙高 h:

$$d_{大} = D - 0.1P = 18 - 0.1 \times 1.5 = 17.85 \text{ mm}$$

$$d_{小} = D - 1.3P = 18 - 1.3 \times 1.5 = 16.05 \text{ mm}$$

$$h = 0.65P = 0.975 \text{ mm}$$

提示:

(1)理论上大径等于公称直径,但根据与螺母的配合大径存在下偏差(负值),上偏差为0。因此在加工中,按照螺纹三级精度要求,螺纹外径应比公称直径小 0.1 P,即螺纹外径 D=公称直径 −0.1 P。

(2)车螺纹前在螺纹的终端应有退刀槽，以便车刀及时退出。

(3)车螺纹前在螺纹的起始位置和终端应有倒角，且倒角的小端直径应小于螺纹底径。

(4)牙深高度(切削深度)$h=0.65\ P$。

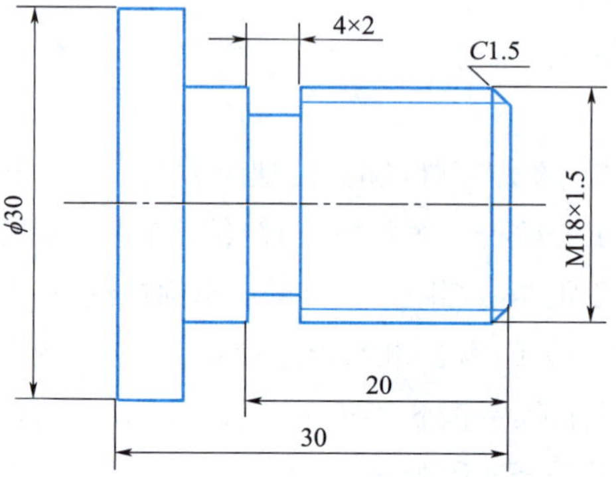

图 8.9　螺纹 M18×1.5 零件图

三、螺纹刀具及切削用量选择

1. 螺纹刀具

螺纹车刀是切削刀具的一种，用于在车削加工机床上进行螺纹的切削加工。螺纹车刀分为内螺纹车刀和外螺纹车刀两大类，现在机夹式结构的螺纹车刀被广泛使用，此类结构的螺纹车刀分为刀杆和刀片两部分，刀杆上装有刀垫，用螺钉压紧，刀片安装在刀垫上，刀片又分为硬质合金未涂层刀片（用于加工有色金属，如铝、铝合金、铜、铜合金等材料）和硬质合金涂层刀片(用于加工钢材、铸铁、不锈钢、合金材料等)。机夹螺纹刀及其刀片如图 8.10 所示。

图 8.10　机夹螺纹刀及其刀片

视频

螺纹的车削方法

2. 车削三角形螺纹时切削用量的选择

1)车削螺纹时主轴转速的选取

车削螺纹时的主轴转速经验计算公式为

$$n \leqslant \frac{1\ 200}{P} - K \tag{8.4}$$

式中　n——主轴转速，r/min；

P——工件的螺距，mm；

K——保险系数，一般取80。

当然，主轴的转速选择也不是唯一的。当使用一些高档刀具切削螺纹时，其主轴转速可以按照线速度200 m/min选取（前提是数控系统能够支持高速螺纹加工操作，一般经济型机床在高速加工螺纹时会出现"乱牙"现象）。

2）车削进刀方式的选择

螺纹车削的进刀方式由切削机床、工件材料、刀片槽形及所加工螺纹的螺距确定，通常有以下四种进刀方式。

（1）径向进刀。刀具径向进刀［见图8.11（a）］是最常用的切削方式，其操作较为简单，车刀各刃同时切削，所受轴向切削分力有所抵消，部分克服因轴向切削分力导致的车刀偏歪现象。两侧面均匀磨损，能较好地保证螺纹的牙型角，但存在排屑不畅、散热不好、易扎刀和切削力大等问题。适用于切削2.5 mm以下螺距的螺纹。

（2）单侧面斜向进刀。刀具以和径向呈30°角的方向进刀切削［见图8.11（b）］。优点是单刃切削、排屑顺畅、切削力小、不易扎刀。缺点是另一侧刀刃因不切削而摩擦磨损较大，这会导致积屑瘤的产生、表面粗糙度大、工件硬化以及牙型精度差。用于车削螺距大于3 mm的螺纹与塑性材料螺纹的粗车。

（3）改进型斜向侧面进刀。刀具以和径向呈27°～30°角的方向进刀切削［见图8.11（c）］。刀刃两面切削，形成卷状屑，排屑流畅、散热好、螺纹表面粗糙度较小。一般来说，这是车削不锈钢、合金钢和碳素钢的最好方法，约90%的车螺纹材料皆用此法。在数控车床上加工螺纹最好采用此方法，一般可调用固定循环，编程简便。

（4）左右侧面交替进刀。左右交替切削即每次径向进给时，横向向左或向右移动一定距离，使车刀只有一侧参加切削［见图8.11（d）］。此方法一般用于通用车床和螺距在5 mm以上的螺纹加工，在数控车床上编程较复杂。

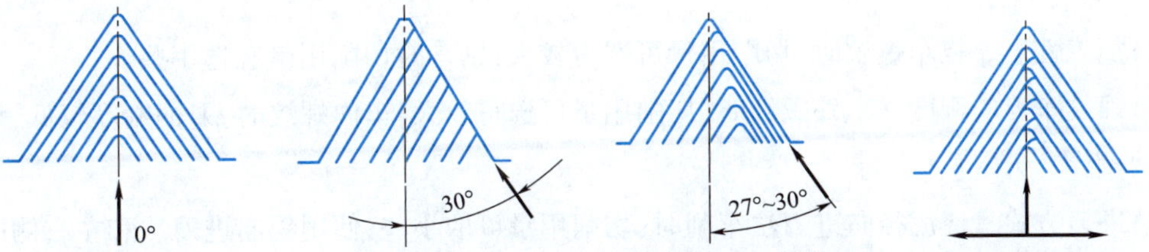

（a）径向进刀　（b）单侧面斜向进刀　（c）改进型斜向侧面进刀　（d）左右侧面交替进刀

图8.11　螺纹车削进刀方式

3）螺纹切削的进给次数与背吃刀量

螺纹车削加工为成型车削，且切削进给量较大、刀具强度较差，一般要求分数次进给加工。加工螺距较大、牙型较深的螺纹时，每次切削深度按递减规律分配，递减规律由数控系统设定，目的是使每次切削面积接近于相等。

例如，螺纹M18×1.5，按照递减式分配螺纹车削余量，加工步骤如下：第一刀车至ϕ17.35 mm（直径方向切深0.5 mm）；第二刀车至ϕ16.9 mm（直径方向切深0.45 mm）；第三刀车至ϕ16.5 mm（直径方向切深0.4 mm）；第四刀车至ϕ16.3 mm（直径方向切深0.2 mm）；第五刀车至ϕ16.2 mm

（直径方向切深 0.1 mm）；第六刀车至 ϕ16.1 mm（直径方向切深 0.1 mm）；第七刀车至 ϕ16.05 mm（直径方向切深 0.05 mm）。最后三刀可以看作螺纹的精加工。

常用螺纹切削的进给次数与切削深度可参考表 8.2。

表 8.2 常用螺纹切削的进给次数与切削深度 单位：mm

公制螺纹								
螺距		1.0	1.5	2.0	2.5	3.0	3.5	4.0
牙深（半径值）		0.649	0.974	1.299	1.624	1.949	2.273	2.598
切削次数及切削深度（直径值）	1 次	0.7	0.8	0.9	1.0	1.2	1.5	1.5
	2 次	0.4	0.6	0.6	0.7	0.7	0.7	0.8
	3 次	0.2	0.4	0.6	0.6	0.6	0.6	0.6
	4 次		0.16	0.4	0.4	0.4	0.6	0.6
	5 次			0.1	0.4	0.4	0.4	0.4
	6 次				0.15	0.4	0.4	0.4
	7 次					0.2	0.2	0.4
	8 次						0.15	0.3
	9 次							0.2

说明：螺纹切削的进给次数与背吃刀量可根据不同的加工材质和刀具质量自定选取，但一定要遵循逐渐递减的原则。

4）车削三角形螺纹时切削用量的选择原则

（1）工件材料。加工塑性金属时，切削用量应相应增大；加工脆性金属时，切削用量应相应减小。

（2）加工性质。粗车螺纹时，切削用量可选得较大；精车时切削用量宜选小些。

（3）螺纹车刀的刚度。车外螺纹时，切削用量可选得较大；车内螺纹时，刀柄刚度较低，切削用量宜选小些。

（4）进刀方式。使用径向进刀法车削时，切削用量可取小些；使用斜向进刀法和左右侧面交替进刀法车削时，切削用量可取大些。

四、螺纹车刀的装夹

车削螺纹时，为了保证齿形正确，对安装螺纹车刀具有较严格的要求。

1. 刀尖高

装夹螺纹车刀时，刀尖位置一般应与车床主轴轴线等高。特别是内螺纹车刀的刀尖高必须严格保证，以免出现“扎刀”“阻刀”“让刀”及螺纹面不光等现象。

当高速车削螺纹时，为防止振动和“扎刀”，其硬质合金车刀的刀尖应略高于车床主轴轴线 0.1~0.3 mm。

2. 牙型半角

装夹螺纹车刀时，要求它的刀尖齿形对称并垂直于工件轴线，如图 8.12(a)所示，即螺纹车刀两侧刀刃相对于牙型对称中心线的牙型半角应各等于牙型角的一半(锯齿型螺纹和其他不存在牙型半角的非标准螺纹无此项要求)，通过牙型对称中心线与车床主轴轴线处于垂直位置的要求安装螺纹刀。

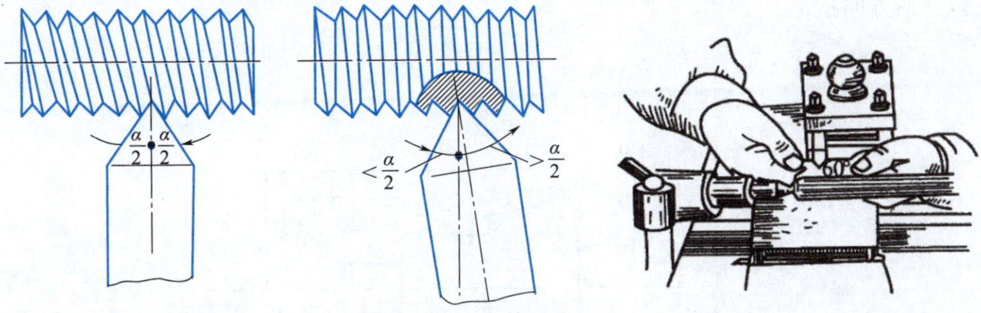

(a) 刀尖齿形对称并垂直　　(b) 刀具装歪　　(c) 用样板校对刀型与工件垂直

图 8.12　外螺纹刀安装

如果外螺纹刀装歪，如图 8.12(b)所示，那么车螺纹就会产生牙型歪斜等质量异常现象，影响正常旋合。外螺纹车刀装刀时可按照图 8.12(c)所示，用样板校对刀型与工件垂直的对刀方法安装、锁紧螺纹刀。内螺纹车刀装刀时可按照图 8.13 所示，用样板校对刀型与工件端面平行的方法安装内螺纹刀。

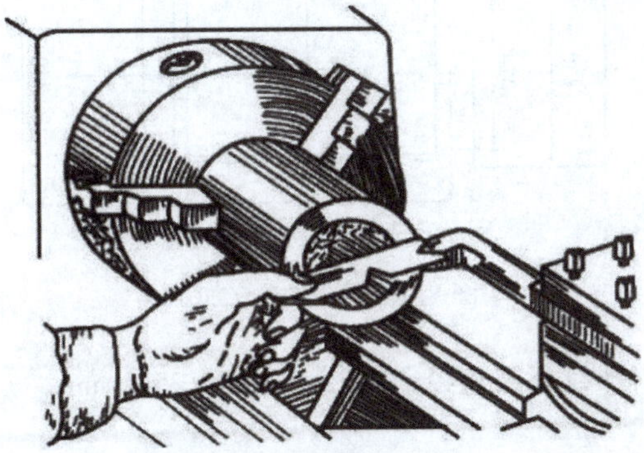

图 8.13　内螺纹刀的安装

3. 刀头伸出长度

刀头一般不应伸出过长，约为刀杆厚度的 1~1.5 倍。内螺纹车刀的刀头加上刀杆后的径向长度应比螺纹底孔直径小 3~5 mm，以免退刀时碰伤牙顶。

动画

G32 指令走刀轨迹

五、FANUC 系统相关螺纹指令

1. 单行程螺纹切削指令 G32

G32 指令用于车削等螺距直螺纹、锥螺纹。

编程格式：

```
G32 X(U)_ Z(W)_ F_
```

(1)X、Z 为螺纹终点坐标;U、W 为螺纹终点相对于螺纹起点的增量坐标;F 为螺纹导程。

(2)在切削过程中,车刀进给运动严格按指令中规定的螺纹导程进行。

(3)在程序设计时,应将车刀的切入、切出、返回均编入程序中。

(4)对图 8.14 所示的锥螺纹,其斜角 α 在小于 45°时,螺纹导程以 z 轴方向指定,大于 45°小于 90°时,以 x 轴方向指定。

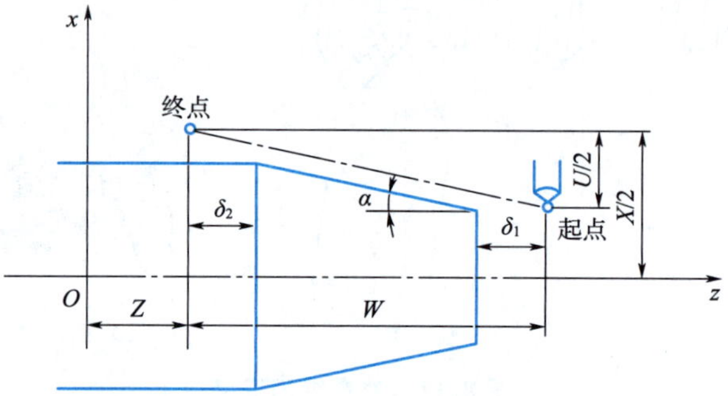

图 8.14　锥螺纹加工

用 G32 指令加工图 8.15 所示圆柱螺纹。

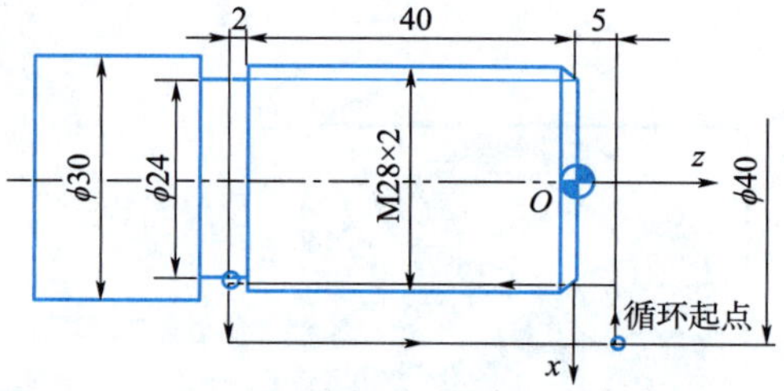

图 8.15　圆柱螺纹加工

设 $\delta_1=5$ mm,$\delta_2=2$ mm,螺纹牙底直径 = 28−2×1.299 = 25.4 mm。

参考程序如下:

```
…
G00 X27.1 Z5
G32 Z-42 F2      //第一刀车螺纹,切深 0.9 mm
G00 X30
Z5
X26.5
G32 Z-42 F2      //第二刀车螺纹,切深 0.6 mm
G00 X30
Z5
X25.9
G32 Z-42 F2      //第三刀车螺纹,切深 0.6 mm
G00 X30
```

```
Z5
X25.5
G32 Z-42 F2        //第四刀车螺纹,切深 0.4 mm
G00 X30
Z5
X25.4
G32 Z-42 F2        //最后一刀车螺纹,切深 0.1 mm
G00 X30
Z5
…
```

2. 螺纹切削单一循环指令 G92

视频

螺纹加工循环指令 G92

螺纹切削单一循环指令 G92 适用于切削圆柱螺纹和圆锥螺纹,每指定一次,螺纹切削自动进行一次循环,循环路线与外径/内径切削循环基本相同。

(1)圆柱螺纹切削循环。

编程格式:

```
G92 X(U)_Z(W)_F_
```

其中,X、Z 为切削终点(*C* 点)的坐标值,U、W 为终点相对起点的增量坐标值,F 为螺距。如图 8.16(a)所示,刀具从循环起点 *A* 开始,按 *A*→*B*→*C*→*D* 进行自动循环,最后又回到循环起点 *A*。图中的(R)为刀具快速移动,(F)为刀具按指定的螺距进给移动。

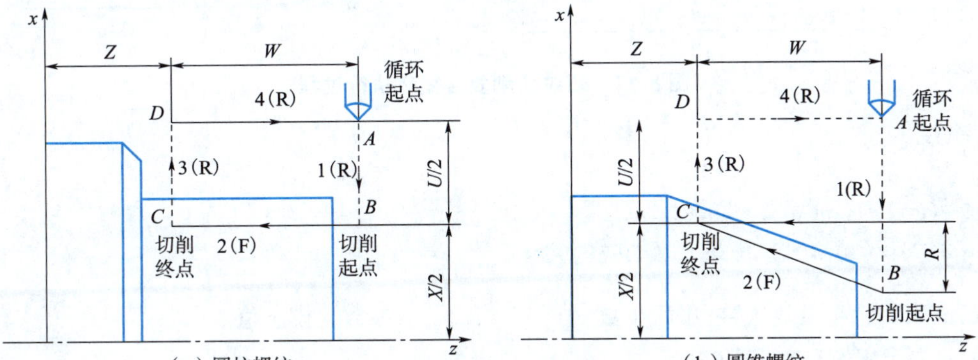

(a) 圆柱螺纹　　(b) 圆锥螺纹

图 8.16　螺纹切削单一循环

用 G92 指令加工图 8.15 所示圆柱螺纹。

参考程序如下:

```
…
G00 X40 Z5              //刀具定位到循环起点
G92 X27.1 Z-42 F2       //第一次车螺纹
X26.5                   //第二次车螺纹
X25.9                   //第三次车螺纹
X25.5                   //第四次车螺纹
```

```
X25.4                    //最后一次车螺纹
G00 X150 Z150            //刀具回到换刀点
…
```

(2)圆锥螺纹切削循环。

编程格式：

```
G92 X(U)_ Z(W)_ R_ F_
```

视频

螺纹加工指令 G76

如图 8.16(b)所示，R 为圆锥螺纹终点半径与起点半径的差值，R 值的正负判断方法与 G90 指令相同。

3. 螺纹切削复合循环指令 G76

G76 指令用于多次自动循环车削螺纹，比 G92 指令更为简洁，在程序中只需指定一次，并指定有关参数，螺纹加工过程将自动进行。车削过程中，除第一次车削深度外，其余各次车削深度自动计算，该指令的执行过程如图 8.17 所示。

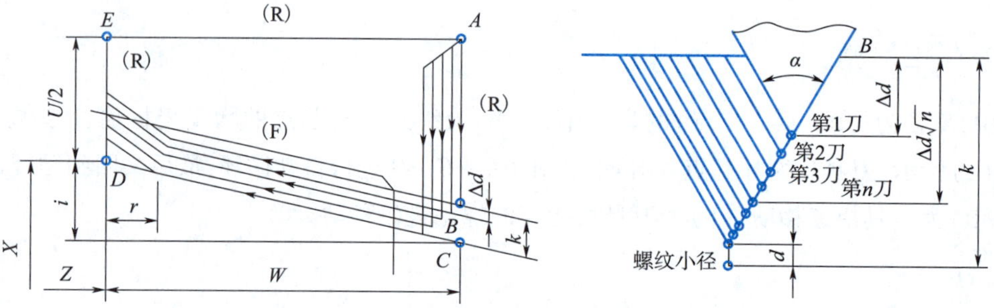

图 8.17　螺纹切削复合循环执行过程

编程格式：

```
G76 P(m)(r)(α) Q(Δdmin) R(d)
G76 X(U) Z(W) R(i) P(k) Q(Δd) F(L)
```

(1)m 表示精车重复次数，用两位数(01~99)表示，该参数为模态值。

(2)L 表示螺纹导程(同 G32)。

(3)r 表示螺纹尾端倒角值，其值为(0.0~9.9)L，系数为 0.1 的整数倍，用 00~99 的两位整数表示，该参数为模态值。

(4)α 表示螺纹牙型角，即刀尖角度，可在 80°、60°、55°、30°、29°、0°六个角度中选择，用两位整数表示，该参数为模态值。

m、r、α 用地址 P 同时指定，例如，m=2，r=1.2L，α=60°，可表示为 P021260。

(5)Δd_{min} 表示最小切削深度，用半径值指定，当切削次数为 n 时，每次切削深度为($\Delta d\sqrt{n}-\Delta d\sqrt{n-1}$)；当第 n 次切削，深度小于此极限值时，以该值进行切削，该参数为模态值。

(6)d 表示精车余量，半径值，该参数为模态值。

(7)X(U)、Z(W)表示螺纹终点的绝对坐标或增量坐标。

(8) i 表示螺纹两端的半径差，如果 i = 0 则为直螺纹切削方式，可以省略。

(9) k 表示螺纹牙型高度，半径值。

(10) Δd 表示第一次切削深度，半径值。

用 G76 指令加工图 8.15 所示圆柱螺纹。

参考程序如下：

```
…
G00 X40 Z5                     //刀具定位到循环起点
G76 P011060 Q100 R0.2          //车螺纹，精车次数为 1，螺尾倒角 r=L=2，牙型角 α=60°
G76 X25.4 Z-42 R0 P1299 Q900 F2.0
                               //螺纹高度为 1.299 mm，第一次车削深度为 0.9 mm，螺距为 2 mm
G00 X150 Z150                  //刀具回到换刀点
…
```

六、西门子系统相关螺纹指令

1. 螺纹加工单一循环指令 G33

用 G33 指令可以加工各种类型的恒螺距螺纹。

编程格式：

```
G33 Z_ K_              //加工圆柱螺纹
G33 X_ Z_ K(I)         //加工圆锥螺纹
G33 X_ I_              //加工端面螺纹
G33 Z_ K_ SF=_         //加工多线螺纹
```

(1) 使用 G33 指令加工圆柱螺纹时，K 表示螺距。

(2) 使用 G33 指令加工圆锥螺纹时，K、I 均表示螺距。当锥角小于 45°时，使用 K 表示螺距；当锥角大于 45°时，使用 I 表示螺距；当锥角等于 45°时，可使用 K 或 I 中任一表示。

(3) 使用 G33 指令加工端面螺纹时，I 表示螺距。

(4) 使用 G33 指令加工多线螺纹时，必须在程序段中使用指令指定每条螺旋线的切入点，即在程序段中插入 SF 字指定螺旋线的切入点。例如，加工双线圆柱螺纹的指令为

```
G33 Z_ K_ SF=0          //第一道螺纹
G33 Z_ K_ SF=180        //第二道螺纹
```

视频

螺纹加工指令 CYCLE97

2. 螺纹切削循环指令 CYCLE97

编程格式：

```
CYCLE97(PIT,MPIT,SPL,FPL,DM1,DM2,APP,ROP,TDEP,FAL,IANG,NSP,NRC,NID,VARI,NUMT)
```

(1) PIT：螺纹导程值。单头螺纹即指螺距，多头螺纹导程 = 螺距×头数。

(2) MPIT：以螺距为螺纹尺寸。数字表示螺纹公称直径，例如，待加工外螺纹大径为 $\phi 26$，此处填写 26 即可，表示 M26 的公制螺纹，螺距是一定的。

(3)SPL:螺纹纵向起点,指螺纹起点在工件坐标系中的 z 坐标值。

(4)FPL:螺纹纵向终点,指螺纹终点在工件坐标系中的 z 坐标值。

(5)DM1:在起点的螺纹直径,指螺纹起点在工件坐标系中的 x 坐标值。

(6)DM2:在终点的螺纹直径,指螺纹终点在工件坐标系中的 x 坐标值。注意:如为圆柱螺纹则 DM2 和 DM1 相等,若为锥螺纹则 DM2 和 DM1 不相等。

(7)APP:导入路径,无符号。一般刀具在执行车螺纹时,刀尖距离螺纹起点有一定距离,以给主轴编码器等部件反应的时间,导入路径即指这个距离。

(8)ROP:摆动路径,无符号。和 APP 类似,车刀在螺纹终点时都有提前收尾动作,为了保证螺纹尾端的螺纹牙型完整,应延长一点距离,让车刀在 z 向多车一点,摆动路径即指这个延长的距离。

APP 和 ROP 数在取值的时候应注意,原则上是螺距越大,相应数值越大,但也要看工件的形状和装夹方式,APP 取值应保证刀尖不与顶尖碰撞,ROP 取值应保证刀尖不与螺纹末端的台阶碰撞。

(9)TDEP:螺纹深度,无符号。牙顶与牙底之间的垂直距离,即切削深度,通常取 0.65 倍螺距。

(10)FAL:精加工余量,无符号。螺纹需要多次车削才能成型,一般先粗车再精车,这里指最后一两刀的余量,通常取小值,但不小于 0.1 mm。

(11)IANG:进给角度,带符号。指螺纹车削时车刀在径向上是直进还是斜进,直进即取 0°;斜进一般取螺纹牙型半角,如 60°普通三角螺纹取 30°。

(12)NSP:第一圈螺纹的起点偏移。和 NUMT 配合使用,一般设为零。

(13)NRC:粗加工次数。

(14)NID:空刀次数。螺纹车削切削力大,经常会产生“让刀”现象,需要空走刀光整一遍,即这一刀的 x 向不向前进刀。

(15)VARI:螺纹加工类型。1、3 指外螺纹,2、4 指内螺纹。1、2 指每次切深相同,3、4 指每次切深逐渐变小,适用于大螺距。

(16)NUMT:螺纹头数。如加工 n 线螺纹,则 NUMT 为 n。

七、外螺纹刀对刀操作

x 方向:采用“试切法”:与外圆车刀的方法相似,但车削深度要尽量少。也可采用“触碰法”:先测量外圆的尺寸 x_d,再略微触碰一下外圆面即可,在刀具补正窗口中输入 x_d 并测量即可完成 x 方向对刀,如图 8.18 所示。

z 方向:靠近工件右端面,目测螺纹刀的刀尖与右端面在同一平面内,在刀具补正窗口中输入 z_0 并测量即可完成 z 方向对刀,如图 8.19 所示。

课堂互动

为什么螺纹刀 z 方向对刀时可以目测呢?

八、外螺纹加工案例

使用数控车床加工图 8.20 所示螺纹零件,使之满足图样要求。毛坯尺寸为 $\phi40\times80$ 的硬铝合金材料,未注倒角 $C0.5$。

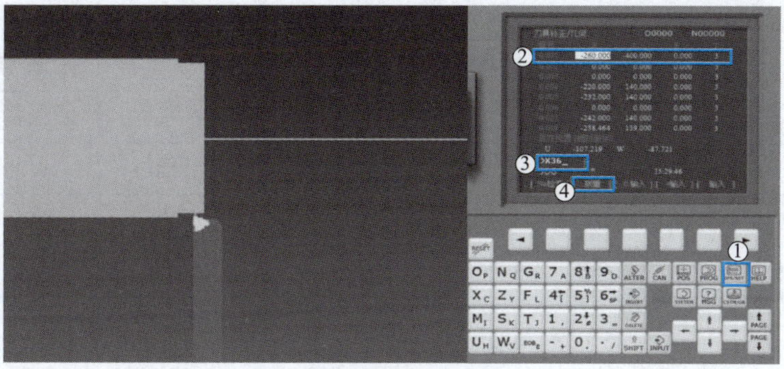

图 8.18　螺纹刀 x 方向对刀

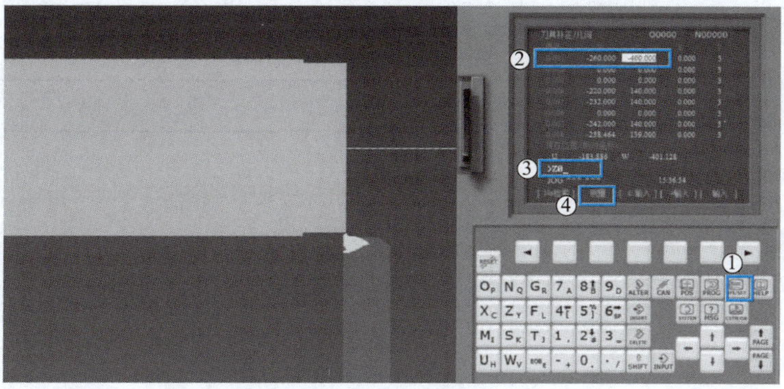

图 8.19　螺纹刀 z 方向对刀

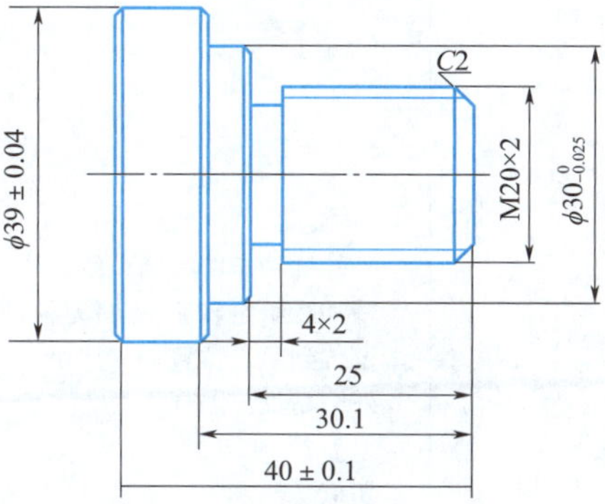

图 8.20　螺纹零件

(1)为方便计算与编程,定义编程坐标原点为工件右端面中心。

(2)根据零件图确定加工方案,并编写工艺及加工程序。刀具卡片、工序卡及程序清单见表 8.3 至表 8.5。

表 8.3　数控加工刀具卡片

序　　号	刀 位 号	刀 补 号	刀 具 名 称	刀 具 说 明	备　　注
1	T01	01	外圆粗车刀	后角 55°	
2	T02	02	外圆精车刀	后角 55°	
3	T03	04	切槽、切断刀	刀宽 4 mm	
4	T04	03	外螺纹刀	刀尖 60°	

表 8.4　数控加工工序卡

工步号	工 艺 内 容	刀 具 号	切 削 用 量		
			S/(r/min)	F/(mm/r)	α_p/mm
1	平端面	T01	1 800	0.25	2.0
2	粗加工零件外圆部分至 Z-45 处	T01	600	0.2	2
3	精加工零件外圆部分至 Z-45 处	T01	1 200	0.1	0.5
4	切刀切出三角螺纹退刀槽	T02	500	0.1	—
5	车 M20×2 外三角螺纹	T03	650	2	—
6	切断	T02	500	0.1	—

表 8.5　参考程序

程 序 内 容	程 序 说 明
O0001	程序名称
M3 S500 T0101 F0.25	给定转速、刀具刀补号、进给量
G0 X42 Z2	粗车循环定位
G71 U2 R1	外圆固定轮廓粗加工循环相关参数赋值
G71 P10 Q20 U1	
N10 G0 X15.8	外轮廓精车路径开始段,路径起点 x 定位
G1 Z0	起点 z 定位
X19.8 Z-2	倒角
Z-25	z 向走刀
X29	
X30 Z-25.5	C0.5 倒角
Z-30.1	
X38	
X39 W-0.5	
Z-45	z 向走刀
N20 G0 X40	外轮廓精车路径结束段
M3 S1000 T0202 F0.1	精加工给定转速、刀具刀补号、进给量
G0 X42 Z1	定位到毛坯位置
G70 P10 Q20	外圆精加工循环
G0 X100 Z100	退刀
M3 S400 T0202 F0.1	切槽
G0 X41	x 向定位
Z-25	z 向定位
G1 X16	切槽到槽底
G0 X100	G00 x 退刀
Z100	G00 z 退刀
M00	程序暂停,检查尺寸
M3 S600 T0303	螺纹加工,给定转速、刀具刀补号
G0 X32 Z-2	x、z 定位
G76 P020060 Q100 R0.05	螺纹复合循环
G76 X17.4 Z-23 Q200 P1300 F2	参数填写
G0 X100 Z100	退刀
M30	程序结束

任务8.2 内螺纹零件编程与加工

任务描述

某机械加工厂机加工车间接到一批内三角螺纹零件的加工任务，如图8.21所示，毛坯尺寸为$\phi40\times85$，材料为45号钢，要求使用数控车床完成零件的加工。

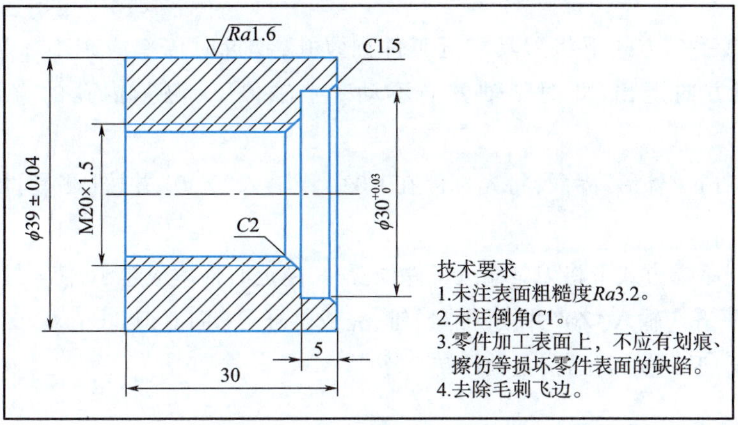

图8.21 内三角螺纹零件图

知识目标

1. 了解内螺纹孔径的计算方法；
2. 掌握三角内螺纹相关编程指令的使用方法。

能力目标

1. 能分析零件图，并制定比较合理的数控加工工艺；
2. 能比较熟练地完成内螺纹刀对刀操作，并编制数控加工程序完成零件的加工。

素质目标

1. 培养学生良好的道德修养、乐观向上的人生价值观和工匠精神；
2. 培养学生自觉遵守安全及技能操作规程的工作习惯；
3. 加强表达和沟通能力，培养学生的团队合作精神。

相关知识

一、车内螺纹前孔径的计算

由于国家标准规定螺纹孔径有很大的公差，内螺纹小径的基本尺寸与外螺纹小径的基本尺寸相同，为了计算方便，可使用近似公式：

$$D_{孔}=D-(1\sim1.1)P \tag{8.5}$$

式中 $D_{孔}$——内螺纹孔径尺寸，mm。

一般情况下，当高速切削塑性金属内螺纹时，螺纹孔径加工尺寸推荐为

$$D_{孔}=D-P \tag{8.6}$$

当车削脆性金属(如铸铁)或低速车削内螺纹(尤其是细牙螺纹)时，螺纹孔径推荐为

$$D_{孔}=D-1.05P \tag{8.7}$$

二、内螺纹刀对刀步骤

(1)在 MDI 运行方式下，调出内螺纹刀 T03(假设内螺纹刀装在 3 号刀位)，按【主轴正转】键使主轴旋转。

(2)在 JOG 或手摇方式下将刀具靠近工件预置孔，越近时倍率应越小，z 轴负方向车内孔 5~10 mm，z 轴正方向退出，此时 x 轴方向不动。主轴停下，测量内孔的直径，假设测量值为 X30。

(3)在“工具补正/外形”界面，将光标停在 G03 行，输入“X30”并按【测量】键，完成 3 号刀 x 向对刀。

(4)在 JOG 或手摇方式下将刀具靠近工件预置孔，越近时倍率应越小，使 3 号刀的刀尖与已加工好的工件端面平齐。输入“Z0”并按【测量】键，完成 3 号刀 z 向对刀。

(5)刀架移开，退到换刀位置，主轴停转。

三、内螺纹零件加工案例

使用 CK6150 数控车床加工图 8.22 所示内螺纹零件，使之满足图样要求，毛坯尺寸为 $\phi45\times60$ 的硬铝合金材料。

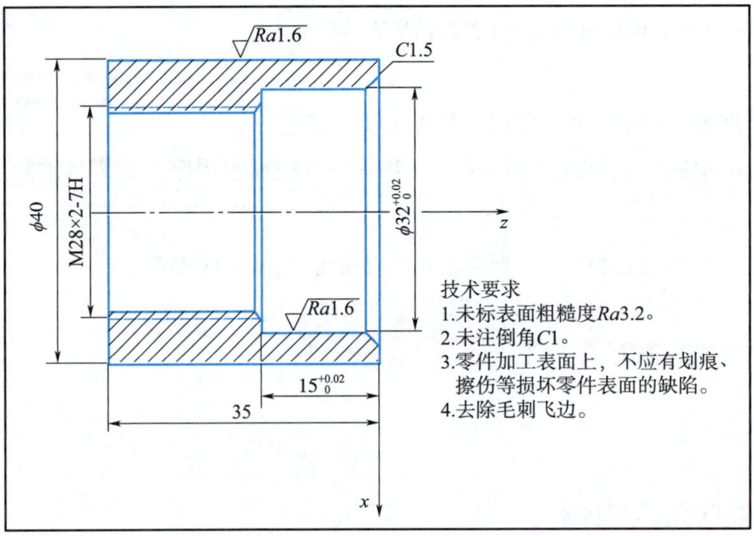

图 8.22　内螺纹加工案例

1. 识读、分析零件图

该零件尺寸总长为 35 mm，采用的毛坯尺寸为 $\phi45\times60$，因此可以采用切断的方式控制总长。该零件图素主要由外圆柱面、内圆柱面、内螺纹组成。

2. 制定加工工艺

1)工艺分析

由于该零件的毛坯总长较长,可采用切断方式一次装夹完成全部工序的加工。零件伸出卡盘的长度要预留出切断刀刀宽的宽度,换句话说,如果切断刀的刀宽为 4 mm,那么工件伸出卡盘的长度必须大于 39 mm,以防切断时刀与卡盘碰撞,发生事故。

按照先内后外的原则,先加工内孔,再加工内螺纹,最后加工外圆。

2)制定工艺方案

(1)装夹与定位。该零件用三爪自定心卡盘夹持外圆,一次装夹完成加工。

(2)确定工件坐标系和换刀点。根据零件图纸的尺寸标注特点及基准统一的原则,选择零件右端面与轴心线的交点作为工件原点,建立工件坐标系。换刀点设置在工件坐标系下 X100 Z100 处。

3)编写工艺及加工流程

数控加工刀具卡片见表 8.6。

表 8.6 数控加工刀具卡片

序号	刀 位 号	刀 补 号	刀 具 名 称	刀 具 说 明	备 注
1	01	01	内孔车刀	后角 55°	
2	02	02	内螺纹刀	刀尖 60°	
3	03	03	外圆车刀	93°	
4	04	04	切断刀	刀宽 4 mm	
5	05	05	麻花钻	$\phi16$	

制定的数控加工工艺卡见表 8.7。

表 8.7 数控加工工艺卡

工步号	工 艺 内 容	刀具号	切 削 用 量		
			S/(r/min)	F/(mm/r)	α_p/mm
1	钻孔深度至 45 mm	T05	500	0.1	—
2	平端面	T01	1 800	0.25	2.0
3	粗加工零件内轮廓	T01	500	0.2	2
4	精加工零件内轮廓	T01	1 200	0.1	0.5
5	车内螺纹	T02	650	2	—
6	粗加工零件外轮廓	T03	800	0.15	1.5
7	精加工零件外轮廓	T03	1 200	0.1	0.5
8	切断	T04	500	0.1	—

参考程序见表 8.8。

表 8.8　参考程序

程序内容	程序说明
O0001	程序名称
M3 S500 T0101 F0.25	粗车内孔，给定转速、刀具刀补号、进给量
G0 X16 Z2	定位到离孔位置 2 mm 处
G71 U2 R1	内圆固定轮廓粗加工循环
G71 P10 Q20 U-1	相关参数
N10 G0 X35	x 定位
G1 Z0	z 定位
X32 Z-1.5	倒角
Z-15	z 向走刀
X24	
X26 Z-16	
G1 Z-40	z 向走刀
N20 G0 X16	刀具退回毛坯位置
G0 Z100	回到安全距离换刀
X100	
M3 S1200 T0202 F0.1	精加工内孔，给定转速、刀具刀补号、进给量
G0 X16 Z2	定位到孔位置
G70 P10 Q20	内圆精加工循环
G0 Z100	退刀
X100	
M00	程序暂停，检查尺寸
M3 S650 T0303	换内螺纹刀，给定转速、进给量
G0 X16	x、z 定位
Z-10	螺纹复合循环
G76 P020060 Q100 R0.05	参数填写
G76 X28 Z-37 Q200 P1300 F2	
G0 Z100	
X100	换外圆刀，给定转速、刀具刀补号、进给量
M3 S500 T0303 F0.25	x、z 定位
G0 X45 Z1	粗车外轮廓加工
G71 U2 R1	外圆轮廓粗加工循环
G71 P30 Q40 U1	
N30 G0 X40	
G1 Z0	
Z-39	
N40 G0 X40	
G0 X100 Z100	
M3 S1200 T0303 F0.1	精加工外轮廓给定转速、刀具刀补号、进给量
G0 X40 Z1	定位到毛坯位置
G70 P30 Q40	外圆精加工循环
G0 X100	G00 x 退刀
Z100	G00 z 退刀
M3 S400 T0404 F0.1	切断
G0 X45 Z-39	
G1 X14	
G0 X42	
G0 X100	退到安全距离
Z100	
M30	程序结束

任务 8.3　螺 纹 检 测

任务描述

质检科收到一批内螺纹和外螺纹零件需要检测，如图 8.23 所示，现需要在最短时间内完成零件的检测，做好相应检验记录，并统计出这批零件的合格率。

图 8.23　检测零件图

知识目标

1. 掌握内外螺纹检测的方法；
2. 认识螺纹检验的常用量具。

能力目标

1. 能熟练使用螺纹样板等量具检测螺纹；
2. 能够根据量具检测结果对所检测工件的质量作出评价，并分析出产生废品的原因。

素质目标

1. 培养学生良好的道德修养、乐观向上的人生价值观和工匠精神；
2. 培养学生自觉遵守安全及技能操作规程的工作习惯；
3. 加强表达和沟通能力，培养学生的团队合作精神。

相关知识

一、螺纹的测量

车削螺纹时，应根据不同的质量要求和生产批量大小，相应选择不同的测量方法。常见的测量方法有单项测量法和综合检验法两种。

1. 单项测量法

（1）螺纹顶径的测量。螺纹顶径指外螺纹的大径和内螺纹的小径，一般用游标卡尺或千分尺测量。

(2)螺距(或导程)的测量。车削螺纹前,先用螺纹车刀在工件外圆上划出一条很浅的螺旋线,再用钢直尺、游标卡尺或螺纹样板对螺距(或导程)进行测量,如图 8.24(a)所示。车削螺纹后螺距(或导程)的测量也可用同样的方法,如图 8.24(b)所示。

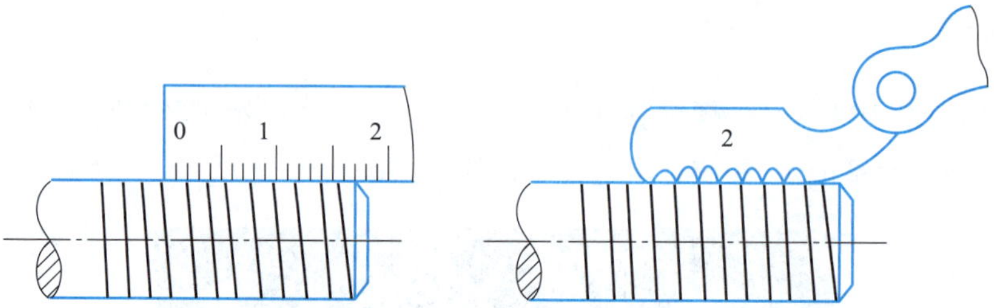

(a)车削前用钢直尺测量　　(b)车削后用螺纹样板测量

图 8.24　螺距(或导程)的测量

用钢直尺或游标卡尺进行测量时,至少量五个牙的螺距(或导程),然后取其平均值,如图 8.25(a)所示。螺纹样板又称螺距规或牙规,有米制和英制两种。测量时将螺纹样板中的钢片沿着通过工件轴线的方向嵌入螺旋槽中,如完全吻合,则说明被测螺距(或导程)是正确的,如图 8.25(b)所示。

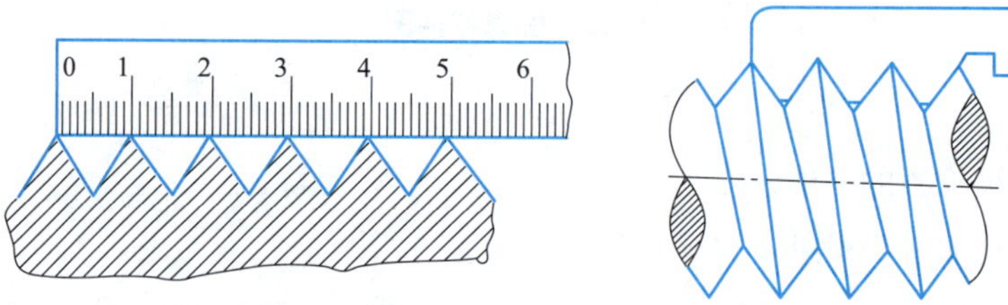

(a)用钢板尺测量　　(b)用螺纹样板测量

图 8.25　多个螺距(或导程)的测量

(3)牙型角的测量。一般螺纹的牙型角可以用螺纹样板[见图 8.25(b)]或牙型角样板(见图 8.26)进行检验。

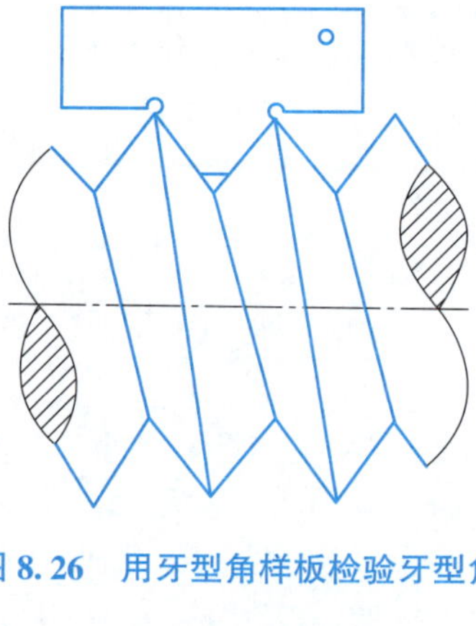

图 8.26　用牙型角样板检验牙型角

(4)螺纹中径的测量。三角形螺纹的中径可用螺纹千分尺测量,如图 8.27 所示,使用方法与一般千分尺类似,区别是螺纹千分尺有两个可以调整的测量头(上测量头、下测量头)。在测量时,两个与螺纹牙型角相同的测量头正好卡在螺纹牙侧，从图 8. 27(c)中可以看出，*ABCD* 是一个平行四边形，因此测得的尺寸 *AD* 即为螺纹中径的实际尺寸。

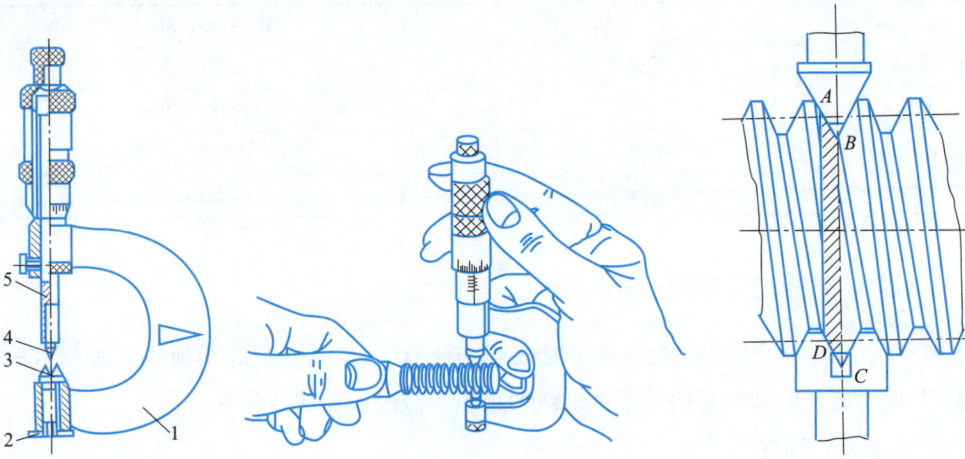

（a）螺纹千分尺　　（b）测量方法　　（c）测微螺杆

1—尺架；2—砧座；3—下测量头；4—上测量头；5—测微螺杆。

图 8. 27　三角螺纹中径的测量

动画

螺纹环规的使用方法

提示：

（1）螺纹千分尺附有两套（60°和 55°牙型角）适用不同螺距的测量头，可根据需要进行选择。在更换测量头后，必须调整砧座的位置，使千分尺对准零位。

（2）为了提高测量的准确度，最好用与被测螺纹规格相同的螺纹量规调整螺纹千分尺的零位。

（3）螺距越小的螺纹，测量头与螺纹啮合越容易发生误差，应特别注意。

（4）径向摆动螺纹千分尺至有较轻的接触感，以确保测出的尺寸是最大尺寸。

2. 综合测量法

动画

螺纹塞规的使用方法

综合测量法是用螺纹量规对螺纹各基本要素进行综合性检验。螺纹量规（见图 8. 28）包括螺纹塞规和螺纹环规，螺纹塞规用于检验内螺纹，螺纹环规用于检验外螺纹，它们分别有通规和止规，在使用中应注意区分。如果通规难以拧入，应对螺纹的各直径尺寸、牙型角、牙型半角和螺距等进行检查，经修正后再使用通规检验。当通规全部拧入，止规不能拧入时，说明螺纹各基本要素符合要求。

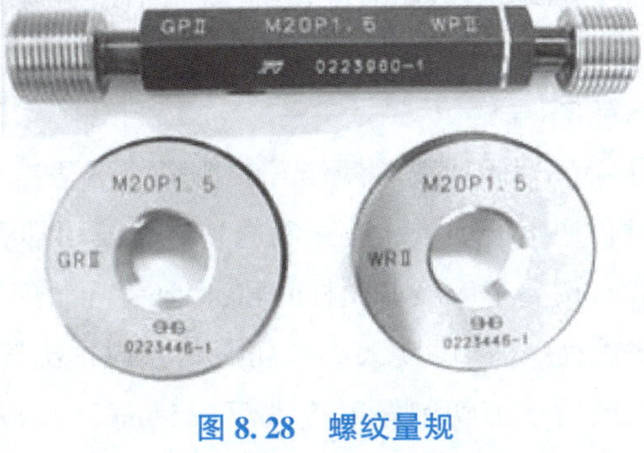

图 8. 28　螺纹量规

利用螺纹量规检验时，可能出现的检查结果见表 8.9。

表 8.9 螺纹量规检查结果参照

通　规	止　规	检 验 结 果
通过	不通过	合格
通过	通过	不合格，报废
不通过	不通过	利用磨耗进行修正
不通过	通过	不合格

二、车削螺纹时的常见故障分析

车削螺纹时，由于各种原因，造成加工时在某一环节出现问题，引起车削螺纹时产生故障，影响正常生产，此时应及时加以解决。车削螺纹时的常见故障及解决方法如下。

1. 车刀安装得过高或过低

车刀安装过高，则吃刀到一定深度时，车刀的后刀面顶住工件，增大摩擦力，甚至会把工件顶弯；安装过低，则切屑不易排出，车刀径向力的方向是工件中心，致使吃刀深度不断自动加深，从而把工件抬起，出现“啃刀”现象。此时，应及时调整车刀高度，使其刀尖与工件的轴线等高。在粗车和半精车时，刀尖位置应比工件的中心高出 0.01D 左右（D 表示被加工工件直径）。

2. 工件装夹不牢

工件装夹时伸出过长或工件本身的刚性不能承受车削时的切削力，导致产生过大的挠度，改变车刀与工件的中心高度（工件被抬高），形成切削深度突增，出现“啃刀”现象。此时应把工件装夹牢固，可使用尾座顶尖等工具，以增加工件刚性。

3. 牙型不正确

车刀安装不正确，没有采用螺纹样板对刀，刀尖产生倾斜，造成螺纹的半角误差。另外，若车刀刃磨时刀尖角测量有误差，会产生不正确牙型，或是车刀磨损引起切削力增大，顶弯工件，出现“啃刀”现象。此时应对车刀加以修磨，或更换新的刀片。

4. 刀片与螺距不符

采用定螺距刀片加工螺纹时，刀片加工范围与工件实际螺距不符，也会造成牙型不正确甚至发生撞刀事故。

5. 乱牙

切削线速度过高进给伺服系统无法快速响应，会造成“乱牙”现象发生。因此，一定要了解机床的加工性能，而不是盲目地追求“高速、高效”加工。

6. 螺纹表面粗糙

导致螺纹表面粗糙的原因有车刀刃口磨得不光洁、切削液不适当、切削参数和工件材料不匹配，以及系统刚性不足切削过程产生振动等。应正确修整砂轮或用油石精研刀具（或更换刀片），选择适当的切削速度和切削液，调整车床滚珠丝杠间隙，保证各导轨间隙的准确性，防止切削时产生振动。另外，在高速切削螺纹时，切屑厚度太小或切屑斜方向排出等原因会造成已加工表面拉毛。一般在高速切削螺纹时，最后一刀切削厚度应大于 0.1 mm，切屑要垂直于轴心线方向排出。

对于刀杆刚性不够，切削时引起振动造成的螺纹表面粗糙，可以减小刀杆伸出量，并稍降低切削速度。

车螺纹时产生废品的原因及预防方法见表 8.10。

表 8.10　车螺纹时产生废品的原因及预防方法

废品种类	产生原因	预防方法
中径不正确	1. 车刀切入深度不正确 2. 刻度盘使用不当	1. 经常测量中径尺寸 2. 正确使用刻度盘
螺距不正确	1. 局部螺距不正确 2. 车床丝杠和主轴的窜动过大 3. 开合螺母间隙过大 4. 车削过程中开合螺母抬起	1. 调整螺距 2. 调整好主轴和丝杠的轴向窜动 3. 调整好开合螺母的间隙 4. 用重物挂在开合螺母手柄上防止中途抬起
牙型(或齿形)不正确	1. 车刀刃磨不正确 2. 车刀装夹不正确 3. 车刀磨损	1. 正确刃磨和测量车刀角度 2. 装刀时使用对刀样板 3. 合理选用切削用量并及时修磨车刀
表面粗糙度大	1. 产生积屑瘤 2. 刀柄刚度不够，切削时产生振动 3. 车刀背前角过大，中滑板丝杠螺母间隙过大产生扎刀 4. 高速切削螺纹时，最后一刀的背吃刀量过小或切屑向倾斜方向排出，拉毛螺纹牙侧 5. 工件刚度低，而切削用量选用过大	1. 采用涂层刀片，并加切削液 2. 增加刀柄截面积，并减小悬伸长度 3. 减小车刀背前角，调整中滑板丝杠螺母间隙 4. 高速切削时，最后一刀的背吃刀量一般不大于 0.1 mm，并使切屑垂直于轴线方向排出 5. 选择合理的切削用量
刀片磨损快、刀具使用寿命短	1. 切削速度太快 2. 冷却不充分 3. 切削次数太多 4. 刀片牌号选择不当	1. 采用降低切削速度 2. 充分冷却 3. 减少切削次数 4. 根据所加工工件材料选用硬度高的耐磨刀片
螺纹牙顶有毛刺	切削速度低	提高切削速度，用带切顶的刀片
两切削刃磨损不均匀	进刀方式、切入角选择不合理	改变进刀方式和切入角
排屑不易控制	1. 切削速度过快 2. 进刀方式不合理	1. 加大冷却 2. 采用改进型侧面进刀切削

项目小结

螺纹连接在日常生活中无处不在，本项目主要针对螺纹加工任务进行展开，主要进行外螺纹、内螺纹加工和相关螺纹的检测任务。主要介绍螺纹的形成原理、螺纹的分类、三角螺纹相关参数、常用螺纹刀具及切削用量选择、螺纹刀具的装夹、相关螺纹指令、螺纹量具的使用等知识点。通过这些知识点的学习，使学生能够对螺纹零件制订出比较合理的加工工艺，完成内外螺纹加工程序的编制与加工操作。会用螺纹常用量具检测螺纹，并根据量具检测结果对所检测工件质量作出评价，分析出产生废品的原因。

复习与思考

一、选择题

1. 在 FANUC 控制系统中公制螺纹的切削指令是(　　)。

A. G00　　B. G01　　C. G33　　D. G40

2. 在 M20-6H/6g 中,6H 表示内螺纹公差代号,6g 表示(　　)公差带代号。

A. 大径　　B. 小径　　C. 中径　　D. 外螺纹

3. 计算 M24×2 螺纹牙型各部分尺寸时,应以(　　)代入计算。

A. 螺距　　B. 导程　　C. 线数　　D. 中径

4. 普通螺纹的牙顶应为(　　)形。

A. 圆弧　　B. 尖　　C. 削平　　D. 凹面

5. 梯形螺纹测量一般是用三针测量法测量螺纹的(　　)。

A. 大径　　B. 中径　　C. 底径　　D. 小径

6. 普通螺纹 M10×1.5 中的数字“1.5”表示(　　)。

A. 公称直径　　B. 小径尺寸　　C. 螺距　　D. 导程

7. 对于左旋螺纹的标记,下列说法正确的是(　　)。

A. 在螺纹规格标记后直接标注 L 字样　　B. 在螺纹规格标记后直接标注 LH 字样

C. 不需要额外标注,与右旋螺纹标记一样　　D. 在螺纹规格标记前标注 LH 字样

8. 下列说法正确的有(　　)。

A. 加工螺纹时,只要保证中径和牙型角正确即可

B. 内螺纹的大径一般是由刀具进行保证的,加工时只需规定最小值

C. 统一螺纹可以和 ISO 米制螺纹互换

D. 所有螺纹的牙型角都是三角形的

9. 下列关于螺纹精度等级说法正确的是(　　)。

A. 普通外螺纹 6g 比 6e 的公差大

B. 不同精度等级的统一螺纹,公差值随着等级数的增加而减小

C. 统一螺纹中,1A、2A、3A 仅适用于外螺纹

D. 管螺纹没有精度等级

10. 在 G 功能代码中,(　　)是螺纹切削指令。

A. G32　　B. G40　　C. G96　　D. G02

二、判断题

1. 加工螺纹的加工速度应比车外圆的加工速度快。(　　)

2. 普通螺纹分为粗牙普通螺纹和细牙普通螺纹两种。(　　)

3. 车削螺纹时,车刀的轴向前角会影响螺纹的牙型角精度。(　　)

4. 数控车床上可用公制螺纹指令加工英制螺纹,也可用英制螺纹指令加工公制螺纹。(　　)

三、填空题

1. M17×1-6H(h)-LH 代表________螺纹,该螺纹的牙型角为________°。
2. M24×1-6G 表示________(内/外)螺纹,该螺纹螺距为________,精度等级为________。
3. M24-6e 表示________(内/外)螺纹,该螺纹螺距为________,精度等级为________。
4. Tr40×6 表示________螺纹,该螺纹的牙型角为________,螺距为________。

四、简答题

典型轴类零件如图 8.29 所示,毛坯尺寸为 $\phi35\times100$,零件材料为 45 号钢,试对该零件进行数控车削工艺分析,编写数控程序并加工。

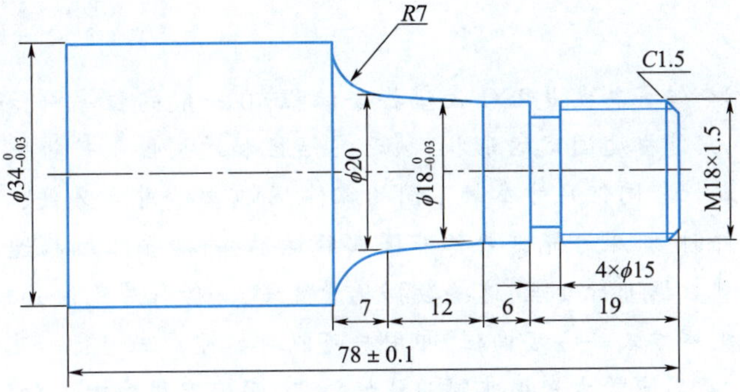

图 8.29　典型轴类零件

项目 9 非圆曲线零件编程与加工

项目描述

一般来讲，数控指令编程其实是 ISO 代码指令编程，在一般的程序中，程序字为常量，即每个功能的代码是固定的，只能描述固定的形状，缺乏灵活性和适用性。若能采用改变参数的方法使同一程序能加工形状属性相同但尺寸参数不同的零件，加工就会非常方便，也会提高加工可靠性。加工不规则形状的零件时，机床可能需要作非圆曲线运动，一般手工编程达不到要求。在进行自动测量时机床要对测量数据进行处理，这些数据属于变量，一般程序无法处理，针对这些情况数控车床提供了另外一种编程方式——宏编程，即用户可以对数控系统进行一定的功能扩展。本项目通过非圆曲线零件的加工，使学生掌握非圆曲线的特点，明确宏程序中变量的概念和作用，掌握宏程序编写的思路和步骤，完成椭圆、抛物线、双曲线等非圆曲线类零件的加工。

项目学习目标

知识目标

1. 了解非圆二次曲线的特点；
2. 掌握宏程序中变量的概念和作用；
3. 掌握椭圆、抛物线等非圆曲线宏程序的编制方法。

能力目标

1. 会正确运用宏程序编写椭圆、抛物线等非圆曲线程序；
2. 能独立完成非圆曲线类零件的加工。

素养目标

1. 培养学生树立工匠精神；
2. 通过分组实操训练，培养学生的团队精神；
3. 通过实操调试，培养学生分析问题和解决问题的能力；
4. 通过课内 5S 管理，培养学生的职业精神。

任务 9.1 认识宏程序

任务描述

已知：椭圆公式$\frac{x^2}{16}+\frac{z^2}{25}=1$，假设用#1 表示 z，#2 表示 x。

1. 试用宏程序格式描述此公式。

2. 通过公式变换,用#1 表达#2,并按宏程序格式书写此变换格式。

3. 在公式中,当#2=5 时,#1 等于多少?当#2=4 时,#1 等于多少?当#1=3 时,#2 等于多少?当#1=2 时,#2 等于多少?当#1=1 时,#2 等于多少?当#1=0 时,#2 等于多少?

知识目标

1. 掌握宏程序的基本概念;
2. 了解拟合处理的概念;
3. 掌握宏程序中变量的概念和作用;
4. 掌握常用的宏程序数学计算符;
5. 掌握宏程序的控制语句。

能力目标

1. 能够正确理解宏程序的基本概念;
2. 能记住宏程序中各种数学计算的符号并且可以正确运用;
3. 会使用宏程序语言描述常用数学公式的表达形式。

素养目标

1. 培养学生良好的道德修养、乐观向上的人生价值观和工匠精神;
2. 培养学生自觉遵守安全及技能操作规程的工作习惯;
3. 加强表达和沟通能力,培养学生的团队合作精神。

相关知识

一、拟合处理

当数控操作者在使用不具备加工非圆曲线功能的机床加工非圆曲线时,机床往往是将非圆曲线分成若干个小线段进行加工,这种加工方法称为拟合处理,其中若干个小线段之间的交点称为节点。

二、宏程序的概念

数控加工程序编制的关键是刀具相对于工件运动轨迹的计算,即计算加工轮廓的基点和节点坐标或刀具中心的基点和节点坐标。数控车床一般只提供平面直线和圆弧插补功能,对于非圆的平面曲线 $y=f(x)$,采用的加工方法是按编程允许误差,将平面轮廓曲线分割成许多小段,然后用数学计算的方法求出逼近直线或圆弧轮廓曲线的交点和切点的坐标。随着计算机数控系统(CNC)的不断发展,CNC 不仅能通过数字量控制多个轴的机械运动,还具有强大的数据计算和处理功能。编程时只需要建立加工轮廓的基点和节点的数学模型,按加工的先后顺序,由数控系统即时计算出加工节点的坐标数据,进而控制加工,即数控系统提供的宏编程。宏指令编程像高级语言一样,可以使用变量进行算术运算、逻辑运算和函数混合运算并进行编程。熟练应用宏指令进行编程,可大大精简程序量,还可以增强机床的加工适应能力。如可以将抛物线、椭圆等非圆曲线的算法标准化后做成内部宏程序,以后就可以像圆弧插补一样按标准格式编程调用,相当于增加了系统的插补功能。

三、FANUC 系统宏程序编写

宏程序可以让用户利用数控系统提供的变量、数学运算、逻辑判断和程序循环等功能,实现一些特殊的用法,从而使得编制同样的加工程序变得更加简便。

1. 变量

普通加工程序直接用数值指定 G 代码和移动距离,如 G01 和 X100。使用宏程序时,数值可以直接指定或用变量指定。当使用变量时,变量值可用程序或 MDI 面板上的操作进行改变,如#1=#2+100 或 G01 X#1 F300。

(1)变量的表示及类型。一般编程方法允许对变量命名,但宏程序不可以,变量用变量符号"#"和后面的变量号指定,如#1、#100 等。表达式可以用于指定变量号,但必须封闭在括号中,如#[#1+#2-12]。

变量根据变量号可以分成四种类型,见表 9.1。

表 9.1　变量的类型

变量号	变量类型	功　能
#0	空变量	此变量始终为 0,该变量不能赋值
#1~#33	局部变量	局部变量只能在宏程序中存储数据,如运算结果等。当断电时,局部变量被清空,调用宏程序时,自变量对局部变量赋值
#100~#199 #500~#999	公共变量	公共变量在不同宏程序中的意义相同,当断电时,变量的数据保存,即使断电也不会丢失
#10~#9999	系统变量	系统变量用于读写 CNC 运行时的各种数据,如刀具当前位置和补偿值等

(2)变量的运算。变量运算需使用到算术、逻辑运算和运算符。运算符右侧的表达式可包含常量或由函数或运算符组成的变量。表达式中的变量"#j"和"#k"可以用常数赋值。运算符左侧的变量也可以用表达式赋值。宏程序变量常用函数运算式和算术运算符及指令代号见表 9.2 和表 9.3。

表 9.2　常用函数运算式

函　数	格　式	备　注
赋值	#i=#j	
求和 求差 乘积 求商	#i=#j+#k #i=#j-#k #i=#j * #k #i=#j/#k	
正弦 余弦 正切 反正切	#i=SIN[#j] #i=COS[#j] #i=TAN[#j] #i=ATAN[#j]/[#k]	角度用十进制表示
平方根 绝对值 四舍五入 向下取整 向上取整	#i=SQRT[#j] #i=ABS[#j] #i=ROUND[#j] #i=FIX[#j] #i=FUP[#j]	

续上表

函 数	格 式	备 注
或 异或 与	#i= #j OR #k #i= #j XOR #k #i=#j	逻辑运算用二进制数 按位操作
十-二进制转换 二-十进制转换	#i=BIN[#j] #i=BCD[#j]	用于转换发送到 PMC 的信号或从 PMC 接收信号

表 9.3 常用算术运算符及指令代号

EQ 等于(=)	NE 不等于(≠)	GT 大于(>)
GE 大于或等于(≥)	LT 小于(<)	LE 小于或等于(≤)
AND(与)	OR(或)	NOT(非)

变量运算时需要注意:

①角度单位。函数正弦、余弦、正切、反正弦、反余弦和反正切的角度单位是度(°),如 90°30′应表示为 90. 5°。

②运算符的优先级。优先级的先后顺序依次是:函数→乘和除运算(*、/、AND、MOD)→加和减运算(+、-、OR、XOR)。

③括号嵌套。括号用于改变运算优先级,括号最多可以嵌套使用五级,包括函数内部使用的括号。

2. 功能语句

(1)无条件转移(GOTO)语句。无条件转移到有顺序号 n 的程序段。

编程格式:

```
GOTO n
```

例如,GOTO 1 表示转移到第一程序段。GOTO #10 表示转移到变量#10 决定的程序段。

(2)条件转移(IF)语句。在 IF 后指定一条件,当条件满足时,转移到顺序号为 n 的程序段,不满足则执行下一程序段。

编程格式:

```
IF [表达式] GOTO n
```

(3)循环(WHILE)语句。在 WHILE 后指定一条件表达式,当条件满足时,执行 DO 到 END 之间的程序,然后返回到 WHILE 重新判断条件,不满足则执行 END 后的下一程序段。

编程格式:

```
WHILE[条件式]DO m      //m=1,2,3 为循环执行范围的识别号
  …
END m
```

其中,m 只能是 1、2 和 3,否则系统报警。DO... END 循环能按需要使用多次,即循环嵌套。

四、西门子系统宏程序编写

1. 计算参数 R

西门子系统中共有 250 个计算参数可供使用,其中 R0~R99 可以自由使用;R100~R249 为加工循环传递参数,如在程序中没有使用加工循环,则这部分计算参数也同样可以自由使用。

计算参数的赋值范围为±(0.000 000 1~99 999 999)。例如, R1=20,表示给 R1 参数赋值为 20。若在程序中出现 G91 G01 Z=R1,就表示沿 z 轴直线移动 20 mm。

一个程序段中可以有多个赋值语句,也可以用计算表达式赋值。通过给其他 NC 地址分配计算参数或参数表达式,可以增加 NC 程序的通用性。除地址 N、G 和 L 外,可以用数值、算术表达式或 R 参数对任意 NC 地址赋值。赋值时应在地址符后添加符号“=”,赋值语句也可以赋值“负”号。给坐标轴地址(运行指令)赋值时,要求有一独立的程序段,例如:N10 G00 X=R2,表示给 x 轴赋值。

在计算参数时也遵循数学运算规则,括号内的运算优先执行,乘法和除法运算优先于加法和减法运算,角度计算单位为度。例如:

N10 R1=R1+1 表示由原来的 R1 加上 1 后得到新的 R1。

N30 R13=SIN(37)表示 R13 等于正弦 37°。

N40 R14=R1 * R2+R3 中乘法和除法运算应优先于加法和减法运算。

N60 R15=SQRT(R1 * R1+R2 * R2)的含义等于 $R15=\sqrt{R1^2+R2^2}$。

2. 程序跳转

加工程序按输入的顺序执行,但有时程序需要改变执行顺序,这时可应用程序跳转指令,以实现程序的分支运行。实现程序跳转需要跳转目标和跳转条件两个要素。跳转目标只能是有标记符的程序段,此程序段必须位于该程序内,标记符可以自由选取,但必须由两个以上的字母或数字组成,其中开始两个符号必须是字母或下画线。跳转目标程序段中标记符后必须为冒号,标记符位于程序段段首,如果程序段有段号,则标记符应紧跟段号。

程序跳转包括绝对跳转和有条件跳转,跳转指令要求占有一个独立的程序段。用 IF 条件语句表示有条件跳转,其编程格式如下:

```
IF [条件] GOTO F [标记符]      //向前跳转(在程序中向下搜索标记符)
```

或

```
IF[条件]GOTO B [标记符]      //向后跳转(在程序中向上搜索标记符)
```

可以运用 G158、R 参数和程序跳转进行粗加工循环。编程格式如下:

```
G00 X_Z_                    //起点定位
R20 =                       //最大加工吃刀量-第一刀切入量半径
AA1:G158 X = R20
//精加工轮廓
…
R20=R20-[每次切削量半径]
IF [R20> =精加工余量] GOTO B AA1
```

其中，x 直径坐标偏移是 R20 变量，R20 在粗加工循环中是递减变化的。要保证精加工余量的准确性，R20 初始赋值很重要，要求粗加工起始定位 X 值减去精加工最小半径减去第一刀切入量再减去需要的精加工余量（均为半径值），得出的数值与每次切削量必须是整除关系。类似于 FANUC 系统的 G73 指令，R20 初始赋值与 G73 第一句中的 x 方向总退刀量 U 的赋值是一样的。

五、编制宏程序的步骤

（1）确定公式曲线自身坐标系原点对编程原点的偏移量（含正负号），该偏移量是相对于工件坐标系而言的。换句话说，就是将非圆曲线的方程变换为在工件坐标系下的方程。

（2）选定自变量。函数公式中的 x 和 z 坐标任意一个都可以被定义为自变量，一般选择变化范围较大的一个作为自变量。实际加工中通常将 z 坐标选定为自变量。

（3）确定自变量起止点的坐标值。该坐标值是相对于公式曲线自身坐标系的坐标值。其中起点坐标为自变量的初始值，终点坐标为自变量的终止值。

（4）进行函数变换，确定因变量相对于自变量的宏表达式。

（5）自变量以步长 ΔU 变化，ΔU 越小，得到的曲线精度越高，但同时步数越多。

（6）用直线拟合曲线，即用 G01 指令走直线拟合曲线。

（7）设定条件式判断曲线到达终点，构成循环。

上述的加工步骤可以用图 9.1 流程图表述。

注意：部分机床循环语句格式略有不同，其流程框图也需要稍作改变。

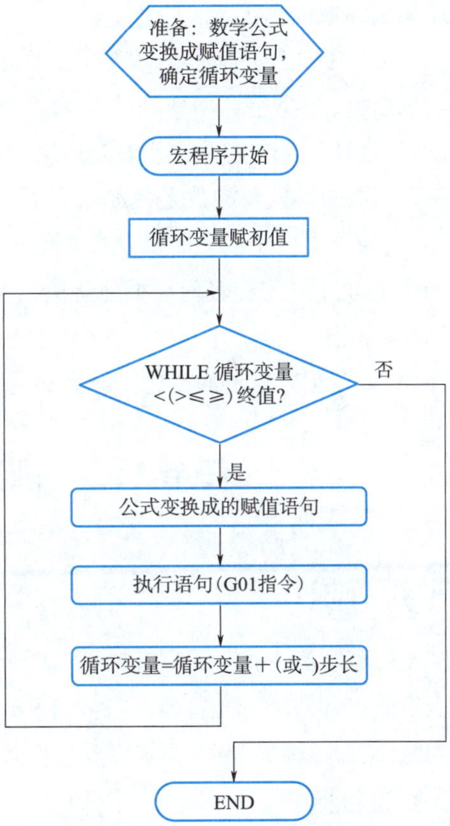

图 9.1　宏程序的编制流程

六、宏程序编程的技术特点

宏程序的编程特点是将有规律的形状或尺寸用最短的程序表示出来，具有极好的易读性和易修改性，编写出的程序非常简洁，逻辑严密且通用性强，而机床执行此类程序时比使用 CAD/CAM 软件生成的程序更快捷，反应更迅速。

宏程序具有灵活性、通用性和智能性等特点，例如，对于规则曲面的编程来说，使用 CAD/CAM 软件编程工作量大、程序庞大、加工参数不易修改，而宏程序则注重把机床功能参数与编程语言结合，灵活的参数设置也使机床具有最佳的工作性能，给操作者极大的自由发挥空间。

从模块化加工角度看，宏程序具有模块化的思想和物质条件，编程人员只需要把零件信息、加工参数等输入到相应模块的调用语句中，使编程人员从大量重复性编程工作中解脱出来。

另外，宏程序基本包含了所有的加工信息，并能简明、直观地呈现，通过简单的存储和调用，就可以很方便地重现当时的加工状态，给周期性的生产带来极大便利。

宏程序编程可以减少数学运算过程中的计算误差并提高处理能力，理想地逼近加工的曲面、曲线，提高加工精度。

七、宏程序编程在实际生产中的意义

(1)减少编程时间，使机床具有最佳工作性能，最大限度地提高效率以降低成本。机械零件绝大多数都是批量生产，在保证质量的前提下要求最大限度地提高效率以降低成本，一个零件哪怕仅仅节约 1 s，成百个同样零件叠加，节约的时间就非常可观了。

(2)优化加工工艺。加工工艺的优化主要是程序的优化，这是一个反复调整、尝试的过程，这需要操作者能够非常方便地调整程序中的各项加工参数，只要其中任何一项发生改变，再智能的软件也要根据变化后的加工参数重新计算刀具轨迹，过程耗时费力，宏程序在这方面就有很大的优越性，操作者无须触动程序本身，只需对各加工参数所对应的自变量赋值做出个别调整，即可将程序调整到最优化状态。

(3)用途广，可以进行有规律的数学运算。机械零件的形状主要由凸台、凹槽、圆孔、斜平面、回转面组成，很少包含不规则的复杂曲面，构成的几何因素由点、直线、圆弧和各种二次圆锥(椭圆、抛物线、双曲线)以及一些渐开线组成，所有这些都基于三角函数、解析几何，而数学上都可以用三角函数表达式及参数方程加以表达，因此宏程序可以发挥其最大的作用。

(4)解决生产中的一些复杂加工编程问题。机械零件还有一些特殊的应用，即使采用 CAD/CAM 软件也不一定能轻而易举地解决，如变螺距螺纹的加工和钻深、可变深孔钻加工等，而宏程序则可以胜任。

(5)改变编程人员的工艺指导思想，提高编程的工艺制定水平。

任务 9.2　椭圆的宏程序编程与加工

任务描述

某门窗制造企业需要门窗把手 100 个，毛坯和零件图纸由企业提供，如图 9.2 所示。此把手图素组成包含外圆、沟槽、螺纹、椭圆部分。精度为 IT10，表面粗糙度 *Ra* 为 1.6 μm。根据零件的结构特征、加工精度、技术要求以及生产条件，决定由数控车床完成此项加工任务。

知识目标

1. 熟记椭圆的公式；
2. 掌握椭圆公式的转换方法；
3. 掌握宏程序编制中变量的定义；
4. 掌握宏程序判定语句的结构形式。

能力目标

1. 会正确运用宏程序编写椭圆程序；

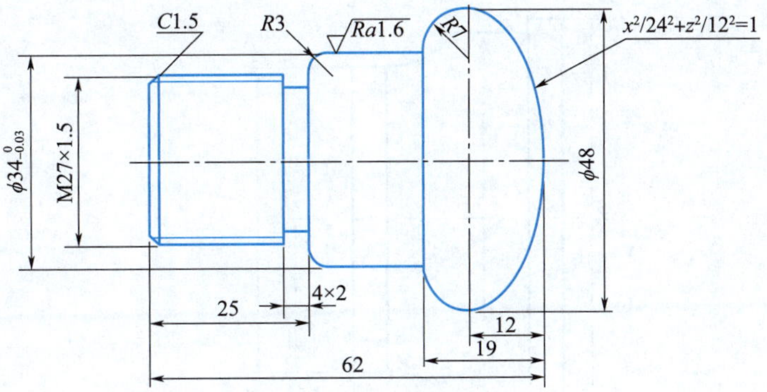

图 9.2　把手零件图

2. 能够运用机床加工出正确的椭圆零件。

素养目标

1. 培养学生良好的道德修养、乐观向上的人生价值观和工匠精神；
2. 培养学生自觉遵守安全及技能操作规程的工作习惯；
3. 加强表达和沟通能力，培养学生的团队合作精神。

相关知识

一、椭圆方程分析

椭圆的解析方程：

$$\frac{x^2}{a^2} + \frac{y^2}{b^2} = 1$$

椭圆的参数方程：

$$\begin{cases} x = a\cos\theta \\ y = b\cos\theta \end{cases} \quad \left(\theta \text{ 为参数}, \theta \neq k\pi + \frac{\pi}{2}, k \in \mathbf{Z}\right)$$

由于数控车床的横坐标轴为 z 轴，竖坐标轴为 x 轴，故数控编程时对于椭圆方程中的参数应有所变动。数控车床中椭圆的解析方程：

$$\frac{z^2}{a^2} + \frac{x^2}{b^2} = 1$$

数控车床中椭圆的参数方程：

$$\begin{cases} z = a\cos\theta \\ x = b\sin\theta \end{cases}$$

根据椭圆解析方程，以 z 作为自变量，可以得到如下关系式：

$$x = \frac{b}{a}\sqrt{a^2 - z^2} \tag{9.1}$$

二、椭圆实例1（FANUC 系统编程）

完成图 9.3 所示零件的加工程序编制，毛坯尺寸为 ϕ60×100，材料为 45 号钢。

动画

椭圆实例 1

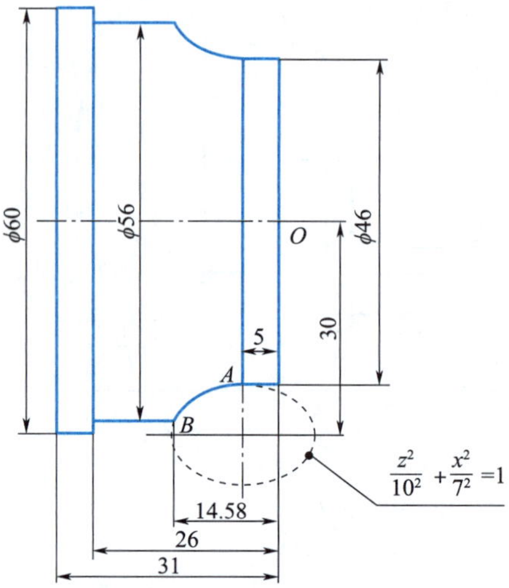

图 9.3　椭圆编程加工实例 1

该零件编程时以其右端中心 O 点作为编程原点，如果用椭圆极角编程，则要计算出 B 点处的椭圆极角，比较烦琐。从零件图给出的尺寸可知，A 点对应的椭圆短轴值为 7 mm，B 点对应的椭圆短轴值为(60−56)/2=2 mm，因此可以将椭圆短轴设为自变量，数值由 A 点的 7 mm 逐渐减少到 B 点的 2 mm，然后根据椭圆标准方程，求得对应的长轴变化值，最后再计算出椭圆 AB 段上每个点在工件坐标系中对应的 x 值和 z 值，从而加工出该零件的椭圆部分。

由该椭圆的标准方程可得：

$$z = 10/7\sqrt{49 - x^2}$$

式中，x 表示椭圆长轴值；z 表示椭圆短轴值。

参考程序如下：

```
O0002
G97 G99
T0101
M03 S1000
G00 X65 Z5
X46
G01 Z-5 F0.1
#1=7                              //将椭圆短轴设为自变量，赋值为 7 mm
WHILE [#1GE2] DO1                 //若满足#1 大于或等于 2，则执行 DO...END 之间的程序，否则转
到 END 后的下一程序段
#2=10/7*SQRT[49-#1*#1]            //由椭圆的标准方程推算出椭圆长轴值
#3=[30-#1]*2                      //椭圆 AB 段上各点在坐标系中的 x 坐标值，*2 为直径值
#4=-[#2+5]                        //椭圆 AB 段上各点在工件坐标系中的 z 坐标值
G01 X#3 Z#4 F0.1                  //加工椭圆
#1=#1-0.1                         //自变量椭圆短轴每次减量为 0.1 mm
END1                              //循环结束
```

```
Z-26
X100
G00 Z100
M05
M30
```

三、椭圆实例 2（西门子系统编程）

视频

椭圆实例 2

完成图 9.4 所示椭圆的加工程序编制，毛坯尺寸为 $\phi65\times100$，材料为 45 号钢。

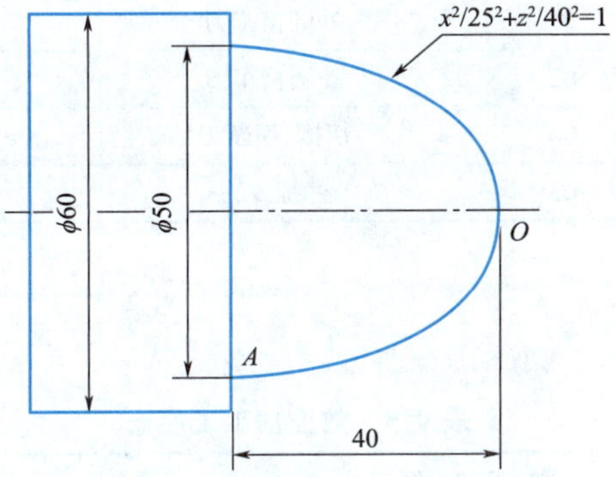

图 9.4　椭圆编程加工实例 2

该零件编程时以椭圆右端中心 O 点作为编程原点，由于加工的椭圆极角 θ 为 90°，所以可以将椭圆极角设为自变量，当椭圆极角从 O 点（0°）逐渐增加到 A 点（90°）时，根据椭圆参数方程求得椭圆 OA 段上每个点所对应的短轴值和长轴值，然后计算出椭圆 OA 段上每个点在工件坐标系中所对应的 x 值和 z 值，从而加工出椭圆。

参考程序如下：

```
MM1.MPF
M03 S1000 T1D1 F0.1
G00 X65 Z5
R1=0                    //将椭圆极角设为自变量，赋值为 0°
MM11:R2=25*SIN R1       //参数方程中椭圆的短轴值
R3=40*COS R1            //参数方程中椭圆的长轴值
R4=R2*2                 //椭圆 OA 段上各点在工件坐标系中的 x 坐标值，*2 为直径值
R5=R3-40                //椭圆 OA 段上各点在工件坐标系中的 z 坐标值
G01 X=R4 Z=R5 F0.1      //直线拟合加工
R1=R1+0.1               //自变量椭圆极角每次增量为 0.1°
IF R1<=90 GOTO B MM11   //如果 R1 小于或等于 90°，则返回到 MM11 程序段，不满足则执行下一程
序段
G01 X65
G00 X100 Z100
M05
M02
```

四、椭圆手柄的加工

1. 图形分析

图 9.2 所示零件为一椭圆轴零件，其中椭圆长轴为 24，短轴为 12。

2. 刀具选用

刀具卡片见表 9.4。

表 9.4　数控加工刀具卡片

序　号	刀 位 号	刀 补 号	刀 具 名 称	刀具说明	备　注
1	T01	01	外圆粗车刀	后角 55°	
2	T02	02	外圆精车刀	后角 55°	
3	T03	04	切槽、切断刀	刀宽 4 mm	
4	T04	03	外螺纹刀	刀尖 60°	

3. 工艺制定

工序卡见表 9.5。

表 9.5　数控加工工序卡

序号	加 工 内 容	备　注
1	毛坯尺寸为 ϕ50×60，材料为 45 号圆钢	
2	三爪卡盘正确夹持工件长度约为 13 mm	
3	平端面、对刀并对刀验证	
4	粗精加工零件左端外圆部分至 Z-50 处	
5	粗精加工零件左端 M30×1.5 三角螺纹退刀槽	
6	粗精加工零件左端 M30×1.5 三角螺纹	
7	调头装夹，装夹 ϕ34 外圆处并控制零件总长	
8	粗精加工零件右端椭圆部分	
9	加工结束，零件检测	

4. 程序编制

FANUC 系统参考程序见表 9.6。

表 9.6　FANUC 系统参考程序

程 序 内 容	程 序 说 明
O0004	程序名
M03 S600 T0101 F0.2	给定粗加工转速、刀具、进给量
G0 X50 Z2	刀具定位
G73 U17 R9	G73 循环参数赋值
G73 P10 Q20 R1 W0.2	G73 循环参数赋值
N10 G0 X0	x 向定位
G1 Z0	z 向定位
#1 = 0	定义 z 为变量
N15 #1 = #1-0.2	变量变化
#2 = #1+12	z 向坐标系偏移

续上表

程 序 内 容	程 序 说 明
#3 = 24 * SQRT[[#2 * #2]/[12 * 12]]	根据公式计算出 x 坐标值
#4 = 2 * #3	x 直径值
G1 X#4 Z#1	椭圆走刀
IF [#1GT-12] GOTO 15	跳转条件判定
N20 G0 X50	刀具退刀
M3 S1200 T0101 F0.1	给定精加工转速、刀具、进给量
G0 X50 Z2	刀具定位
G70 P10 Q20	精加工循环赋值
G0 X100	刀具 x 向退刀
G0 Z100	刀具 z 向退刀
M30	程序结束

西门子 802D 系统参考程序见表 9.7。

表 9.7　西门子 802D 系统参考程序

程 序 内 容	程 序 说 明
AA1.MPF	主程序名
M03 S600 T1D1 F0.2	给定粗加工转速、刀具、进给量
G0 X50 Z2	刀具定位
CYCLE95(AA11,2,0.5,0.5,0.2,0.2,0.1,0.1,0,0,1)	CYCLE95 循环参数赋值
G0 X100	刀具 x 向退刀
G0 Z100	刀具 z 向退刀
M05	主轴停转
M02	程序结束
AA11.SPF	子程序名
G0 X0	x 向定位
G1 Z0	z 向定位
R1 = 0	定义 z 为变量
MM11:R1 = #1-0.2	变量变化
R2 = R1+12	z 向坐标系偏移
R3 = 24 * SQRT((R2 * R2)/(12 * 12))	根据公式算出 x 坐标值
R4 = 2 * R3	x 直径值
G1 X = R4 Z = R1	椭圆走刀
IF R1>-12 GOTO B MM11	跳转条件判定
G0 X50	刀具退刀
RET	子程序结束

知识拓展

如图 9.5 所示，完成单个旋转椭圆的宏程序编制。椭圆长轴为 50，短轴为 30，长轴与 z 轴的夹角为 30°，即椭圆倾斜 30°，工件坐标系的原点设在椭圆的中心。

旋转椭圆宏程序

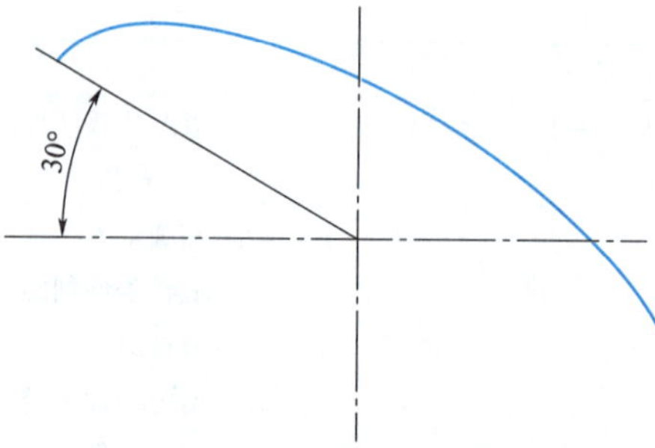

图 9.5 旋转椭圆编程加工

参考程序如下：

```
G99 S800 M03                        //主轴转速 800 r/min,正转启动
T0101 F0.2                          //调用 1 号刀和刀具补偿
G00 X60. Z50                        //快速定位
#1=30                               //x 向半轴长度
#2=50                               //z 向半轴长度
N60 #3=30                           //椭圆倾斜角度
#4=50                               //z 向变量#4 的起始数值
N80 #24=SQRT[#2*#2-#4*#4]           //普通椭圆上各点 x 坐标的计算
#24=-#1*#24/#2                      //普通椭圆上各点 x 坐标的计算
#26=#4                              //普通椭圆上各点 z 坐标的计算
#27=#26*SIN[#3]+#24*COS[#3]         //倾斜椭圆上各点 x 坐标的计算公式,车床使用 z、x 坐标系,用 z、x 代替 x、y,y*=x·sin(α)+ycos(α)
#28=#26*COS[#3]-#24*SIN[#3]         //倾斜椭圆上各点 z 坐标的计算,车床使用 z、x 坐标系,用 z、x 代替 x、y,x*=xcos(α)-ysin(α)
G01 X[2*#27] Z#28 F0.1              //直线段逼近椭圆(x 坐标变为直径值)
#4=#4-0.5                           //z 向变量#4 循环递减,步距 0.5
IF[#4GE[-#2]] GOTO 80               //循环判断语句
G0 X100 Z100                        //x、z 向退刀
M30                                 //程序结束
```

任务 9.3 抛物线的宏程序编程与加工

任务描述

某机械加工装配企业现需要油箱端盖堵头 80 个，毛坯和零件图纸由企业提供，如图 9.6 所示。此油箱端盖堵头图素组成包含直线、圆弧、抛物线部分。精度为 IT10，表面粗糙度 Ra 为 1.6 μm。根据零件的结构特征、加工精度、技术要求以及生产条件，决定由数控车床完成此项加工任务。

知识目标

1. 熟记抛物线的公式；

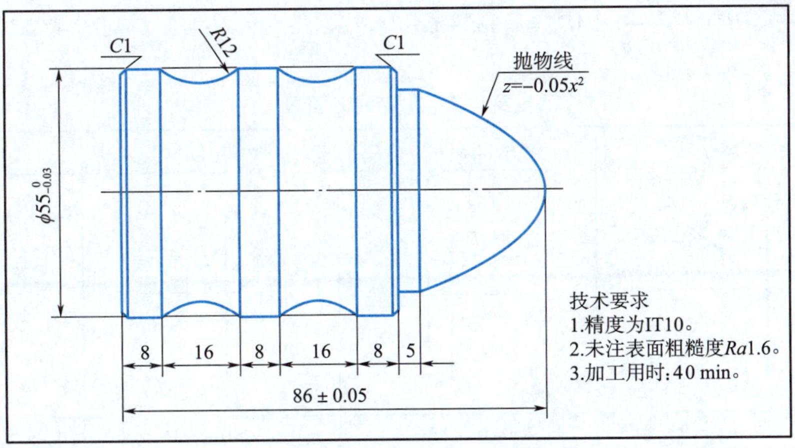

图 9.6　油箱端盖堵头零件图

2. 掌握抛物线公式的转换方法;
3. 掌握宏程序编写抛物线的结构流程图;

能力目标

1. 会正确运用宏程序编写抛物线程序;
2. 能够运用机床加工出正确的抛物线零件。

素质目标

1. 培养学生良好的道德修养、乐观向上的人生价值观和工匠精神;
2. 培养学生自觉遵守安全及技能操作规程的工作习惯;
3. 加强表达和沟通能力,培养学生的团队合作精神。

相关知识

一、抛物线方程分析

1. 抛物线定义

平面内与一个定点 F 和一条直线 L 的距离相等的点的轨迹称为抛物线,点 F 称为抛物线的焦点,直线 L 称为抛物线的准线,定点 F 不在定直线 L 上。抛物线与椭圆、双曲线的第二定义相仿,仅比值(离心率 e)不同,当 $e=1$ 时为抛物线,当 $0<e<1$ 时为椭圆,当 $e>1$ 时为双曲线。

2. 抛物线的标准方程

抛物线的标准方程有四种形式,其中参数 p 的几何含义为焦点到准线的距离,不同形式标准方程的几何性质见表 9.7。

3. 抛物线的焦点弦

设过抛物线 $y^2=2px(p>0)$ 的焦点 F 的直线与抛物线交于 $A(x_1,y_1)$ 和 $B(x_2,y_2)$,直线 OA 与 OB 的斜率分别为 k_1、k_2,直线 L 的倾斜角为 θ,则有 $y_1y_2=-p^2$,$x_1x_2=\dfrac{p^2}{4}$,$k_1k_2=-4$,$|OA|=\dfrac{P}{1-\cos\theta}$,

$|OB|=\dfrac{P}{1+\cos\theta}$，$|AB|=\dfrac{2P}{\sin^2\theta}$，$|AB|=x_1+x_2+p$。

表 9.7　抛物线方程表

标准方程	$y^2=2px(p>0)$	$y^2=-2px(p>0)$	$x^2=2py(p>0)$	$x^2=-2px(p>0)$
图形	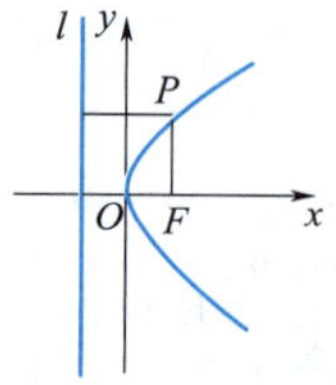	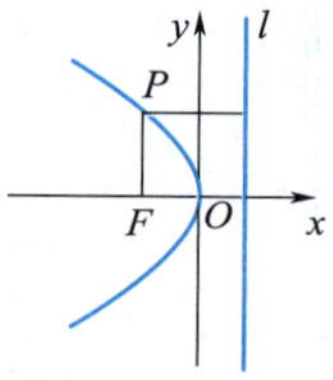	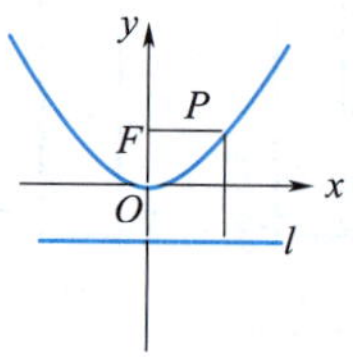	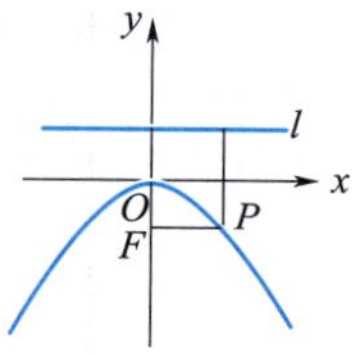
范围	$x\geqslant0, y\in\mathbf{R}$	$x\leqslant0, y\in\mathbf{R}$	$y\geqslant0, x\in\mathbf{R}$	$y\leqslant0, x\in\mathbf{R}$
对称轴	x 轴		y 轴	
顶点坐标	原点 $O(0,0)$			
焦点坐标	$\left(\dfrac{p}{2},0\right)$	$\left(-\dfrac{p}{2},0\right)$	$\left(0,\dfrac{p}{2}\right)$	$\left(0,-\dfrac{p}{2}\right)$
准线方程	$x=-\dfrac{p}{2}$	$x=\dfrac{p}{2}$	$y=-\dfrac{p}{2}$	$y=\dfrac{p}{2}$
离心率	$e=1$			
焦半径	$\|PF\|=x_0+\dfrac{p}{2}$	$\|PF\|=-x_0+\dfrac{p}{2}$	$\|PF\|=y_0+\dfrac{p}{2}$	$\|PF\|=-y_0+\dfrac{p}{2}$

小提示：

(1)求抛物线方程时，若由已知条件可知曲线是抛物线一般可使用待定系数法；若由已知条件可知曲线动点的规律一般使用轨迹法。

(2)凡涉及抛物线的弦长、弦的中点、弦的斜率问题时要注意利用韦达定理，能避免求交点坐标的复杂运算。

(3)解决焦点弦问题时，可广泛应用抛物线的定义，而且还应注意焦点弦的几何性质。

4. 抛物线方程的转换

根据上述知识可知，数控车床中抛物线的一般方程为

$$x^2=\pm2pz(\text{或 } z^2=\pm2px) \tag{9.2}$$

可转换成为

$$z=\pm x^2/2p(\text{或 } x=\pm z^2/2p) \tag{9.3}$$

二、抛物线宏程序结构流程图

抛物线宏程序结构流程图可参考任务 9.1 宏程序的编制流程图，演化结果如图 9.7 所示。

三、抛物线实例(FANUC 系统编程)

完成图 9.8 所示零件的加工程序编制，毛坯尺寸为 $\phi75\times95$，材料为 45 号钢。

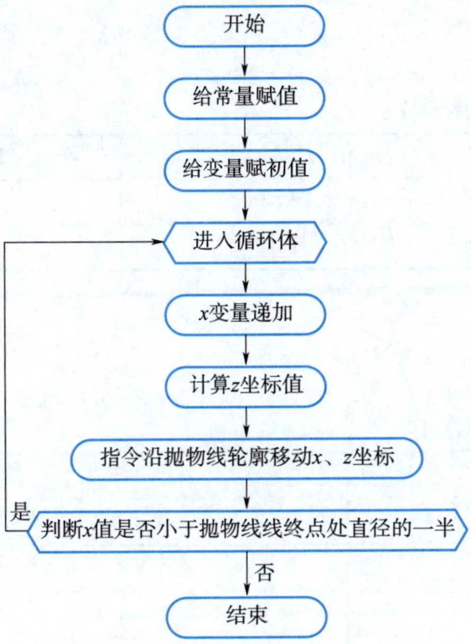

图 9.7　抛物线宏程序结构流程图

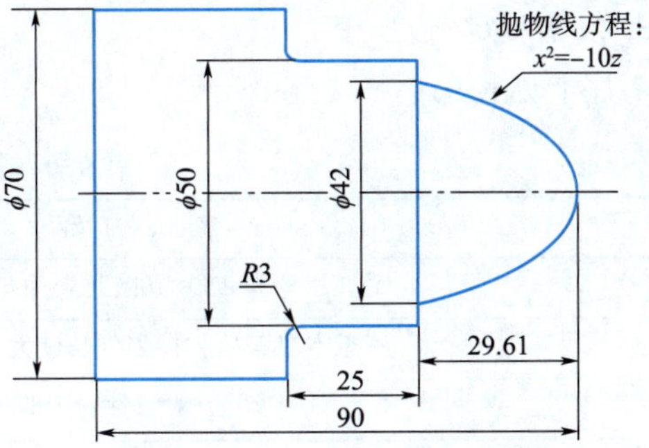

图 9.8　抛物线编程加工实例

参考程序如下:

```
O0272
M03 S800
G99 T0101
G00 X90 Z100
N10 #24=0                        //抛物线顶点处 x 值
#26=0                            //抛物线顶点处 z 值
#17=-10                          //常量
#22=42                           //抛物线开口处直径
#6=1                             //每次步进量
#9=0.1                           //进给率
G00 X#24 Z[#26+5]                //加工起点
G01 Z#26 F[2*#9]
N30 #24=#24+#6                   //x 向递增
#26=[#24*#24]/[#17]              //构造
G01X2*#24 Z#26 F#9
N60 IF [#24 LT #22/2] GOTO 30    //如果 x 值小于开口处直径的一半则跳转到 30 句
G01 X#22 Z#26 F[3*#9]
M30
```

四、油箱端盖堵头的加工

1. 图形分析

图 9.6 所示零件中,抛物线方程为 $z=-0.05x^2$。抛物线位于零件的前端,所以根据公式转换,将 z 作为变量尺寸,即 $z=-0.05x^2 \rightarrow x=\mathrm{SQRT}[-z/0.05]$。

2. 刀具选用

刀具卡片见表 9.8。

表 9.8　数控加工刀具卡片

序　号	刀 位 号	刀 补 号	刀 具 名 称	刀 具 说 明	备　注
1	T01	01	外圆粗车刀	后角 55°	
2	T02	02	外圆精车刀	后角 55°	

3. 工艺制定

工序卡见表 9.9。

表 9.9　数控加工工序卡

序　号	加 工 内 容	备　注
1	毛坯尺寸为 $\phi50\times100$,材料为 45 号圆钢	
2	三爪卡盘正确夹持工件长度大于 90 mm	
3	平端面、对刀并对刀验证	
4	粗精加工零件外圆部分至 Z-90 处	
5	零件切断	
6	加工结束,零件检测	

4. 程序编写

FANUC 系统参考程序见表 9.10。

表 9.10　FANUC 系统参考程序

程 序 内 容	程 序 说 明
O0001	程序名
M03 S600 T0101 F0.2	给定粗加工转速、刀具、进给量
G0 X60 Z2	刀具定位
G73 U30 R15	G73 循环参数赋值
G73 P10 Q20 R1 W0.2	G73 循环参数赋值
N10 G00 X0	x 向定位
G01 Z0	z 向定位
#1 = 0	定义 z 为变量
N15 #1 = #1 - 0.5	变量变化
#2 = SQRT[-#1 /0.05]	根据公式求出自变量的数值
#3 = 2 * #2	x 直径值
G01 X#3 Z#1	椭圆走刀
IF[#1GT-25] GOTO 15	跳转条件判定
G01 Z-30	z 向走刀
X55 C1	x 向走刀,倒角
Z-38	z 向走刀
G02 X55 W-16 R12	顺时针圆弧加工
G01 W-8	z 向走刀
G02 X55 W-16 R12	顺时针圆弧加工
G01 Z-90	z 向走刀
N20 G0 X60	x 向退刀
M3 S1200 T0101 F0.1	给定精加工转速、刀具、进给量

续上表

程 序 内 容	程 序 说 明
G0 X50 Z2	刀具定位
G70 P10 Q20	精加工循环赋值
G0 X100	刀具 x 向退刀
G0 Z100	刀具 z 向退刀
M30	程序结束

西门子 802D 系统参考程序见表 9.11。

表 9.11　西门子 802D 系统参考程序

程 序 内 容	程 序 说 明
FF11.MPF	程序名
M03 S600 T1D1 F0.2	给定粗加工转速、刀具、进给量
G0 X50 Z2	刀具定位
CYCLE95(FF111,2,0.5,0.5,0,0.2,0.1,0.1,9,0,0,0.5)	CYCLE95 循环参数赋值
G0 X100	刀具 x 向退刀
G0 Z100	刀具 z 向退刀
M05	主轴停转
M02	程序结束
FF111.SPF	子程序名
G00 X0	x 向定位
G01 Z0	z 向定位
R1 = 0	定义 z 为变量
MM11:R1 = #1-0.5	变量变化
R2 = SQRT(-#1/0.05)	根据公式求出自变量的数值
R3 = 2 * R2	x 直径值
G01 X = R3 Z = R1	抛物线走刀
IF R1>-25 GOTO MM11	跳转条件判定
G01 Z-30	z 向走刀
X53	x 向走刀
X55 Z-31	倒角
Z-38	z 向走刀
G02 X55 Z-54 CR = 12	顺时针圆弧加工
G01 Z-62	z 向走刀
G02 X55 Z-78 CR = 12	顺时针圆弧加工
G01 Z-90	z 向走刀
RET	子程序结束

知识拓展

1. 焦点在 x 轴上的双曲线

焦点在 x 轴上的双曲线如图 9.9 所示。

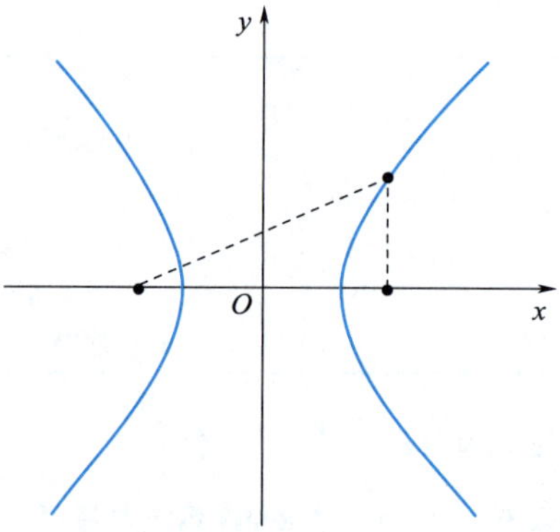

图 9.9　焦点在 x 轴上的双曲线

其标准方程为

$$\frac{x^2}{a^2}-\frac{y^2}{b^2}=1 \quad (a>0,b>0)$$

参数方程为

$$\begin{cases}x=a/\cos\theta\\ y=b\tan\theta\end{cases}$$

2. 焦点在 y 轴上的双曲线

焦点在 y 轴上的双曲线如图 9.10 所示。

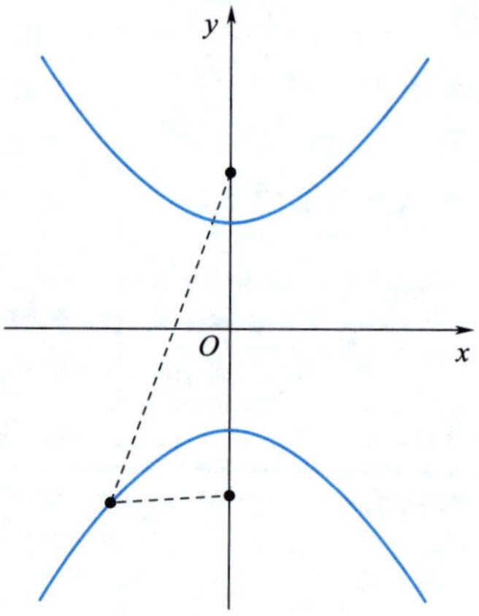

图 9.10　焦点在 y 轴上的双曲线

其标准方程为

$$\frac{y^2}{a^2}-\frac{x^2}{b^2}=1 \quad (a>0,b>0)$$

参数方程为

$$\begin{cases}x=b\tan\theta\\ y=a/\cos\theta\end{cases}$$

3. 焦点在 x 轴上的双曲线宏程序编程

正确编写图 9.11 所示双曲线零件的加工程序，毛坯尺寸为 $\phi60\times60$，材料为 45 号钢。

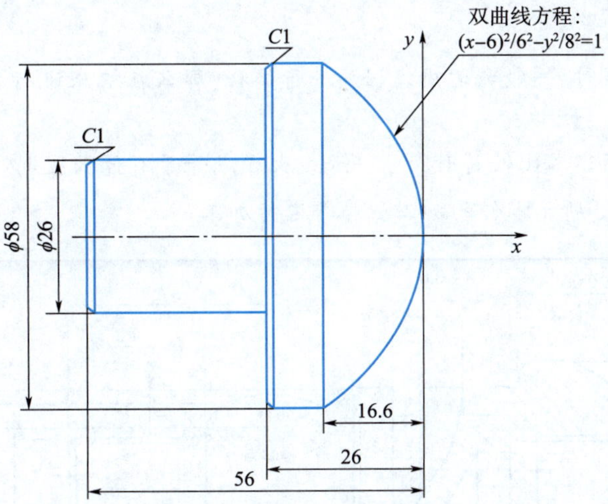

图 9.11　双曲线零件图

参考程序如下：

```
O0045
T0101
G98
M03 S500
G00 X60 Z0
G01 X0
#100=0
N15 #101=4/3*SQRT[[#100-6]*[#100-6]-36]
G01 X2*#101 Z#100
#100=#100-1
IF [#100GT-16.594] GOTO 15
G01 X58 Z-16.594
X60
G00 Z0
G00 X100
Z100
M30
```

项目小结

在数控加工技术中手工编程是基础，特别是宏程序，因其具有灵活性、通用性和智能性等特点，编写宏程序的过程直接体现编程者的工艺指导思想，衡量编程的工艺制定水平。对加工一些具有特别规律的外形、曲面，如椭圆、抛物线、双曲线时，都可以使用宏程序进行编程加工，可大大减少编程工作量。本项目主要基于几种典型非圆曲线零件的加工任务，力求最大限度地使学生掌握数控宏程序编程的概念、技术特点及宏程序在实际生产中的意义。同时，通过典型任务的学习，使学生全面了解非圆曲线零件从工艺制定、编程到加工的全过程。

复习与思考

1. 在加工非圆曲线时，一般会运用宏程序进行编程，那么在机床进行拟合处理时应如何保证零件曲面的加工精度？

2. 在宏程序中运用算术比较符时大于、等于、大于或等于有什么区别？

3. 正确编写图 9.12 所示零件的加工程序并进行加工。

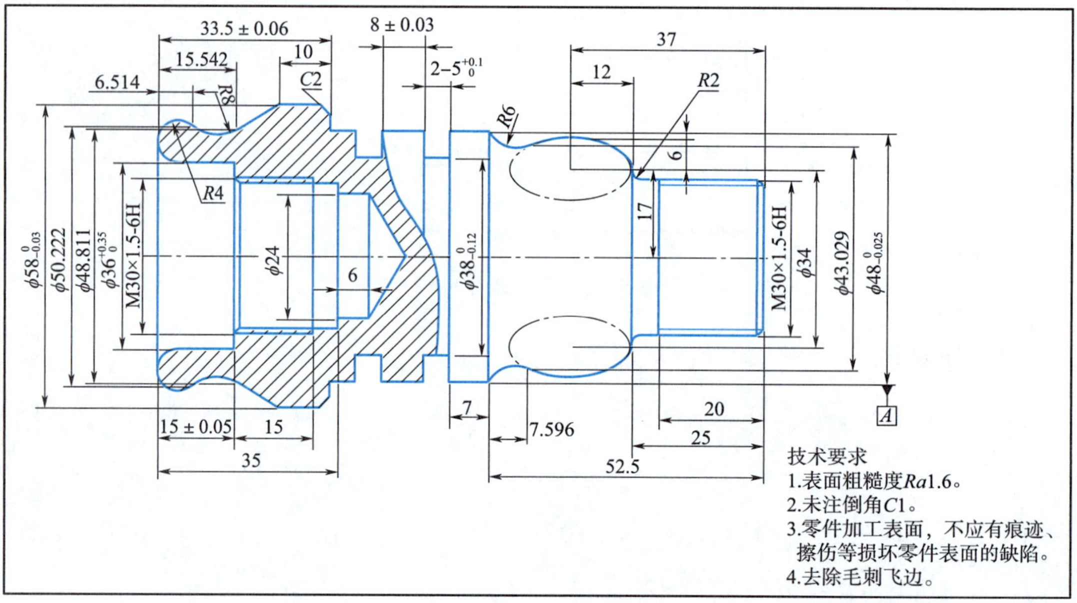

图 9.12　零件图 1

4. 正确编写图 9.13 所示零件的加工程序并进行加工。

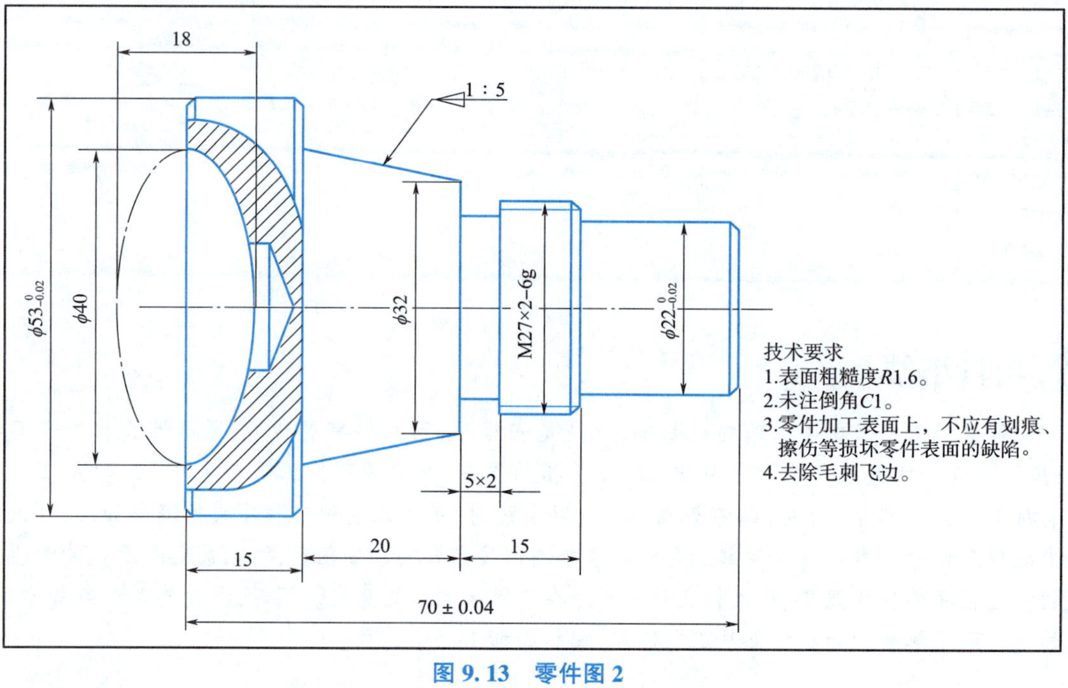

图 9.13　零件图 2

5. 正确编写图 9.14 所示零件的加工程序并进行加工。

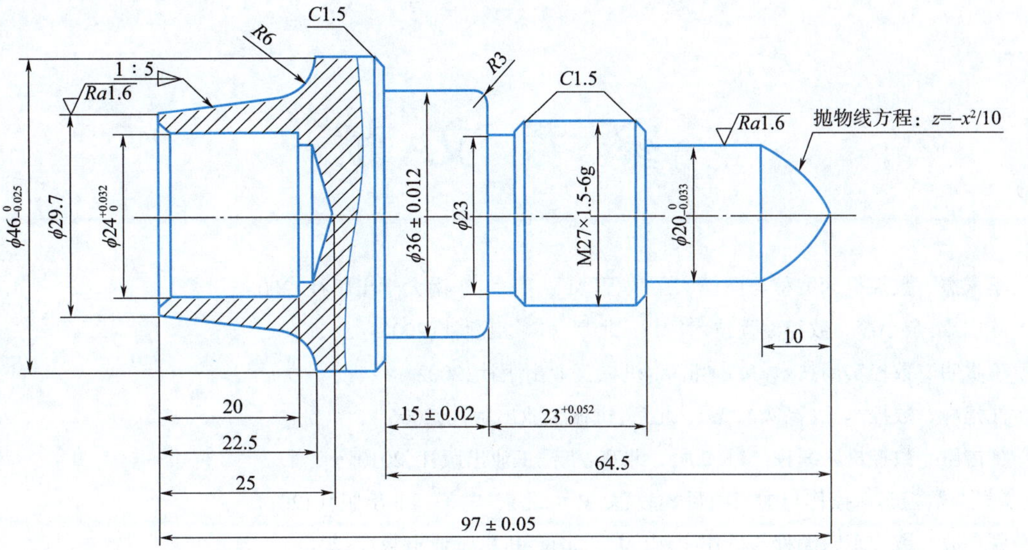

图 9.14　零件图 3

6. 正确编写图 9.15 所示零件的加工程序并进行加工。

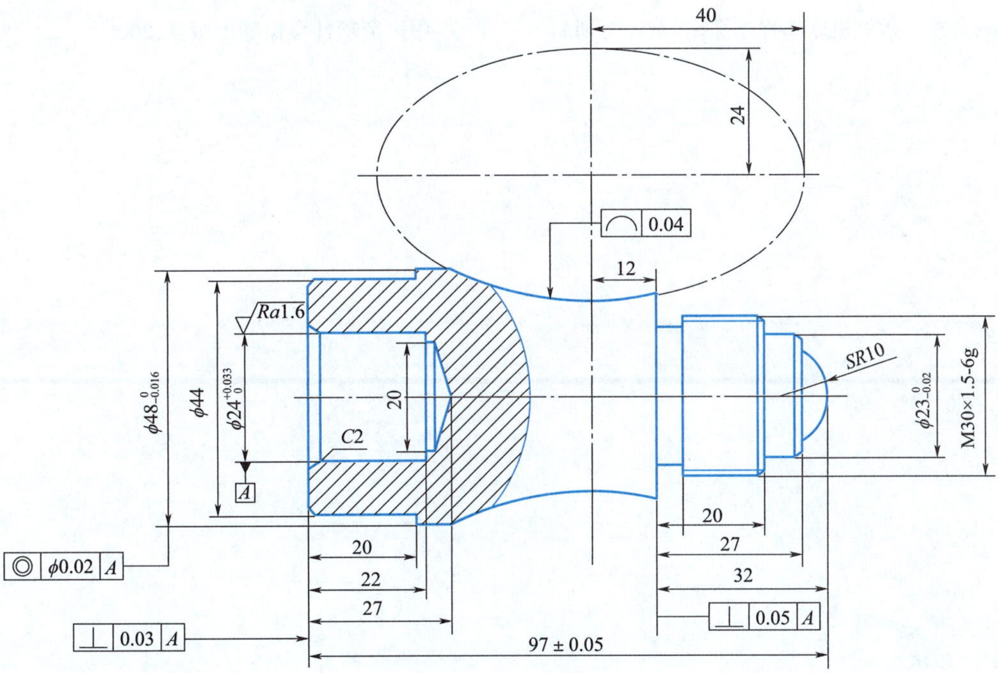

图 9.15　零件图 4

参 考 文 献

[1] 李家杰. 数控机床编程与操作实用教程[M]. 南京:东南大学出版社,2005.
[2] 陈志雄,余小燕. 数控编程技术[M]. 北京:科学出版社,2005.
[3] 王贵明. 数控实用技术[M]. 北京:机械工业出版社,2002.
[4] 沈建峰. 数控车工(高级)[M]. 北京:机械工业出版社,2006.
[5] 杜国臣. 数控机床编程[M]. 2版. 北京:机械工业出版社,2010.
[6]关颖. 数控车床操作与加工项目式教程[M]. 北京:电子工业出版社,2011.
[7] 翟瑞波. 数控车床编程与操作实例[M]. 北京:机械工业出版社,2012.
[8] 张智敏. 数控车床编程与操作[M]. 北京:中国劳动社会保障出版社,2010.
[9] 唐娟. 数控车床编程与操作实训教程[M]. 上海:上海交通大学出版社,2010.
[10] 刘蔡保. 数控车床编程与操作[M]. 北京:化学工业出版社,2009.
[11] 杨嘉杰. 数控机床编程与操作(数车分册)[M]. 北京:中国劳动社会保障出版社,2005.